全国注册测绘师资格考试专用辅导丛书

# 测绘案例分析
## ——考点剖析与试题解析

全国注册测绘师资格考试命题研究组　编
何宗宜　欧阳烨　崔　伟　祁向前　唐晓燕　编著

武汉大学出版社

图书在版编目(CIP)数据

测绘案例分析:考点剖析与试题解析/全国注册测绘师资格考试命题研究组编．—武汉:武汉大学出版社,2017.5
全国注册测绘师资格考试专用辅导丛书
ISBN 978-7-307-19297-3

Ⅰ.测… Ⅱ.全… Ⅲ.测绘—案例—资格考试—自学参考资料 Ⅳ.P2

中国版本图书馆 CIP 数据核字(2017)第 095438 号

责任编辑:鲍 玲　　责任校对:李孟潇　　版式设计:韩闻锦

出版发行:**武汉大学出版社**　　(430072　武昌　珞珈山)
(电子邮件:cbs22@whu.edu.cn　网址:www.wdp.com.cn)
印刷:湖北恒泰印务有限公司
开本:787×1092　1/16　印张:18.5　字数:404 千字　插页:1
版次:2017 年 5 月第 1 版　　2017 年 5 月第 1 次印刷
ISBN 978-7-307-19297-3　　定价:68.00 元

版权所有,不得翻印;凡购我社的图书,如有质量问题,请与当地图书销售部门联系调换。

# 前　言

自 2011 年开始，注册测绘师资格考试已举行了六次。为了提高从事测绘地理信息人员的资格考试应试水平，特编写了《测绘案例分析——考点剖析与试题解析》这本辅导教材。

本教材编著者有丰富的资格考试试题命题和考试辅导经验，对案例的考试知识点分析得透彻、全面。考生遇到类似的考题时，运用知识点结合题目的具体要求和条件，就能做出完美的答卷。

本教材对历年的考试真题解答全面、准确，能让考生正确掌握答题技巧和方法。其中，有些参考答案写得比较详细，这主要是为了帮助考生更加全面地掌握测绘地理信息专业知识，实际考试时作答，只要答到基本要点就能取得好成绩。

本教材应试的针对性强，所列知识点都是可能要考试的内容，可以帮助广大考生节约大量的复习时间。

书中引用许多参考资料，并未在参考文献中一一列出，在此一并致谢。

由于作者水平所限，书中疏漏之处敬请读者批评指正。

编著者
2017 年 3 月于珞珈山

# 目 录

## 第一部分 考点剖析

### 第一章 大地测量 ········································································· 3
第一节 GNSS 连续运行基准站案例 ··········································· 3
第二节 GNSS 大地控制网案例 ················································ 9
第三节 高程控制网案例 ························································ 16
第四节 区域似大地水准面精化案例 ·········································· 22
第五节 坐标系转换案例 ························································ 25
第六节 大地测量数据库案例 ·················································· 28

### 第二章 工程测量 ······································································· 30
第一节 工程控制测量案例 ····················································· 30
第二节 工程地形图测绘案例 ·················································· 35
第三节 隧道贯通测量案例 ····················································· 41
第四节 建筑施工测量案例 ····················································· 46
第五节 工程竣工测量案例 ····················································· 51
第六节 变形监测案例 ··························································· 54
第七节 地下管线探测案例 ····················································· 60
第八节 精密工程测量案例 ····················································· 63

### 第三章 摄影测量与遥感 ······························································ 68
第一节 测绘航空摄影案例 ····················································· 68
第二节 数字空中三角测量案例 ··············································· 72
第三节 立体测图案例 ··························································· 75
第四节 数字地面高程模型案例 ··············································· 81
第五节 数字正射影像图案例 ·················································· 83

### 第四章 地图制图 ······································································· 88
第一节 普通地图编制案例 ····················································· 88
第二节 专题地图编制案例 ··················································· 102

  第三节 电子地图设计与制作案例 ………………………………………… 106
  第四节 地图集编制案例 …………………………………………………… 110
  第五节 影像地图编制案例 ………………………………………………… 117

**第五章 地理信息工程** ……………………………………………………………… 124
  第一节 数据整合处理案例 ………………………………………………… 124
  第二节 数据质量检查案例 ………………………………………………… 128
  第三节 基础地理信息数据建库案例 …………………………………… 130
  第四节 专题地理信息系统建设案例 …………………………………… 133
  第五节 应用系统设计与开发案例 ……………………………………… 143
  第六节 地理信息数据库更新案例 ……………………………………… 147

**第六章 地籍测绘** …………………………………………………………………… 151
  第一节 地籍测绘案例 ……………………………………………………… 151
  第二节 地籍数据库建设案例 …………………………………………… 161

**第七章 房产测绘** …………………………………………………………………… 167
  第一节 房产要素测量案例 ………………………………………………… 167
  第二节 房产面积计算案例 ………………………………………………… 172

**第八章 海洋测绘** …………………………………………………………………… 178
  第一节 水下地形测量案例 ………………………………………………… 178
  第二节 海图制图案例 ……………………………………………………… 186

**第九章 在线地理信息服务** ………………………………………………………… 191
  第一节 在线地理信息数据集生产案例 …………………………………… 191
  第二节 在线地理信息服务发布软件建设案例 …………………………… 197
  第三节 运行支持系统建设案例 …………………………………………… 200

## 第二部分 试题解析

（一）2011年注册测绘师案例分析试卷与参考答案 ……………………………… 205
（二）2012年注册测绘师案例分析试卷与参考答案 ……………………………… 219
（三）2013年注册测绘师案例分析试卷与参考答案 ……………………………… 233
（四）2014年注册测绘师案例分析试卷与参考答案 ……………………………… 246
（五）2015年注册测绘师案例分析试卷与参考答案 ……………………………… 261
（六）2016年注册测绘师案例分析试卷与参考答案 ……………………………… 274

**参考文献** ………………………………………………………………………………… 289

# 第一部分　考点剖析

第一時代　苦煮憎怖

# 第一章 大地测量

## 第一节 GNSS 连续运行基准站案例

### 一、背景材料

某省区为推进地区构造环境变化规律的认识,兼顾大地测量、气象预报及国民经济建设等方面,组织建设了 GNSS 连续运行基准站。

该系统主要有基准网、网络通信系统、数据中心三部分组成。其中,基准网利用 GNSS、重力、水准等观测手段,采集高精度的基础观测数据。网络通信系统采用 SDH 专线链路构成,各基准站、数据共享单位的行业专用数据传输网络。数据中心完成对观测数据的汇集、处理、存储、管理以及共享服务,并通过集成,实现与现有信息服务系统的整合。

该省区 GNSS 连续观测系统由 27 个基准站和 2 个可移动基站组成。每个基准站建设有观测室一间、GNSS 观测墩一个和重力观测墩一个,并安装 GNSS 设备、水准测量标志、气象仪、避雷针、电源避雷器、不间断平衡供电系统、远程视频监控系统。为提高接收数据质量,GNSS 设备均采用 Trimble R8 双星双频接收机和配套扼流圈天线。

全网建立统一的计算机网络系统,为各子系统提供网络通信、资源共享、统一存储和网络控制管理等基础平台。在此基础上建立统一网络共享数据库。

数据中心配备 12 台高性能服务器组成服务器群。实现数据汇集、处理、监控等系统功能。并配备容量达 10TB 的磁盘阵列,为 GNSS 数据提供安全存储保障。数据中心的主要功能是对基准站运行状况进行监控,实时采集数据并进行分析。通过 Internet 获取 IGS 全球 GNSS 网部分观测点的数据,定期获取 GNSS 星历、极移、地球自转速度变化、日月位置等数据。利用高精度 GPS 软件对数据进行处理,通过 Internet 实现对用户后处理服务。

## 二、考点剖析

**1. 基准站技术设计**

① 基准站技术设计前应收集基准站所在地区地形图、交通图、地质构造图以及其他相关资料（已建站点、冻土及地下水、气象等信息），在图上拟选基准站站址，标注站址地形、地质、交通等信息，确定基准站位置、名称及编号。

② 在基准站站址勘选完成后，进行建筑、结构、电气（防雷）、室外工程等内容的施工设计以及基准站设备集成、供电系统、数据传输等内容的设计。

③ 技术设计完成后，应提交基准站技术设计方案以及基准站点位设计图、站点位置信息表、基准站施工设计图等设计资料。

**2. 基准站分类与布设原则**

（1）国家基准站网

国家基准站网用于维持更新国家地心坐标参考框架，站间距 100~200km；在每个省至少有 3 个分布均匀基准站。直辖市至少有 1~2 个基准站。

（2）区域基准站网

区域基准站网用于维持更新区域地心坐标参考框架，应与国家地心坐标参考框架保持一致，厘米级站间距小于等于 70km，分米级站间距可以大于 70km。

（3）专业应用网

专业应用网用于专业机构开展信息服务，宜与国家地心坐标参考框架建立联系网。

**3. 基准站选址**

（1）观测环境

① 距易产生多路径效应的地物（如高大建筑物、树林、水体、海滩和易积水地带等）的距离应大于 200m。

② 应有 10°以上地平高度角的卫星通视条件；困难环境条件下，高度角可放宽至 25°，遮挡物水平投影范围应低于 60°。

③ 距微波站和微波通道、无线电发射台、高压线穿越地带等电磁干扰区的距离大于 200m。

④ 避开采矿区、铁路、公路等易产生振动的地带。

⑤ 应顾及未来的规划和建设，选择周围环境变化较小的区域进行建设。

⑥ 进行 24 小时以上实地环境测试，对于国家基准站和区域基准站，数据可用率应大于 85%，多路径影响应小于 0.5m。

（2）地质环境

国家基准站网的基准站应建立在稳定块体上，避开地质构造不稳定地区（断裂带、易发生滑坡与沉陷等局部变形地区）和易受水淹及地下水位变化较大的地区。

区域基准站网和专业应用站网的基准站参照上述要求或依据自身特殊需求选择稳定的建站环境。

（3）依托保障

① 便于接入公共或专用通信网络；

② 具有稳定、安全可靠的电源；

③ 交通便利，便于人员往来和车辆运输；

④ 便于长期保存。

（4）实施步骤

① 落实土地使用以及供电、通信、供水、站址安全保护等基础设施支撑条件，制订勘选工作计划，准备好仪器设备和资料；

② 勘选人员根据设计进行踏勘时应包括专业测量人员和专业地质人员；

③ 确认基岩、土壤类型、建筑物结构及其承重能力等，在实地按要求选定点位；

④ 实地进行观测环境测试；

⑤ 实地拍摄基准站远景（东、南、西、北方向）和近景照片；

⑥ 实地绘制点之记；

⑦ 实地绘制概略地图，供基准站设计使用；

⑧ 落实建站用地方式（租用、征用）；

⑨ 撰写勘选报告。

（5）勘选完成后应提交的成果

① 踏勘选址报告；

② 勘选站址照片（点位的远、近景照片）；

③ 选址点之记；

④ 土地使用意向书或其他用地文件；

⑤ 地质勘查资料；

⑥ 实地测试数据和结果分析；

⑦ 收集的其他资料，包括所属行政区划、自然地理、地震地质概况、交通、通信、物资、水电、治安等情况。

4. 基建

（1）观测墩

观测墩一般为钢筋混凝土结构，依据基准站建站地理、地质环境，观测墩可分为基岩观测墩、土层观测墩和屋顶观测墩，观测墩的建造要求如下：

① 国家基准站应选用基岩或土层观测墩形式建造；区域基准站和专业基准站应视建设条件和用途选用基岩、土层或屋顶观测墩形式建造。

② 观测墩应在顶端浇注安装强制对中标志，并严格整平。

③ 观测墩基础部分应埋设4个水准标志，便于水准观测。

④ 国家基准站的观测墩应建设在观测室内，观测墩应高出地面不少于3m，一般不超过5m，并且观测墩顶端宜高出观测室屋顶面不少于0.8m，确保卫星通视条件良好；观测墩的室外部分应加装防护层，防止风雨与日照辐射对观测墩的影响。区域基准站和专业基准站可根据实际情况执行。

⑤ 室内观测墩应与观测室的主结构分离，以免影响观测墩的稳定性，观测墩与地面接合四周应做宽度不少于5cm与观测室地基同深的隔振槽，内填粗沙，避免振动带来的影响。室外观测墩可根据实际情况执行。

⑥ 对于基岩观测墩，内部钢筋与基岩紧密浇注，浇注深度不少于0.5m；对于土层观测墩，钢筋混凝土墩体重心原则上应位于冻土线以下不少于0.5m。

⑦ 屋顶观测墩所在建筑物应为钢筋混凝土框架结构。屋顶观测墩高度应高于屋顶面不少于0.8m，钢筋混凝土墩体应位于房屋承重柱、梁上，内部钢筋应与房屋主承重结构钢筋焊接，结合部分应不少于0.1m；屋顶观测墩与屋顶面接合处应做防水处理。

(2) 观测室

① 观测室面积宜不少于$20m^2$；

② 观测室应建在地基牢固的地点，设计时应考虑防水、排水、防风、防雷等因素；电力和信号管线应分开布设，预埋两种管线通道，并进行动物防护处理；

③ 观测室内的温度和相对湿度应满足仪器设备正常运行的要求；

④ 国家基准站应在观测室内埋设重力标石，该标石与地面接合四周应做不少于5cm的隔振槽，内填粗沙；

⑤ 区域和专业基准站可根据实际情况新建观测室或利用现有设施。

(3) 提交成果

① 用地证明及相关建设许可证；

② 土建过程照片；

③ 防雷检测报告；

④ 竣工图；

⑤ 施工报告；

⑥ 点之记；

⑦ 测量标志保管书；

⑧ 建站工作技术总结。

5. 设备组成

基准站设备主要由GNSS接收机、GNSS天线、气象设备、不间断电源、通信设备、雷电防护设备、计算机和机柜等组成。

(1) 接收机技术指标

① 具有同时跟踪不少于24颗全球导航定位卫星的能力；

② 至少具有 1 Hz 采样数据的能力；
③ 观测数据至少应包括双频测距码、双频载波相位值、卫星广播星历；
④ 具有在 $-30 \sim +55$℃、湿度 95% 的环境下正常工作的能力；
⑤ 具备外接频标输入口，可配 5 MHz 或 10 MHz 的外接频标；
⑥ 可外接自动气象仪设备并存储数据；
⑦ 具备 3 个以上的数据通信接口，接口类型可包括 LAN、RS232、USB 等；
⑧ 具有输出原始观测数据、导航定位数据、差分修正数据、1PPS 脉冲的能力。
（2）接收机安装与测试要求
① 安装之前应进行检定，并取得专业检测机构的检定合格证书；
② 安装或更新后需要详细填写《基准站 GNSS 接收机登记表》。
③ 接收机应放置于通风良好、干燥、避光的地点，一般置于集成柜内。
（3）天线技术指标
① 相位中心稳定性应优于 3mm；
② 具备抗多路径效应的扼流圈或抑径板；
③ 具有抗电磁干扰能力；
④ 具有定向指北标志；
⑤ 在 $-40 \sim +65$℃ 的环境下能正常工作；
⑥ 气候条件恶劣地区一般应配有防护罩。
（4）天线安装与测试要求
① 天线应固紧于观测墩的强制对中标志上，天线定向指北标志与磁北方向差异应小于 5°。
② 天线电缆应采用低损耗的射频电缆。若电缆需要延长时，根据性能指标加装相应的在线放大器。
③ 天线电缆应加装低损耗射频电缆防雷装置，并进行接地电阻测试。
④ 安装、更新后需要详细填写《基准站 GNSS 天线登记表》。
（5）提交成果
① 设备安装及测试报告（包括仪器检定证书、安装测试报告等）；
② 设备登记表。

**6. 数据中心**

（1）组成
数据中心主要由数据管理系统、数据处理分析系统和产品服务系统三部分组成。
（2）数据管理系统一般要求
① 具备规范化及自动化管理能力；
② 具备监控及自动报警能力；
③ 具备双机冗余备份能力；
④ 具备高效可靠的数据存储能力。

(3) 数据分析内容

分析内容包括：基准站坐标时间序列分析、速度场分析和数据质量分析。

(4) 数据处理分析系统一般要求

① 应采用 2000 国家大地坐标系；

② 宜使用精密星历；

③ 数据处理模型宜采用国际地球自转服务局的标准或其他相关标准。

(5) 成果与精度要求

① 基准站网产出的成果可包括站坐标的单天解、周解、月解、年解及其法方程矩阵、站坐标速率、大气参数、精密卫星钟差和接收机钟差、精密星历、实时差分数据等；

② 国家基准站网和区域基准站网的基准站地心坐标各分量年平均中误差应不大于±0.5mm，坐标年变化率中误差水平方向应不大于±2mm，垂直方向应不大于±3mm；

③ 事后精密星历精度优于 0.05m，预报精密星历精度优于 0.2m；

④ 精密卫星钟差精度优于 1ns；

⑤ 提供实时定位服务的基准站网的实时定位精度应满足设计要求。

(6) 产品服务系统

产品服务包括位置服务、时间服务、气象服务、地球动力学服务、源数据服务等。产品内容见表 1-1。

表 1-1　　　　　　　　　　　　　　产品内容

| 基准站网类型 | 基本产品 | 专业产品 |
| --- | --- | --- |
| 国家基准站网 | 多采样率的 GNSS 原始数据、基准站信息、站坐标及精度、站速度、气象数据等 | 基准站坐标时间序列、事后及预报精密星历、精密卫星钟差、电离层及对流层模型信息等 |
| 区域基准站网 | 多采样率的 GNSS 原始数据、基准站信息、站坐标及精度 | 实时载波相位和伪距差分数据、气象数据等 |
| 专业应用站网 | 多采样率的 GNSS 原始数据 | 根据专业特性提供的数据产品 |

(7) 基准站网测试

① 测试基准站数据采集、数据完好性；

② 数据传输稳定性；

③ 数据中心对基准站的监控能力；

④ 实时定位的覆盖范围和有效时间；

⑤ 产品的服务内容和精度指标；

⑥ 测试其他内容。

（8）基准站网维护

① 保障全年每天 24 小时运行，必要时加报警系统；

② 定期进行设备检查，必要时设备更新；

③ 定期与国际 IGS 提供的测站进行联测，维持坐标框架更新；

④ 对水准标志按相关规范定期测定；

⑤ 对重力标石与国家重力基本网定期联测。

## 第二节　GNSS 大地控制网案例

### 一、背景材料

由某市规划局委托某测绘单位进行该市山洞一区的控制测量工作。

该区位于某市东南区域，北止于歌乐山，南起于放牛坪，东以石桥铺为界，西以含谷场为界，平均宽度约 5km，长约 6km，面积约 30km²。其中分布着新桥、上桥等社会新农村，该区多为务工人员。气候属于中亚热带季风性湿润气候区，热量和水分资源丰富，最冷月平均气温 7.8℃，最热月平均气温 28.5℃，年平均气温 18.3℃，无霜期 341.6 天，具有冬暖夏热和春秋多变的特点。降水充沛，全年降水量 1 082.9mm。中部歌乐山森林区年平均气温比山下低 2℃左右。碳酸盐岩裂隙溶洞水的水量丰富。

测区地形复杂，地质条件良好，东端有铁路通过，高速横跨整个测区，交通极其方便，物资资源丰富。

已有资料情况：

（1）平面控制点资料

测区有四等控制点两个，分别是马鞍山、寨子山，位于山洞村区，两个点的标石保存良好，点标志中心清晰可分辨，有 1954 年北京坐标系的成果资料，可作为山洞测区 GPS 控制网的平面坐标起算数据。

（2）地图资料

四等 GPS 控制网的布设，以四等点马鞍山、寨子山作为 GPS 控制网平面起算数据，以同等级扩展四等 GPS 控制网，采用中点多边形的图形结构，用边连式的方法进行测量。

### 二、考点剖析

大地控制网的布设包括技术设计、实地选点、建造觇标、标石埋设、外业观测和数据处理、质量检查、成果提交等技术环节。

1. GNSS 控制网技术设计

技术设计的目的是制定切实可行的技术方案，保证测绘产品符合相应的技术标准和要求，并获得最佳的社会效益和经济效益。一般步骤如下：

① 收集资料。收集测区有关资料，包括测区的自然地理和人文地理，交通运输，各种比例尺地形图、交通图、气象资料以及已有的大地测量成果资料，如点之记、成果表及技术总结等。对收集的资料加以分析和研究，选取可靠和有价值的部分用于设计时的参考。

② 实地踏勘。拟定布网方案和计划时，需要到测区进行必要的踏勘和调查，作为设计时的参考。

③ 图上设计。根据大地测量任务，按照有关规范和技术规定，在地形图上拟定出控制点的位置和网的图形结构，包括控制网的精度、密度设计；控制网的基准设计；控制网的网形设计。

④ 编写技术设计书。按照编写设计书的要求编制技术设计书。

2. GNSS 实地选点

（1）GNSS 实地点位选取基本要求

① 视野开阔，视场内障碍物的高度角不宜超过 15°；
② 距大功率无线电发射源不小于 200m，高压输电线和微波无线电信号传送通道不得小于 50m；
③ 附近不应有强烈反射卫星信号的物件（如高大建筑、湖泊等）；
④ 交通方便，并有利于其他测量手段扩展和联测；
⑤ 地面基础稳定，易于长期保存的地点；
⑥ 充分利用符合要求的已有控制点；
⑦ 选站时应尽可能使测站附近的小环境与周围的大环境保持一致。

（2）GNSS 选点结束后应上交的资料

① GPS 网点点之记、环视图；
② GPS 网选点图（测区较小、选点、埋石与观测一期完成时，可以展点图代替）；
③ 选点工作总结。

3. GNSS 觇标建造

点位选定后，要把它固定在地面上，需要埋设带有中心标志的标石，以便长期保存。对 GPS 点为以后的应用，有时也需要造标。觇标，一种测量标志，标架用几米到几十米高的木料或金属等制成，架设在观测点上，作为观测、瞄准的目标。

（1）觇标类型

比较常见的觇标类型有寻常标、双锥标以及屋顶观测台。

(2) 觇标的建造

为了保证观测的质量，所建造的觇标要能长期保存。在大风大雨下不致变形和倾斜，外形要端正，全部结构与觇标中心轴对称。标心柱与照准圆筒应保持垂直。圆筒中，基板中心与标石中心应尽量在一条铅垂线上。

4. GNSS 标石埋设

(1) GNSS 控制网标石类型

控制网标石类型见表 1-2。

表 1-2　　　　　　　　　　**GNSS 控制网标石类型**

| 等 级 | 可用标石类型 |
| --- | --- |
| B 级点 | 基岩 GPS、水准共用标石 |
| C 级点 | 基岩 GPS、水准共用标石；土层 GPS、水准共用标石 |
| E 级点 | 基岩 GPS、水准共用标石；土层 GPS、水准共用标石；楼顶 GPS、水准共用标石 |

(2) GNSS 标石稳定时限

B、C 级 GPS 网点标石埋设后，至少需经过一个雨季，冻土地区至少需经过一个冻解期，基岩或岩层标石至少需经一个月后，方可用于观测。

(3) 埋石结束上交资料

① GPS 点之记；
② 测量标志委托保管书；
③ 标石建造拍摄的照片；
④ 埋石工作总结。

5. GNSS 大地控制网外业观测

(1) GNSS 大地控制网的分类和建网基本原则

① A 级网由卫星定位连续运行基准站构成，用于建立国家一等大地网，以及全球性的地球动力学研究，地壳形变测量，卫星精密定轨测量。
② B 级网用于建立国家二等大地网，建立地方或城市坐标基准框架，区域性的地球动力学研究、地壳形变测量，精密工程测量。
③ C 级用于建立国家三等大地网，以及区域、城市及工程测量控制网。
④ D 级用于建立四等大地控制网。
⑤ E 级用于测图，施工控制网。

(2) GNSS 大地控制网的精度指标

GPS 控制网的精度指标见表 1-3。

表 1-3　　　　　　　　　　　　　　　GPS 网精度指标

| 级别 | | 坐标年变化率中误差/（mm/a） | | 相对精度 | 地心坐标各分量年均中误差（mm） | 相邻点间平均距离/km | 复测周期 |
|---|---|---|---|---|---|---|---|
| | | 水平分量 | 垂直分量 | | | | |
| A | 一等 | 2 | 3 | $10^{-8}$ | ±0.5 | | 实时 |
| 级别 | | 相邻点基线分量中误差/（mm） | | 相对精度 | 地心坐标各分量年均中误差（mm） | 相邻点间平均距离/km | 复测周期 |
| | | 水平分量 | 垂直分量 | | | | |
| B | 二等 | 5 | 10 | $10^{-7}$ | | 50 | 复测：5 年<br>执行：2 年 |
| C | 三等 | 10 | 20 | $10^{-6}$ | | 20 | 根据需要 |
| D | 四等 | 20 | 40 | $10^{-5}$ | | 5 | 根据需要 |
| E | | 20 | 40 | $10^{-5}$ | | 3 | 根据需要 |

(3) GNSS 外业观测要求

① 架设天线时要严格整平对中，天线定向线应指向正北，误差不得大于±5°。

② 在每时段的观测前后各量测一次天线高，读数精确至 1mm。

③ 观测手簿必须在观测现场填写，严禁事后补记和涂改编造数据。

④ 雷雨季节观测时，仪器、天线要注意防雷击，雷雨过境时应关闭接收机并卸下天线。

(4) GNSS 外业观测提交资料

① 原始观测手簿；

② 观测数据和观测网图；

③ 数据检核结果；

④ 观测工作技术总结。

6. GNSS 网数据处理

GNSS 网的数据处理过程主要涉及外业数据质量检查、基线处理、平差处理以及精度评定、数据处理成果整理、技术总结编写。

(1) GPS 网的特征条件计算

设 $C$ 为观测时段数；$n$ 为网点数；$m$ 为每点的平均设站次数；$N$ 为接收机数。

① 时段数：$C = n \cdot m / N$；

② 总基线数：$J_{总} = C \cdot N \cdot (N-1)/2$；

③ 必要基线数：$J_{必} = n - 1$；

④ 独立基线数：$J_{独} = C \cdot (N-1)$；

⑤ 多余基线数：$J_{多} = C \cdot (N-1) - (n-1)$；

对于由 $N$ 台 GPS 接收机构成的同步图形中一个时段包含的 GPS 基线（或简称

GPS 边）数为：
$$J = N \cdot (N-1)/2$$
但其中仅有 $N-1$ 条是独立的 GPS 边为非独立的 GPS 边。当同步观测的 GPS 接收机数 $N \geq 3$ 时，同步闭合环的最少个数为：
$$T = J - (N-1) = (N-1)(N-2)/2$$

⑥ 最少同步图形数 $= 1 + \text{INT}(n-N)/(N-\text{相邻同步图共点数})$。

例：某测区工作内容包括 12 个 GPS C 级点，4 个国家 GPS B 级框架点。GPS 接收机四台套，GPS C 级网按同步环点连接式布网观测。求同步图形数、重复点数、平均重复设站数和 GPS 网特征数。

**解**：① 同步环计算：

设 $n$ 为网点数；$N$ 为接收机数。

最少同步图形数为：
$$v = 1 + \text{INT}\{(n-N)/(N-\text{相邻同步图共点数})\}$$
本题相邻同步图共点数为 1。所以，同步图形数为：
$$v = 1 + \text{INT}\{(16-4)/(4-1)\} = 5$$

② 重复点计算：

点连接是指相邻的同步图形之间有一个公共点。重复点计算式为：
$$w = u \cdot (v-1)$$
式中：$u$ 为公共点；$v$ 为同步图形数。

重复点为：
$$w = u \cdot (v-1) = 1 \times (5-1) = 4$$
得到平均重复设站数：
$$m = \frac{n+w}{n} = \frac{16+4}{16} = 1.25$$

③ GPS 网特征数计算：

时段数：$C = n \times m/N = 16 \times 1.25/4 = 5$

总基线数：$J_{总} = C \cdot N \cdot (N-1)/2 = 5 \times 4 \times (4-1)/2 = 30$

必要基线数：$J_{必} = n - 1 = 15$

独立基线数：$J_{独} = C \cdot (N-1) = 5 \times (4-1) = 15$

多余基线数：$J_{多} = C \cdot (N-1) - (n-1) = 15 - 15 = 0$

（2）GNSS 外业数据检查内容

数据质量检查宜采用专门的软件进行。检查内容包括：

① 观测卫星总数；

② 数据可利用率（$\geq 80\%$）；

③ L1、L2 频率的多路径效应影响 MP1、MP2 应小于 0.5m；

④ GPS 接收机钟的日频稳定性不低于 $10^{-8}$ 等。

（3）GNSS 外业观测成果质量检核

① GNSS 外业数据质量检查主要有以下内容：

数据剔除率：同一时段观测值的数据剔除率，其值宜小于 10%。

复测基线的长度差：B 级基线预处理及进行 C、D、E 级基线处理后，若某基线向量被多次重复测量，则任意两个基线长度之差 $d_s$ 应满足式（1-1）。

$$d_s \leq 2\sqrt{2}\sigma \tag{1-1}$$

式中：$\sigma$ 为基线测量中误差（mm）。

同步观测环环闭合差：三边同步环闭合差应满足式（1-2）。

$$\begin{cases} W_x = \sum_{i=1}^{3} \Delta x_i \leq \frac{1}{5}\sqrt{3}\sigma \\ W_y = \sum_{i=1}^{3} \Delta y_i \leq \frac{1}{5}\sqrt{3}\sigma \\ W_z = \sum_{i=1}^{3} \Delta z_i \leq \frac{1}{5}\sqrt{3}\sigma \end{cases} \tag{1-2}$$

异步环闭合差或附合路线坐标闭合差：C、D、E 级 GNSS 及 B 级网外业基线预估计的结果应满足式（1-3）：

$$\begin{cases} W_x = \sum_{i=1}^{n} \Delta x_i \leq 3\sqrt{n}\sigma \\ W_y = \sum_{i=1}^{n} \Delta y_i \leq 3\sqrt{n}\sigma \\ W_z = \sum_{i=1}^{n} \Delta z_i \leq 3\sqrt{n}\sigma \\ W_s = \sqrt{w_x^2 + w_y^2 + w_z^2} \leq 3\sqrt{3n}\sigma \end{cases} \tag{1-3}$$

式中，$n$ 为闭合环边数；$\sigma$ 为基线测量中误差（mm）。

② GPS 网基线精处理结果质量检核包括以下内容：

a. 精处理后基线分量及边长的重复性；

b. 各时间段的较差；

c. 独立环闭合差或附合路线的坐标闭合差。

（4）基线向量解算基本要求

① A、B 级网基线精处理应采用精密星历；C 级以下各级网基线处理时，可采用广播星历。

② 各级 GPS 观测值均应加入对流层延迟修正，对流层延迟修正模型中的气象元素可采用标准气象元素。

③ 基线解算，按同步观测时段为单位进行。按多基线解时，每个时段须提供一组独立基线向量及其完全的方差-协方差阵；按单基线解时，须提供每条基线分量及其方差-协方差阵。

④ B 级以上各级 GPS 网，基线解算可采用双差解、单差解或非差解。C 级以下

各级 GPS 网，根据基线长度允许采用不同的数据处理模型。但是 15km 内的基线，须采用双差固定解。15km 以上的基线允许在双差固定解和双差浮点解中选择最优结果。

（5）GNSS 控制网平差以及网质量评定

① 基线向量提取：相对独立基线、基线应构成闭合的几何图形、质量好的基线向量、能构成边数较少的异步环、边长较短的基线向量。

② 三维无约束平差：无约束平差目的检验是否有粗差以及调整观测值的权，使得它们相互匹配。通俗地说，就是发现基线粗差，剔除不合格基线。

③ 约束平差和联合平差：具体步骤是指定平差基准和坐标系统、起算数据、检验约束条件的质量、进行平差解算。

④ GPS 网质量评定主要通过基线向量改正数、相邻点的中误差和相对中误差来体现。

（6）数据处理成果整理

基线解算、无约束平差和约束平差（或整体平差）的结构均要求拷贝到磁（光）盘和打印各一份文件，磁（光）盘要装盒，打印成果要装订成册，并要贴上标签，注明资料内容。

（7）技术总结编写

技术总结编写分为外业技术总结编写和内业技术总结编写。

外业技术总结内容应包括：

① 测区范围与位置、自然地理条件、气候特点、交通及电信、供电等情况；

② 任务来源、测区已有测量情况、项目名称、施测目的和基本精度要求；

③ 施测单位、施测起讫时间、作业人员数量、技术状况；

④ 作业技术依据；

⑤ 作业仪器类型、精度以及检验和使用情况；

⑥ 点位观测条件的评价，埋石与重合点情况；

⑦ 联测方法、完成各级点数与补测、重测情况，以及作业中发生与存在问题的说明；

⑧ 外业观测数据质量分析与野外数据检核情况。

内业技术总结应包含以下内容：

① 数据处理方案、所采用的软件、所采用的星历、起算数据、坐标系统，以及无约束平差、约束平差情况；

② 误差检验及相关参数和平差结果的精度估计等；

③ 上交成果中尚存问题和需要说明的其他问题、建议或改进意见；

④ 各种附表与附图。

7. 质量检查与验收

质量控制执行"两级检查、一级验收"制度。检查验收的重点包括：

① 实施方案是否符合规范和技术设计要求；

② 补测、重测和数据剔除是否合理;
③ 数据处理的软件是否符合要求,处理的项目是否齐全,起算数据是否正确;
④ 各项技术指标是否达到要求。

8. 成果资料提交

① 测量任务书或合同书、技术设计书;
② 点之记、环视图、测量标志委托保管书、选点和埋石资料;
③ 接收设备、气象及其他仪器的检验资料;
④ 外业观测记录(含软盘)、测量手簿及其他记录资料;
⑤ 数据处理生成的文件、资料和成果表;
⑥ GPS 网展点图;
⑦ 技术总结报告和成果验收报告。

## 第三节 高程控制网案例

### 一、背景材料

为了在某市燕郊管辖区范围内开发建设,测绘 1:1 000 地形图。应委托方要求,某测绘单位计划在燕郊开发区布设三等水准控制网。

该市地域北纬 39°48′37″至 40°05′04″之间,东西 36km,南北 28.5km,总面积 643km²。测区内地势北高南低,自北向南倾斜,按地形地貌特点可分为低山丘陵、平原和洼地。其中平原面积最大,主要由潮白河、蓟运河冲积扇构成,平均海拔高程 5.9~31.9m,地面自然纵坡 1/1 500 左右,低山丘陵主要分布在东北部的蒋福山地区。该区域周边为海拔 335.2~458.5m 的龙门山和青龙山,中间为海拔 200~212m 的蒋福山盆地,此外在市区西北部还有一海拔 90.4m 的孤山挺立于倾斜平原上,洼地主要分布在该市东南部的引沟入潮与鲍丘河、潮白河两岸,地势低洼,多积水洼地。

1. 已有资料情况

开发区提供 1:10 000 地形图 1 份以及已有控制点成果一套。

2. 主要技术依据

①《工程测量规范》(GB5 0026—2007);
②《测量技术设计规定》(CH/T 1004—2005);
③《国家三、四等水准测量规范》(GB/T 12898—2009)。
主要任务和目标是在燕郊约 20km² 的测区范围内建立高程控制网,采用三等水准

测量方式。从满足测图工作需要（密度、精度、经费等多方面）角度出发，完成一份三等水准网技术设计图和技术设计书。

## 二、考点剖析

建立高程控制网的方法主要有水准测量、三角高程测量。水准测量的等级依次分为一、二、三、四等。其中，光电测距三角高程测量可代替四等水准测量。

高程控制网的布设主要包括技术设计书的编制、选点埋石、外业观测、数据处理、质量检查与验收、成果整理归档等技术环节。

1. 技术设计书编制

充分利用测区内已有的测绘资料，在此基础上进行初步设计；实地踏勘对初步设计进行修正完善，形成布网方案；根据测量任务，按照规范要求制定作业方法、精度等级等，并按照要求编制技术设计书。

（1）水准网的布设原则及其精度

各等级水准网的布设原则及其精度见表1-4。

表1-4　　　　　　　　　　水准网的布设原则及其精度

| 等级 | 作用及目的 | 布设原则 | 水准路线形状及长度 | 复测周期 | 复测执行时间 |
|---|---|---|---|---|---|
| 一等 | ①国家高程控制网的骨干；②高程基准高精度传递；③地壳地面垂直移动依据 | 沿地质构造稳定，路面坡度平缓的交通路线 | ①闭合环，网状结构；②西部周长≤1 600km；③东部周长≤2 000km | 15年 | 不超过5年 |
| 二等 | ①国家高程控制网的全面基础；②一等水准网加密 | ①在一等水准环内布设；②沿省、县级公路布设；③可跨铁路、公路、河流 | ①附和路线或环形；②平原丘陵≤750km；③山区可适当放宽 | 不超过20年 | |
| 三等 | ①一、二等水准网的基础上进一步加密；②直接提供地形测图、工程建设高程控制点 | ①附和路线、环形、闭合于高等级水准路线；②长度≤150km；环线周长≤200km；③同级网中节点间距离≤70km；④山地等特殊困难地区可适当放宽，但不宜大于上述各指标的1.5倍 | 根据需要 | 根据需要 | |

续表

| 等级 | 作用及目的 | 布设原则 | 水准路线形状及长度 | 复测周期 | 复测执行时间 |
|---|---|---|---|---|---|
| 四等 | ① 一、二等水准网的基础上进一步加密;<br>② 直接提供地形测图、工程建设高程控制点 | ① 闭合于高等级水准路线或形成支线;<br>② 长度 ≤80km；环线周长 ≤100km;<br>③ 同级网中节点间距离 ≤30km;<br>④ 山地等特殊困难地区可适当放宽，但不宜大于上述各指标的 1.5 倍 | 根据需要 | 根据需要 | |

（2）水准点的布设密度

各类型水准点的布设密度见表 1-5。注意：在城镇和建筑区还有墙角水准标志，一般露出墙面 40mm；支线长度在 15km 以内可不埋石。

表 1-5　　　　　　　　　　水准点的布设密度

| 类型 | 间距 | 布设要求 |
|---|---|---|
| 基岩水准点 | 400km 左右 | 只设于一等水准路线上，在大城市和断裂带附近应增设每省（直辖市、自治区）不少于 4 座 |
| 基本水准点 | 40km 左右；经济发达地区 20~30km；荒漠地区 60km 左右 | 设于一、二等水准路线上及交叉处，大、中城市两侧及县城附近，尽量设置在坚固岩层上 |
| 普通水准点 | 4~8km 左右；经济发达地区 2~4km；荒漠地区 10km 左右 | 设于各级水准路线上，山区水准路线高程变换点附近，长度超过 300m 的隧道，跨河水准测量的两岸标尺附近 |

2. 水准点的选定与埋石

（1）水准点位选定

水准点应选在地基稳定，具有地面高程代表性的地点，并且利于标石长期保存和高程联测，便于卫星定位技术测定坐标的地点。

水准点宜选在路线附近的政府机关、学校、公园内。设在路肩的道路水准点宜选在里程碑或道路固定方位物（2m 以内）。

下列地点不宜选定水准点：

① 易受水淹或地下水位较高的地点；
② 易发生土崩、滑坡、沉陷、隆起等地面局部变形的地点；
③ 路堤、河流、冲击层河岸及地下水位变化较大（如油井、机井附近）的地点；
④ 距铁路 50m、距公路 30m（普通水准点除外）以内或其他受剧烈震动的地点；
⑤ 不坚固或准备拆修的建筑物上；
⑥ 短期内将因修建面可能毁掉标石或不便观测的地点；
⑦ 道路上填方的地段。

（2）水准路线选定
① 应尽量沿坡度较小的公路、大路进行；
② 应避开土质松软的地段和磁场较强的地段；
③ 应避开高速公路；
④ 应尽量避免通过行人车辆行道、大的河流、湖泊、沼泽与峡谷等障碍物；
⑤ 当一等水准路线通过大的岩层断裂带或地质构造不稳定的地区时，应会同地质、地震有关部门共同研究。

（3）水准点标石类型及适用范围
① 水准点标石类型：水准点标石根据其埋设地点、制作测量和埋石规格的不同，共分为基岩水准点、基本水准点和普通水准点三大类。如表1-6所列，分为14种标石类型，其中道路水准标石是埋石在道路肩部的普通水准标石。

表 1-6　　　　　　　　　　　　标石类型

| 水准点类型 | 标石类型 |
| --- | --- |
| 基岩水准点 | 深层基岩水准标石<br>浅层基岩水准标石 |
| 基本水准点 | 岩层基本水准标石<br>混凝土柱基本水准标石<br>钢管基本水准标石<br>永冻地区钢管基本水准标石<br>沙漠地区混凝土柱基本水准标石 |
| 普通水准点 | 岩层普通水准标石<br>混凝土柱普通水准标石<br>钢管普通水准标石<br>永冻地区钢管普通水准标石<br>沙漠地区混凝土柱普通水准标石<br>道路水准标石<br>墙脚水准标志 |

② 水准点标石适用范围如下：

有岩层露头或在地面下不深于1.5m的地点，优先选择埋设岩层水准标石；

沙漠地区或冻土深度小于0.8m的地区，埋设混凝土柱水准标石；

冻土深度大于0.8m或永久冻土地区，埋设钢管水准标石；

有坚固建筑物（房屋、纪念碑、塔、桥基等）和坚固石崖处，可埋设墙脚水准标志；

水网地区或经济发达地区的普通水准点，埋设道路水准标石。

③ 水准标石稳定时限：水准标石埋设后，一般地区应经过一个雨季，冻土深度大于0.8m的冻土地区还要经过一个冻、解期，岩层上埋设的标石应经过一个月方可进行水准观测。

④ 埋石结束后应上交的资料：测量标志委托保管书；埋石后的水准点之记及路线图、标石建造关键工序照片或数据文件；埋石工作技术总结。

3. 水准测量外业观测

（1）水准观测仪器

用于水准测量的仪器和标尺应送法定计量单位进行检定和校准，并在检定和校准的有效期内使用。在作业期间，自动安平光学水准仪每天检校一次$i$角，气泡式水准仪每天上、下午各检校一次$i$角；作业开始后的7个工作日内，若$i$角较为稳定，以后每隔15天检校一次。

数字水准仪，整个作业期间应在每天开测前进行$i$角测定。

（2）观测方式

一、二等水准测量采用单路线往返观测。同一区段的往返测，应使用同一类型的仪器和转点尺承沿同一道路进行。

三等水准测量采用中丝法进行往返测。当使用有光学测微器的水准仪和线条因瓦水准标尺观测时，也可进行单程双转点观测。

四等水准测量采用中丝法进行单程观测。支线应往返测或单程双转点观测。

（3）水准观测时间和气象条件

水准观测应在标尺分划线成像清晰而稳定时进行，下列情况下不应进行观测：

① 日出后与日落前30min内；

② 太阳中天前后各2h内（可根据地区、季节和气象情况适当增减，最短间歇时间不少于2h）；

③ 标石分划线的影像跳动剧烈时；

④ 气温突变时；

⑤ 风力过大而使标尺与仪器不稳定时。

（4）水准观测过程中应注意的事项

① 观测前30min，应将仪器置于露天阴影下，使仪器与外界气温趋于一致；设站时，应用测伞遮蔽阳光；迁站时，应罩以仪器罩。使用数字水准仪前，还应进行预热，预热时间不少于20次单次测量所用时间。

② 对气泡式水准仪，观测前应测出倾斜螺旋的置平零点，并做标记，随着气温变化，应随时调整零点位置。对于自动安平水准仪的圆水准器，应严格置平。
③ 三脚架两脚与水准路线的方向平行，第三脚轮换置于路线方向的左侧或右侧。
④ 除路线转弯处，每一测站上仪器与前后视标尺的3个位置应接近于一条直线。
⑤ 不应为了增加标尺读数，而把尺桩（台）安置在壕坑中。
⑥ 转动仪器的倾斜螺旋和测微鼓时，其最后旋转方向均应为旋进。
⑦ 每一测段的往测与返测，其测站数均为偶数。由往测转向返测时，两支标尺应互换位置，并应重新整置仪器。
⑧ 在高差较大地区，应选用长度稳定、标尺名义米长度偏差和分划偶然误差较小的水准标尺作业。
⑨ 对于数字水准仪，应避免望远镜直接对准太阳；尽量避免视线被遮挡，遮挡不要超过标尺在望远镜中截长的20%；仪器只能在厂方规定的温度范围内工作；确信震动源造成的震动消失后，才能启动测量键。

4. 水准测量外业计算

（1）一、二等水准测量外业高差和概略高程表的编算

在国家一、二等水准测量外业高差和概略高程表编算时所用的高差应加入：
① 水准标尺长度改正；
② 水准标尺温度改正；
③ 正常水准面不平行的改正；
④ 重力异常改正；
⑤ 固体潮改正；
⑥ 环线闭合差改正。

（2）三、四等水准测量外业高差和概略高程表的编算

在国家三、四等水准测量外业高差和概略高程表编算时，所用的高差只加入：
① 水准标尺长度改正；
② 正常水准面不平行改正；
③ 路（环）线闭合差改正。

5. 水准测量成果质量验收

项目生产过程中，严格按 ISO 9001 标准和质量管理体系文件对项目进行质量管理与控制。质量控制执行"两级检查、一级验收"制度。

6. 水准测量成果提交

① 技术设计书；
② 水准点之记的纸质文本及其数字化后的电子文本；
③ 水准路线图、节点接测图及其数字化后的电子文本；

④ 测量标志委托保管书（2份）；
⑤ 水准仪、水准标尺检验资料及标尺长度改正数综合表；
⑥ 观测手簿，磁带、磁盘、光盘能长期保存的其他介质；
⑦ 外业高差及概略高程表（2份）；
⑧ 外业高差改正数计算资料；
⑨ 外业技术总结、验收报告。

## 第四节　区域似大地水准面精化案例

### 一、背景材料

某市为了使基础测绘更好地满足国民经济发展的需求，利用GPS测量技术和水准测量技术，在已有加密重力资料、数字高程模型的基础上，通过对重力、地形数据以及GPS水准测量数据的处理，精化该市似大地水准面，控制面积2 000km²。

已有资料情况：

① 平面控制资料：测区内现有的GPS C级网共由38个点组成，在C级网的基础上，加密D级网点89个。网内有国家Ⅰ等三角点2个，Ⅲ等三角点3个，可作为起算数据使用。

② 高程控制资料：测区有国家二期复测的一等水准路线，其中有13个基岩水准点，4个一等水准点，可作为本次平差的起算点。

③ 重力资料：测区内有重力点成果，可作为本项目的重力数据使用。

④ 地形资料：测区1∶50 000地形图、1∶10 000地形图和1∶50 000 DEM数据。

⑤ 重力场模型：武汉大学的高阶重力场模型（WDM94，360阶次）；美国最新的高阶重力场模型（EGM96，360阶次）。

为满足精化似大地水准面的要求，控制网内至少80%的GPS点应具有二等水准测量成果。

### 二、考点剖析

区域似大地水准面精化的目的是综合利用重力资料、地形资料、重力场模型与GPS/水准成果，采用物理大地测量理论与方法，应用移去-恢复技术确定区域性精密似大地水准面。简要地说就是为求得高程异常，以实现大地高和正常高的相互换算。

1. 区域似大地水准面精化误差源

区域似大地水准面精化误差源主要有：

① GPS 测定大地高的误差；
② 水准测量误差；
③ 重力测量误差；
④ 地形数据 DEM 的误差。

2. 高程异常控制点布设原则

① 高程异常控制点应均匀分布于似大地水准面精化区域。
② 高程异常控制点应具有代表性，点位分布应顾及平原、丘陵和山地等不同的地形类别区域，点位在不同地形类别中均应占有一定的比例；在可能的情况下，对丘陵和山地等地形变化剧烈地区应适当加大高程异常控制点分布密度。
③ 各级似大地水准面的高程异常控制点宜利用不低于《区域似大地水准面精化基本技术规定》（GB/T 23709—2009）中 4.5 规定精度的大地控制网点和水准网点。
④ 相邻高程异常控制点最大间距不宜大于

$$d = \frac{7.19 m_\zeta}{c\lambda^2}$$

式中，$d$ 为相邻高程异常控制网点的最大间距，单位为 km；$m_\zeta$ 为似大地水准面的精度，单位为 cm，$c$ 为平均重力异常代表误差系数；$\lambda$ 为平均重力异常格网分辨率，单位为（′）。

3. 似大地水准面计算流程

似大地水准面计算流程如图 1-1 所示。

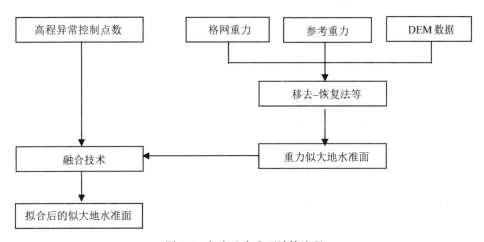

图 1-1 似大地水准面计算流程

① 按照《全球定位系统（GPS）》测量规范，完成高程异常控制点 GPS 测量数据处理；

② 按照《国家三、四等水准测量规范》完成高程异常控制点的水准测量数据处理；其次按下列公式计算高程异常控制点的高程异常：

$$\zeta_{GPS} = H - h$$

式中，$\zeta$ 为高程异常；$H$ 为大地高，由 GPS 测量方法获得；$h$ 为正常高，由水准测量方法获得。

③ 收集似大地水准面精化区域的重力资料与数字高程模型资料，并按格网平均重力异常计算要求对数据进行整理。可采用地形均衡重力归算等方法完成重力点归算与格网平均重力异常计算。

④ 根据不同情况选择适当的参考重力场模型，采用移去-恢复技术完成重力似大地水准面计算。最后，采用融合技术消除或削弱高程异常控制点与对应的重力似大地水准面的不符值，完成与国家高程系统一致的似大地水准面计算。

4. 似大地水准面精度检验方法

① 检验点的点位应分布均匀，在平原、丘陵和山区等不同的地形类别以及有效区域边缘均应布设检验点；应采用未参加似大地水准面计算的实地高程异常点作为检验点。

② 国家似大地水准面相邻检验点的间距不宜超过 300km，检验点总数不应少于 200 个；省级似大地水准面相邻检验点的间距不宜超过 100km，检验点总数不应少于 50 个；城市似大地水准面相邻检验点的间距不宜超过 30km，检验点总数不应少于 20 个。

③ 检验点与用于区域似大地水准面精化的高程异常控制点的间距不应小于似大地水准面格网间距。

④ 检验点应满足 GPS 观测与水准联测条件。

⑤ 在利用旧点作为检验点时，应检查旧点的稳定性、可靠性和完好性以及是否满足 GPS 与水准观测的要求，符合要求方可利用。

5. 似大地水准面精化成果提交

① 技术设计书；
② 数据处理方案；
③ GPS 观测数据成果；
④ 水准观测数据成果；
⑤ 高程异常控制点成果；
⑥ 区域似大地水准面模型成果；
⑦ 技术总结、精度检验报告、检查验收报告。

# 第五节　坐标系转换案例

## 一、背景材料

2010年初，某市规划局与国家测绘局签署了《国家地理信息公共服务平台共建工作目标责任书》，承诺2010年底前向国家地理信息公共服务平台提供该市最新的基础地理信息数据，提供方式可以从在线连接方式、服务器托管方式和数据集提供三类方式中任选一种。

该市决定以服务器托管的方式向国家测绘局提供电子地图数据，共分为两期进行加工，已于9月30日提交全市域（15、16、17级）、11月30日提交"数字城市"试点（18、19、20级）电子线划地图和影像电子地图数据。

在ArcGIS中进行二次开发数据转换功能模块，利用2009年完成的"2000国家大地坐标系的应用研究"项目成果，将数据由地方坐标系转换到2000国家大地坐标系。目前，工作已经顺利完成，精度满足要求，具体数据内容见表1-7。

表1-7　　　　　　　　　　　地图数据内容

| 序号 | 数据 | 覆盖范围 | 图幅数 | 图层 |
|---|---|---|---|---|
| 1 | 1∶10 000地形图数据 | 全市 | 933 | 20 |
| 2 | 1∶2 000地形图数据 | 新西区、新东区、新通区 | 1 433 | 16 |
| 3 | 1∶500 地形图数据 | 新西区、新东区 | 2 066 | 16 |

## 二、考点剖析

1. 大地控制点分类

① 国家级CORS站点；
② 2000国家GPS大地控制网点；
③ 国家一、二、三、四等天文大地点；
④ 省级CORS站点；
⑤ 省市级卫星大地控制网C级、D级点；
⑥ 其他1954年北京坐标系、1980西安坐标系及相对独立的平面坐标系下的控制点。

### 2. 各类控制点的用途

高等级控制点可用于低等级控制网的外部控制，可用于1954年北京坐标系、1980西安坐标系坐标成果转换为2000国家大地坐标系坐标成果时计算坐标转换参数。

① 国家级CORS站点：可作为省级CORS网建设的控制点。

② 省级CORS站点：可作为省级、市、县城市基础建设控制网点。

③ 2000国家GPS大地控制网点：可作为天文大地点控制点及相对独立坐标系建立控制点。

④ 省市级卫星大地控制网C级、D级点：相对独立坐标系建立控制点。

⑤ 国家一、二等天文大地点：可作为三、四等天文大地点的控制点使用。

⑥ 国家三、四等天文大地点：可作为测图控制点使用；三等及以上天文大地点坐标成果可作为像控点的起算点。

### 3. 各种坐标系及参数

各种坐标系及参数见表1-8。

表1-8  各种坐标系及参数

| 坐标系 | 1954年北京坐标系 | 1980西安坐标系 | WGS-84坐标系 | 2000国家大地坐标系 |
|---|---|---|---|---|
| 椭球名称 | 克拉索夫斯基 | 1980大地坐标系 | WGS-84 | CGC2000 |
| 建成年代 | 20世纪50年代 | 1982 | 1984 | 2008 |
| 椭球类型 | 参考椭球 | 参考椭球 | 总地球椭球 | 总地球椭球 |
| $a$ (m) | 6 378 245 | 6 378 140 | 6 378 137 | 6 378 137 |
| $f$ | 1：298.3 | 1：298.257 | 1：298.257 223 563 | 1：298.257 222 101 |

### 4. 控制点坐标转换模型

（1）不同空间直角大地坐标系间的变换

不同地球椭球基准下的空间直角大地坐标系统间点位坐标转换，换算公式为布尔沙模型。涉及七个参数，即三个平移参数，三个旋转参数和一个尺度变化参数。

（2）不同大地坐标系间变换

① 三维七参数坐标转换模型：用于不同地球椭球基准下的大地坐标系统间点位坐标转换，涉及三个平移参数，三个旋转参数和一个尺度变化参数，同时需顾及两种大地坐标系所对应的两个地球椭球长半轴和扁率差。

② 二维七参数转换模型：用于不同地球椭球基准下的椭球面上的点位坐标转换，

涉及三个平移参数，三个旋转参数和一个尺度变化参数。

③ 三维四参数转换模型：用于局部坐标系间的坐标转换，涉及三个平移参数和一个旋转参数。

④ 二维四参数转换模型：用于范围较小的不同高斯投影平面坐标转换，涉及两个平移参数，一个旋转参数和一个尺度参数。对于三维坐标，需将坐标通过高斯投影变换得到平面坐标，再计算转换参数。

⑤ 多项式拟合模型：用于全国/全省或相对独立的平面坐标系统转换。

5. 模型选取

① 模型选取：根据区域范围选择转换到 2000 国家大地坐标系的坐标转换模型（表1-9）。

表1-9　　转换到 2000 国家大地坐标系的坐标转换模型及适用范围

| 控制点 | | 转换模型 | 适用区域范围 |
|---|---|---|---|
| 所属坐标系 | 坐标类型 | | |
| 1980 西安坐标系 | 大地坐标 | 三维七参数 | 椭球面3°及以上的省级及全国范围 |
| | | 二维七参数 | |
| | | 椭球面多项式拟合 | |
| | 空间直角坐标 | 布尔沙 | 全国及省级范围 |
| | | 三维四参数 | 2°以内局部区域 |
| | 平面坐标 | 二维四参数 | 局部区域 |
| 1954 年北京坐标系 | 大地坐标 | 三维七参数 | 椭球面3°及以上的省级及全国范围 |
| | | 二维七参数 | |
| | | 椭球面多项式拟合 | |
| | 空间直角坐标 | 布尔沙 | 全国及省级范围 |
| | | 三维四参数 | 2°以内局部区域 |
| | 平面坐标 | 二维四参数 | 局部区域 |
| 相对独立的平面坐标系 | 平面坐标 | 二维四参数 | 局部区域 |
| | | 平面多项式拟合 | 局部区域 |

② 选取重合点：选用两个坐标系下均有坐标成果的控制点。选取的基本原则为等级高、精度高、局部变形小、分布均匀、覆盖整个转换区域。

③ 将重合点代入转换模型，利用最小二乘法计算转换参数；

④ 用得到的转换参数计算重合点坐标残差；

⑤ 剔除残差大于 3 倍点位中误差的重合点；
⑥ 重复上述步骤②到步骤⑤的计算过程，直至重合点坐标残差均小于 3 倍点位中误差；
⑦ 最终用于计算转换参数的重合点数量与转换区域大小有关，但不得少于 6 个；
⑧ 根据最终确定的重合点，利用最小二乘法计算转换参数。

6. 坐标转换

选择适当（具有一定密度且分布均匀）且同时拥有两种坐标系坐标的重合点，采用适当的坐标转换模型计算两坐标系之间的坐标转换参数，再通过坐标回代求得所求坐标系的坐标成果。

坐标转换通常有以下两种方法：
① 整体转换法：整个转换区域只计算一套转换参数。
② 分区转换法：各分区之间重叠一部分重合点并重复使用以求取转换参数。

7. 外部检核点数量要求

利用未参与计算转换参数的重合点作为外部检核点，其点数不少于 6 个且均匀分布。

8. 精度评定

省级 GNSS 连续运行基准站点坐标归算精度评定：省级 GNSS 连续运行基准站点坐标归算后坐标精度在平面 3cm 以内。

# 第六节 大地测量数据库案例

## 一、背景材料

某测绘单位结合基础测绘工作的需要，负责开发建设某省"大地测量数据库"。主要工作内容是：在收集、整理和分析项目产生的大地测量数据库的基础上，综合确定各类成果资料的分类方法、入库内容，通过数据结构设计，入库处理等工作，形成保护有力、结构标准的大地测量数据库。

建立大地测量数据库的总体要求：
① 数据齐全准确，格式符合国家有关规定和成果表编排习惯。
② 功能完善可靠、设计先进、操作简便实用、响应速度快，可扩充。
③ 用户界面美观友好，提供实时使用帮助。

## 二、考点剖析

大地测量数据库由大地测量数据、管理系统和支撑环境三部分组成。管理系统和支撑环境是数据存储、管理、运行维护的软硬件及网络条件。大地测量数据库分为国家、省区和市（县）三级。

1. 大地测量数据

大地测量数据是大地测量数据库的核心，按类型分为大地测量数据、高程控制网数据、重力控制网数据和深度基准数据及其元数据。

2. 大地测量数据库数据组织

① 观测数据：一般按控制网、数据内容进行分类组织，以数据文件为基本单元进行存储。

② 成果数据：按成果类型进行分类，按控制网进行组织，以点为基本单元存储。

③ 文档资料：按控制网、文档技术类型进行分类组织，以文件为基本单元存储。

3. 大地测量数据质量检查

① 数据正确性检查；② 数据完整性检查；③ 逻辑关系正确性检查等。

4. 大地测量数据管理系统功能

大地测量数据管理系统功能主要包括数据输入、数据输出、查询分析、数据维护和安全管理等。

5. 大地测量数据库建库技术路线

大地测量数据库建库技术路线：① 需求分析；② 数据分析与建模；③ 入库前数据处理；④ 数据库设计，包括概念模型设计、逻辑结构设计、物理结构设计、安全设计等；⑤ 数据入库；⑥ 管理系统设计与开发等。

# 第二章 工程测量

## 第一节 工程控制测量案例

### 一、背景材料

某开发区发展势头迅猛，为了创造良好的招商引资环境，促进开发区的经济腾飞，计划在开发区内修建三条道路，需对项目实施区域进行施工控制测量。

某测绘单位承接了该项目，测区呈带状区域且为东西走向，东部区域地势低，平均海拔为 9.2m，西部地势高，平均海拔为 31.8m。施工任务紧，难度大，为了确保施工质量，为工程施工提供准确可靠的测量保障，在施工现场布设了 GPS 平面控制网。

测区东西向跨度约 6km，南北向跨度约 2.3km，控制网共包含平面控制点 10 个（含两个控制点），考虑到施工时采用全站仪测量，需要后视点定向，新增加的 6 个施工控制点成对布设，一对控制点之间距离为 300~500m，每对控制点之间均可通视，所有控制点全部采用 GPS 静态相对定位的方式，获得高精度的定位结果。

投入设备：天宝三频大地型 GPS 接收机 6 台套、S3 光学水准仪 5 台套、天宝 DINI03 数字水准仪 2 台套（每千米往返水准观测精度达 0.3mm，最小显示 0.01mm），Leica 2″全站仪 4 台套。

投入软件：GPS 数据处理软件、水准平差软件、作图软件。

投入人员：可根据项目的需要，配备测量技术人员。

提交成果：
① 技术设计书。
② 仪器检验校正资料。
③ 控制网展点图。
④ 控制测量外业资料。
⑤ 控制测量计算及成果资料。
⑥ 所有测量成果及图件电子文件。

## 二、考点剖析

1. 工程控制网的分类

工程控制网按其用途不同可分为测图控制网、施工控制网、变形监测网、安装测量控制网。

(1) 测图控制网

测图控制网是在工程规划阶段,以服务地形图测绘为目的而建立的工程控制网。

① 测图控制网作用:控制测量误差的累积,保证图上内容的精度均匀,相邻图幅正确拼接。

② 测图控制网特点:控制范围较大,点位分布尽量均匀,点位选择取决于地形条件,精度取决于测图比例尺。

(2) 施工控制网

施工控制网是在工程建设阶段,以服务施工放样为目的而建立的工程控制网。

① 施工控制网的作用:为施工放样、施工期的变形测量、施工监理测量和竣工测量等提供统一的坐标系和基准。

② 施工控制网的特点:与测图控制网相比,具有控制范围小,控制点的密度大,精度要求高,点位使用频繁、受施工干扰大等特点。施工控制网主要特点如下:

a. 控制网大小、形状、点位分布应与工程范围、建筑形状相适应,点位布设便于施工放样;

b. 控制网坐标系与施工坐标系一致,平面坐标系可采用独立坐标系,其坐标轴与建筑物的主轴线平行或垂直。

c. 投影面与工程的平均高程面一致,如隧道控制网的投影面一般选在贯通平面上,或选取在放样精度要求最高的平面上。

d. 与国家或城市控制网相比,在精度上不遵循"由高级到低级"的原则。所以有时分两级布网,次级网可能比首级网的精度高。控制网精度不要求均匀,但要保证某方向或某几点的相对精度较高。

(3) 变形监测网

变形监测网是在工程建设和运营阶段,以服务工程对象变形监测为目的而建立的工程控制网。

① 变形监测网的作用:保证工程施工期和运营期的安全。

② 变形监测网的特点:除具有施工控制网的特点外,还具有精度高、重复观测的特点。对于平面变形监测网来说,其特点主要有:

a. 变形监测网由参考点、工作基点和目标点组成。参考点位于变形体外,是网的基准,应保持稳定不变;工作基点离变形体较近(甚至在变形体上),用于对目标点的观测;目标点位于变形体上,变形体的变形由目标点的运动描述。

b. 变形监测网必须进行周期性观测。各周期应采用相同的观测方案，包括相同的网型、网点，相同的观测仪器和方法，相同的数据处理软件和方法。如果中间要改变观测方法（如仪器、网型、精度等），则须在该观测周期同时采用两种方案进行，以确定两种方案间的差别，便于进行周期观测数据处理。

c. 变形监测网的精度要求很高，应选择当时技术条件所能达到的最高精度。除精度、可靠性外，还要兼顾变形监测的灵敏度。

d. 变形监测网一般采用基于监测体的坐标系统，该坐标系统的坐标轴与监测体的主轴线平行（或垂直），变形可通过目标点的坐标变化来反映。

（4）安装测量控制网

安装测量控制网是为大型设备构件的安装定位而布设的控制网。

① 安装测量控制网作用：一般在土建工程施工后期布设，多在室内，作为工程竣工后设备变形监测及调整的依据。

② 安装测量控制网特点：控制范围小，精度高，点位选择要考虑设备的位置、数量、建筑物的形状、特定方向的精度，点的密度和位置满足设备构件的安装定位。设备安装的高程定位由高程控制点大多采用水准测量方法进行。

### 2. 工程控制网坐标系选择

在工程控制测量时，根据施工所在的位置、施工范围及施工各阶段对投影误差的要求，选择以下几种平面直角坐标系：

（1）国家统一的 3°带高斯平面直角坐标系

当测区平均高程在 50m 以下，且 $y_m$ 值不大于 20km 时，其投影变形值 $\Delta S1$ 和 $\Delta S2$ 均小于 1.0cm，可以满足大部分线路工程和工程放样的精度要求。因此，在偏离中央子午线不远和地面平均高程不大的地区，无需考虑投影变形问题，直接采用国家统一的 3°带高斯正形投影平面直角坐标系作为工程测量的坐标系，使两者相一致。

（2）抵偿投影面的 3°带高斯平面直角坐标系

在这种坐标系中，仍采用 3°带高斯投影，但投影的高程面不是参考椭球面而是依据补偿高斯投影长度变形而选择的高程参考面。在这个高程参考面上，长度变形为零。当采用第一种坐标系时，有 $S_1 + S_2 = S$，当 $S$ 超过允许的精度要求（1.0~2.5cm）时，可令 $S = 0$，顾及 $S^0 \approx S$，则有

$$S\left(\frac{y_m^2}{2R_m^2} - \frac{H_m}{R}\right) = \Delta S_1 + \Delta S_2 = \Delta S = 0$$

于是，顾及 $R_m \approx R$，由上式可求得

$$H_m = \frac{y_m^2}{2R}$$

（3）任意带高斯平面直角坐标系

在这种坐标系中，仍把地面观测结果归算到参考椭球面上，但投影带的中央子午线不按国家 3°带的划分方法，而是依据补偿高程面归算长度变形而选择的某一条子

午线作为中央子午线。于是

$$y_m = \sqrt{2RH_m}$$

假设某测区相对于参考椭球面的高程 $H_m = 500\text{m}$，为使边长的高程投影及高斯投影引起的长度变形能基本互相抵消，依式算得

$$y_m = \sqrt{2 \times 6\,370 \times 0.5} \approx 80\text{km}$$

即选择与该测区相距 80km 处的子午线作为中央子午线。这样，在测区，边长的高程投影和高斯投影引起的长度变形能基本互相抵消。

（4）具有高程抵偿面的任意高斯平面直角坐标系

在这种坐标系中，投影的中央子午线选在测区的中央，地面观测值归算到测区平均高程面上，按高斯正形投影计算平面直角坐标。通俗地说，抵偿高程面就是为了使地面上边长的高斯投影长度改正与归算到基准面上的改正互相抵偿而确定的高程面。

（5）独立平面直角坐标系

当测区控制面积小于 $100\text{km}^2$ 时，可不进行方向和距离改正，直接把局部地球表面作为平面建立独立的平面直角坐标系，只限于某种工程建筑施工之用。

本项目为了减少两种长度变形误差，投影的中央子午线选在测区的中央，地面观测值归算到测区平均高程面上。平均高程面 $= \dfrac{9.2+31.8}{2} = 20.5\text{m}$，所以应选择测区平均高程面 20.5m 作为抵偿坐标系的投影面。

3. 工程控制网布设

（1）工程控制网布设步骤

① 根据精度确定控制网的等级。

② 确定布网图形和测量仪器。高程网采用几何水准或电磁波三角高程技术布网，平面网主要布设成 GNSS 网或地面边角网。

③ 图上选点、实地踏勘、构网和作方案设计，进行网的模拟计算。

④ 埋石造标，应达到稳定后方可开始观测。

⑤ 外业观测，严格遵循有关规范，包括检查验收和质量控制。

⑥ 内业数据处理和提交成果，包括数据预处理、网平差、质量评定和技术资料与成果汇总。

（2）工程平面控制网等级

① 卫星定位测量：二、三、四等和一、二级。

② 导线测量：三、四等和一、二、三级。

③ 三角形测量：二、三、四等和一、二级。

（3）工程平面控制网布设原则

① 首级控制网因地制宜，且适当考虑发展；当与国家坐标系统联测时，应同时考虑联测方案。

② 首级控制网的等级，应根据工程规模、控制网的用途和精度要求合理确定。

③ 加密控制网可越级布设或同等级扩展。

（4）工程平面控制网布设方法

布设方法主要有 GPS 测量方法、导线测量、三角形网测量等常规方法。

① GPS 测量方法工程控制网的布设：

a. 应根据测区的实际情况、精度要求、卫星状况、接收机的类型和数量以及测区已有的测量资料进行综合设计。

b. 首级网布设时，宜联测 2 个以上高等级国家控制点或地方坐标系的高等级控制点；对控制网内的长边，宜构成大地四边形或中点多边形。

c. 控制网应由独立观测边构成一个或若干个闭合环或附合路线；各等级控制网中构成闭合环或附合路线的边数不宜多于 6 条。

d. 各等级控制网中独立基线的观测总数，不宜少于必要观测基线数的 1.5 倍。

e. 加密网应根据工程需要，在满足本规范精度要求的前提下可采用比较灵活的布网方式。

f. 对于采用 GPS-RTK 测图的测区，在控制网的布设中应顾及基准站点的分布及位置。

② 导线网的布设：

a. 用作测区的首级控制时，应布设成环形网，且点位分布应联测 2 个已知方向。

b. 加密网可采用单一附合导线或节点导线网形式。

c. 节点间或节点与已知点间的导线段宜布设成直伸形状；相邻边长不宜相差过大，网内不同环节上的点也不宜相距过近。

③ 三角形网的布设：

a. 各等级的三角形控制网，宜布设成近似等边三角形的网，且其三角形的内角最大不应大于 100°，最小不应小于 30°；因受地形、地物的限制，个别的角可适当放宽，但也不应小于 25°。

b. 三角形控制网的加密方法及一、二级小三角的布设，应符合《工程测量规范》（GB 50026）的规定。

4. 工程控制网数据处理

（1）平面控制测量数据处理

平面控制测量数据处理工作内容包括求定坐标未知数的最佳估值、评定总体精度、点位精度、相对点位精度及未知函数精度等。

（2）高程控制测量数据处理

高程控制测量数据处理工作内容包括检查并消除观测数据系统误差、平差计算、评定观测值和平差结果精度。

5. 工程控制网质量检查

（1）成果质量检查内容

① 精度，描述误差分布离散程度；
② 可靠性，发现和抵抗模型误差的能力；
③ 灵敏度，监测网发现某一变形的能力；
④ 经济，建网费用。
（2）成果质量检查的基本要求
① 平面控制测量以点为单位成果；高程控制测量一般以测段为单位成果，不便以测段为单位成果时，可以点为单位成果。
② 成果质量检验的抽样方式采用简单随机抽样或分层随机抽样。
③ 成果质量元素包括数据质量、点位质量、资料质量。其中，数据质量包括数学精度、观测质量、计算质量；点位质量包括选点质量、埋石质量；资料质量包括整饰质量、资料完整性。
④ 成果检验方法包括比对分析、核查分析、实地检查、实地检测等方法。

6. 工程控制测量成果提交

工程控制测量应提交如下成果：
① 技术设计书，技术总结；
② 观测记录及数据；
③ 概算或数据预处理资料，平差计算资料；
④ 控制网展点图、成果表、点之记；
⑤ 仪器检定和检校资料；
⑥ 检查报告，验收报告。

## 第二节　工程地形图测绘案例

### 一、背景材料

为了经济建设需要，某测绘单位对某工作区进行了1∶500数字化地形图测绘工作。该工作区位于某市西北约27km处，北起冷水大田，南至老黑山高程为1 635.1m的半山腰，总长1.61km。测区范围大约5km²，工作区属峰丛地貌，山脊走向北东，海拔高程1 282~1 588m，相对高差306m。测区东部至东北部为碳酸盐岩分布区，沟谷深切，发育悬崖峭壁，高差在20~60m之间；测区中部地形切割小，地形相对较缓，坡度一般在15~40°之间。地势呈东高西低，北部高差一般为100m左右。测区内属亚热带季风湿润性气候区，气候温和，四季分明。年平均降雨量为1 192.5mm，年最大降雨量1 601.8mm，最大日降雨量为221.2mm。年最高日气温为34.5℃，最低日气温-8.6℃，相对湿度83%。每年4~9月为雨季，6~7月雨量较集中，多雷暴雨，偶有冰雹。12月至次年 2 月有间断性凌冻。村落分布零散，区内交通以汽车运载为主，至该市区有县级公路相通，交通较便利。本测区测绘困难类别程度属于较难。

1. 已有资料情况

① 国家二等点×××、D 级 GPS 点×××、可作为本工程平面控制起算点。

② 2 个国家一等水准点×××和×××，系 1956 黄海高程系成果，可作为本工程高程控制起算点。

2. 坐标系统、高程系统和基本等高距、图幅分幅

① 平面采用 2000 国家大地坐标系，高程采用 1985 国家高程系。

② 基本等高距 1.0m。

③ 图幅采用 50cm×50cm 正规分幅；图幅号采用图幅西南角坐标 $X$，$Y$ 的千米数表示，$X$ 坐标在前，$Y$ 坐标在后，中间以短线相连；图号由东往西、由南往北用阿拉伯数字按顺序编号，即 1，2，3……图幅内有明显地形、地物名的应标注图名。

3. 作业依据

①《全球定位系统（GPS）测量规范》（GB/T 18314—2009）；

②《城市测量规范》（CJJ/T 8—2011）；

③《全球定位系统实时动态测量（RTK）技术规范》（CH/T 2009—2010）；

④《1∶500　1∶1 000　1∶2 000 外业数字测图技术规程》（GB/T 14912—2005）；

⑤ 国家基本比例尺地形图图式《第 1 部分：1∶500　1∶1 000　1∶2 000 地形图图式》（GB/T 20257.1—2007）；

投入设备：3 台 KOLIDA 双频 GPS 接收机；；Lenovo 笔记本电脑 2 台，绘图仪 1 台，打印机 1 台，复印机 1 台，车辆 2 辆。

投入软件：KOLIDA GPS 数据处理软件包，成图软件为南方 CASS7.0 以及配套的文字处理软件。

## 二、考点剖析

1. 地形图的基本内容

（1）数学要素

地形图的数学要素包括坐标格网（地图投影）、地图比例尺和测量控制点坐标等。

（2）地形要素

图幅内的各种地物、地貌要素是地形图要表示的主要内容。地形要素包括测量控

制点、水系、居民地及设施、交通、管线、境界、地貌、植被与土质、注记等九类。

① 地物：地面的各类建筑物、构筑物，道路，水系及植被等就称为地物。表示这些地物的符号，就是地物符号。地物符号又根据其表示地物的形状和描绘方法的不同，分为以下几类：

比例符号：轮廓较大的地物，如房屋、运动场、湖泊、森林、田地等，凡能按比例尺把它们的形状、大小和位置缩绘在图上的，称为比例符号。这类符号表示出地物的轮廓特征。

非比例符号：轮廓较小的地物或无法将其形状和大小按比例画到图上的地物，如三角点、水准点、独立树、里程碑、水井和钻孔等，采用一种统一规格、概括形象特征的象征性符号表示，称为非比例符号。这种符号只表示地物的中心位置，不表示地物的形状和大小。

半比例符号：对于一些带状延伸地物，如河流、道路、通信线、管道、垣栅等，其长度可按测图比例尺缩绘，而宽度无法按比例表示的符号称为半比例符号。这种符号一般表示地物的中心位置，但是城墙和垣栅等，其准确位置在其符号的底线上。

地物注记：对地物加以说明的文字、数字或特定符号，称为地物注记，如地区、城镇、河流、道路名称，江河的流向、道路去向以及林木、田地类别等说明。

② 地貌：地表的高低起伏状态称为地貌，用等高线表示。用等高线表示地貌，既能表示地面高低起伏的形态，又能表示地面的坡度和地面点的高程。

（3）图内注记要素

图内注记要素包括地形图内的各种注记、说明。

（4）图内整饰要素

图内整饰要素是指地形图的各种装饰，如图名、图号、比例尺、外图廓、坐标系统、高程系统、测图方法、测图日期、测绘单位、三北关系图、图幅接合表等。

2. 地形图测绘精度

（1）平面精度

地形图图上地物点相对于邻近图根点的点位中误差，不应超过表2-1的规定。隐蔽或施测困难的地区测图，点位中误差可放宽50%。1∶500比例尺水域测图、其他比例尺的大面积平坦水域或水深超出20m的开阔水域测图，根据具体情况，可放宽至2.0mm。

表2-1　　　　　　　　　　　**图上地物点的点位中误差**

| 区域类型 | 点位中误差（mm） |
| --- | --- |
| 一般地区 | 0.8 |
| 城镇建筑区、工矿区 | 0.6 |
| 水域 | 1.5 |

(2) 高程精度

等高（深）线的插求点或数字高程模型格网点相对于邻近图根点的高程中误差，不应超过表 2-2 的规定，表中 $h_d$ 为地形图的基本等高距。对于数字高程模型，$h_d$ 的取值应以模型比例尺和地形类别取用。隐蔽或施测困难的地区测图，可放宽 50%。当作业困难、水深大于 20m 或工程精度要求不高时，水域测图可放宽 1 倍。

表 2-2　　　　等高（深）线插求点或数字高程模型格网点的高程中误差

| | 地形类别 | 平坦地 | 丘陵地 | 山地 | 高山地 |
|---|---|---|---|---|---|
| 一般地区 | 高程中误差（m） | $\frac{1}{3}h_d$ | $\frac{1}{2}h_d$ | $\frac{2}{3}h_d$ | $1h_d$ |
| 水域 | 水底地形倾角 α | α < 3° | 3° ≤ α < 10° | 10° ≤ α < 25° | α ≥ 25° |
| | 高程中误差（m） | $\frac{1}{2}h_d$ | $\frac{2}{3}h_d$ | $1h_d$ | $\frac{3}{2}h_d$ |

**3. 工程地形图的作业流程**

① 接收任务。明确任务的来源、性质、开工及完成期限，测区位置及范围，成果坐标系和高程系统，比例尺及等高距，提交成果的内容及要求。

② 资料收集。收集已有的控制成果和地形图。

③ 技术设计。主要根据任务要求、测区条件和本单位设备技术力量情况，确定作业方案、人员安排和主要技术依据。

④ 基本控制测量。在已有控制点的基础上，加密控制点，以满足图根控制测量对已知点密度和精度的要求。一般平面控制采用导线测量或 GPS 网测量，高程控制采用水准测量或三角高程测量。

⑤ 图根控制测量。主要在基本控制点的基础上，布设直接供野外数据采集所需的控制点。一般采用导线测量或 GPS-RTK 测量，其密度和精度以满足测图需要为原则。图根导线的作业流程如下：收集测区的控制点资料；野外踏勘、布点；导线测量；平差计算。GPS-RTK 确定图根点坐标作业流程如下：收集测区的控制点资料；求定测区转换参数；野外踏勘、布点；架设基准站；流动站测量图根点坐标。

⑥ 碎部点采集，采用全站仪极坐标和 GPS-RTK。

⑦ 地形图数据编辑编绘。

⑧ 资料的检查与验收。主要对全部控制资料和地形资料的正确性、准确性、合理性等进行概查、详查和抽查。检查验收的主要依据是技术设计书和地形图规范。遵循"两级检查一级验收"的要求；作业组 100% 的过程检查，项目部检查和单位质检人员检查，验收由用户或其委托单位组织，包括概查和详查（5%~10%）。

⑨ 技术总结。主要是对任务的完成情况、设计书的执行情况等做总结，对施工

中遇到的问题及处理办法等加以说明,应包括控制布点图、精度统计表和工作量统计表等。

⑩ 提交成果数据。

4. 地形图的测绘方法

常见的有全站仪测绘地形图和 GPS-RTK 测绘地形图两种方法。

(1) 全站仪测绘地形图

可采用编码法、草图法或内外业一体化的实时成图法等方法。当采用草图法作业时,应按测站绘制草图,并对测点进行编号。测点编号应与仪器的记录点号相一致。草图的绘制,宜简化标示地形要素的位置、属性和相互关系等。当采用编码法作业时,宜采用通用编码格式,也可使用软件的自定义功能和扩展功能建立用户的编码系统进行作业。当采用内外业一体化的实时成图法作业时,应实时确立测点的属性、连接关系和逻辑关系等。一般情况如下:

① 宜使用 6″级全站仪,其测距标称精度固定误差不应大于 10mm,比例误差系数不应大于 5ppm。

② 当布设的图根点不能满足测图需要时,可用极坐标法(半测回)增设少量测站点。

③ 仪器的对中偏差不应大于 5mm,仪器高和反光镜高应量至 1mm。

④ 应选择较远的图根点作为测站定向点,并施测另一图根点的坐标和高程,作为测站检核。检核点的平面位置较差不应大于图上 0.2mm,高程较差不应大于 $0.2h_d$。

⑤ 作业过程中和作业结束前,应对定向方位进行检查。

⑥ 当采用手工记录时,观测的水平角和垂直角宜读记至秒,距离宜读记至厘米,坐标和高程的计算(或读记)宜精确至 1cm。

⑦ 全站仪测图,可按图幅施测,也可分区施测。按图幅施测时,每幅图应测出图廓线外 5mm;分区施测时,应测出区域界线外图 5mm。

(2) GPS-RTK 测绘地形图

① 作业前,应搜集以下资料:

a. 测区的控制点成果及 GPS 测量资料。

b. 测区的坐标系统和高程基准的参数,包括参考椭球参数,中央子午线经度,纵、横坐标的加常数,投影面正常高,平均高程异常等。

c. WGS-84 坐标系与测区地方坐标系的转换参数及 WGS-84 坐标系的大地高基准与测区的地方高程基准的转换参数。

② 转换关系的建立,应符合下列规定:

a. 基准转换,可采用重合点求定参数(七参数或三参数)的方法进行。

b. 坐标转换参数和高程转换参数的确定宜分别进行;坐标转换位置基准应一致,重合点的个数不少于 4 个,且应分布在测区的周边和中部;高程转换可采用拟合高程测量的方法。

c. 坐标转换参数也可直接应用测区 GPS 网二维约束平差所计算的参数。

d. 对于面积较大的测区，需要分区求解转换参数时，相邻分区应不少于 2 个重合点。

③ 转换参数的应用，应符合下列规定：

a. 转换参数的应用，不应超越原转换参数的计算所覆盖的范围，且输入参考站点的空间直角坐标，应与求取平面和高程转换参数（或似大地水准面）时所使用的原 GPS 网的空间直角坐标成果相同，否则，应重新求取转换参数。

b. 使用前，应对转换参数的精度、可靠性进行分析和实测检查。检查点应分布在测区的中部和边缘。检测结果平面较差不应大于 5cm，高程较差不应大于 $30\sqrt{D}$ mm（$D$ 为参考站到检查点的距离，km）；超限时，应分析原因并重新建立转换关系。

c. 对于地形趋势变化明显的大面积测区，应绘制高程异常等值线图，分析高程异常的变化趋势是否同测区的地形变化相一致。当局部差异较大时，应加强检查；超限时，应进一步精确求定高程拟合方程。

④ 参考站点位的选择，应符合下列规定：

a. 应根据测区面积、地形地貌和数据链的通信覆盖范围，均匀布设参考站。

b. 参考站站点的地势应相对较高，周围无高度角超过 15°的障碍物和强烈干扰接收卫星信号或反射卫星信号的物体。

c. 参考站的有效作业半径不应超过 10km。

⑤ 参考站的设置，应符合下列规定：

a. 接收机天线应精确对中、整平。对中误差不应大于 5mm；天线高的量取应精确至 1mm。

b. 正确连接天线电缆、电源电缆和通信电缆等；接收机天线与电台天线之间的距离不宜小于 3m。

c. 正确输入参考站的相关数据，包括点名、坐标、高程、天线高、基准参数、坐标高程转换参数等。

d. 电台频率的选择，不应与作业区其他无线电通信频率相冲突。

⑥ 流动站作业，应符合下列规定：

a. 流动站作业的有效卫星数不宜少于 5 个，PDOP 值应小于 6，并应采用固定解成果。

b. 正确地设置和选择测量模式、基准参数、转换参数和数据链的通信频率等，其设置应与参考站相一致。

c. 流动站的初始化，应在比较开阔的地点进行。

d. 作业前，宜检测两个以上不低于图根精度的已知点。检测结果与已知成果的平面较差不应大于图上 0.2mm，高程较差不应大于 $0.2h_d$。

e. 作业中，如出现卫星信号失锁，应重新初始化，并经重合点测量检查合格后，方能继续作业。

f. 结束前，应进行已知点检查。

g. 每日观测结束，应及时转存测量数据至计算机并做好数据备份。

h. 分区作业时，应各测出界线外图上5mm。

i. 不同参考站作业时，流动站应检测一定数量的地物重合点。点位较差不应大于图上0.6mm，高程较差不应大于$1/3h_d$。

5. 地形图质量检查

① 以幅为单位成果，采用简单随机抽样或分层随机抽样；
② 成果质量元素：数学精度（数学基础、平面精度、高程精度）、数据结构正确性、地理精度、整饰质量、附件质量；
③ 检验方法：比对分析、核查分析、实地检查、实地检测等；
④ 数学精度检验：实地检验形式一般每幅图各选取20~50个点，采用散点法按测站点精度实地检测点位中误差和高程中误差，每幅图不少于20条边，采用量距法实地检测相邻地物间的相对误差。

6. 工程地形图成果提交

① 技术设计书、技术总结；
② 图根观测数据、计算资料、成果表；
③ 地形图成果、图幅拼接表；
④ 仪器检定和检核资料；
⑤ 检查报告、验收报告。

# 第三节 隧道贯通测量案例

## 一、背景材料

某铁路扩展改造工程是某省环状高速铁路网的重要组成部分，也是某高铁和东部沿海客运专线在该省内的重要连接线。新铁路为Ⅰ级双线铁路，正线铺轨约370km。全线桥隧比为83%左右，旅客列车速度目标值为200km/h。工程于2010年12月开工建设。其中，位于某县和某市交界的盘龙寺隧道全长9413m，是整个项目控制性工程之一，同时也是该线上难点工程之一。由于隧道所在地区山多地少，有利施工的条件受限，为确保隧道顺利贯通，某施工单位采用了一个斜井，四个工作面的施工方案进行掘进。洞外控制测量采用GPS控制网，洞内控制测量采用导线控制测量方法，高程控制采用精密水准测量方法进行。

主要技术依据：

①《高速铁路工程测量规范》（TB 10601—2009）；
②《工程测量规范》（GB 50026—2007）；
③《国家一、二等水准测量规范》（GB/T 12897—2006）；
④《高速铁路工程测量规范》（TB 10601—2009）；
⑤《全球定位系统（GPS）铁路测量规程》（TB 10054—97）；

投入设备：天宝 GPS 接收机 4 台套；Leica 全站仪 4 台套；标称精度：5mm+1ppm；天宝 DINI03 数字水准仪 3 台套，所有仪器均已检定。

## 二、考点剖析

隧道施工测量一般包括洞外控制测量、进洞测量、洞内控制测量、洞内施工测量、贯通误差调整与竣工测量等。

1. 洞外控制测量

在洞外建立平面和高程控制网，测定各洞口控制点的位置。
（1）洞外平面控制测量
① 控制网宜布设成自由网，并根据线路测量的控制点进行定位和定向；
② 控制网可以采用 GPS 网、三角形网或导线网等形式，并沿隧道两洞口的连线方向布设；
③ 隧道的各个洞口（包括辅助坑道口）均应布设 2 个以上相互通视的控制点。
（2）洞外高程控制测量
① 采用水准测量进行控制；
② 隧道两端的洞口水准点、相关洞口水准点和必要的洞外水准点，应组成闭合或往返水准路线。

2. 进洞测量（联系测量）

将洞外的坐标、方向和高程传递到隧道内，建立洞内、洞外统一坐标系统。
① 通过平峒、斜井进洞，平面坐标采用导线测量方法；高程采用水准测量、三角高程测量方法测定。
② 通过竖井进洞测量，按照联系方式不同平面进洞测量可分为：一井定向、二井定向、横洞（平坑）与斜井的定向、应用陀螺经纬仪定向这四种。
③ 陀螺经纬仪是一种将陀螺仪和经纬仪结合在一起的仪器。它利用陀螺仪本身的物理特性及地球自转的影响，实现自动寻找真北方向从而测定地面和地下工程中任意测站的大地方位角。定向测量可分为陀螺经纬仪定向和陀螺方位角测定两个作业过程。
④ 陀螺经纬仪定向：
a. 在已知边上测定仪器常数；

b. 在待定边上测定陀螺方位角；

c. 在已知边上重新测定仪器常数，求算仪器常数最或是值，评定一次测定中误差；

d. 求算子午线收敛角；

e. 求算待定边的坐标方位角。

⑤ 陀螺方位角一次测定：

a. 在测站上整平对中陀螺经纬仪，以一个测回测定待定边或已知边的方向值，然后将仪器大致对正北方；

b. 粗略定向，测定近似陀螺北方向；

c. 测前悬带零位观测；

d. 精密定向，测定精密陀螺北方向；

e. 测后悬带零位观测；

f. 以一个测回测定待定边或已知边的方向值，当测前测后两次观测的方向值的互差小于规定的数值时，取其平均值作为测线方向值。

⑥ 高程联系测量（导入高程）主要有：长钢尺法导入高程、钢丝法导入高程、光电测距仪导入高程。

3. 洞内控制测量

洞内控制测量包括隧道内的平面和高程控制测量。

（1）隧道内平面控制

隧道内平面控制通常有两种形式，即中线形式和导线形式。

① 中线形式就是以定测精度或稍高于定测精度，在洞内按中线测量的方法测设隧道中线。这种方法只适用于短隧道。

② 导线形式有单导线、导线环、主副导线环、交叉导线、旁点导线。

洞内导线应注意的问题：导线点应尽量布设在施工干扰小、通视良好、地层稳固的地方。点间视线应离开洞内设施 0.2m 以上。导线的边长在直线地段不宜短于 200m，在曲线地段不宜短于 70m，并尽量选择长边和接近等边。导线点应埋于坑道底板面以下 10~20cm，上面盖铁板以保护桩面及标志中心不受损坏，为便于寻找，应在边墙上用红油漆予以标注。采用双照准法测角，测回间要重新对中仪器和觇标，以减小对中误差和对点误差的影响。由洞外引向洞内的测角工作，宜在夜晚或阴天进行，以减小折光差的影响。设立新点前必须检查与之相关的既有导线点，在对既有导线点确认的基础上测量新点。应构成多边形闭合导线或主副导线环。当有平行导坑时，应利用横向通道，使平行导坑的单导线与正洞的导线联测，以资检核。

（2）洞内高程控制测量

① 洞内高程控制测量的目的，是由洞口高程控制点向洞内传递高程，即测定洞内各高程控制点的高程，作为洞内施工高程放样的依据。

② 洞内应每隔 200~500m 设立一对高程控制点。高程控制点可选在导线点上，

也可根据情况埋设在隧道的顶板、底板或边墙上。

③ 三等及以上的高程控制测量应采用水准测量,四、五等可采用水准测量或光电测距三角高程测量。

④ 当采用水准测量时,应进行往返观测;采用光电测距三角高程测量时,应进行对向观测。

⑤ 高程导线宜构成闭合环。

4. 洞内施工测量和竣工测量

(1) 洞内施工测量

① 根据隧道设计要求进行施工放样、指导开挖;在隧道施工过程中,确定平面及竖直面内的掘进方向,还要定期检查工程进度(进尺)及计算完成的土石方数量;在隧道竣工后,要进行竣工测量。

② 洞内施工测量的工作内容主要包括洞口定线放样、洞内中线测量、洞内腰线测设、开挖断面测量、衬砌放样等。

(2) 竣工测量

测定隧道竣工后的实际中线位置和断面净空及各建(构)筑物的位置尺寸。

5. 隧道贯通误差分析

在隧道施工中,由于地面控制测量、联系测量、地下控制测量以及细部放样的误差,使两个相向开挖的工作面的施工中线,不能理想地衔接,而产生的错开现象,即所谓贯通误差。

(1) 贯通误差分类

贯通误差在线路中线方向的投影长度称为纵向贯通误差(简称纵向误差),在垂直于中线方向的投影长度称为横向贯通误差(简称横向误差),在高程方向的投影长度称为高程贯通误差(简称高程误差)。贯通限差规定见表2-3。直线隧道长度大于1 000m,曲线隧道长度大于500m,均应根据横向贯通精度要求进行隧道平面控制测量设计。两相邻开挖洞口(含横洞口、斜井口)高程路线长度大于5 000m,应根据高程贯通精度要求进行隧道高程控制测量设计。

本项目隧道全长9 413m,所以横向贯通误差应控制在200mm以内。

表2-3 贯通限差

| 类别 | 两开挖洞口间长度(km) | 贯通误差限差(mm) |
| --- | --- | --- |
| 横向 | $L < 4$ | 100 |
| | $4 \leq L < 8$ | 150 |
| | $8 \leq L < 10$ | 200 |
| 高程 | 不限 | 70 |

（2）贯通误差来源及分配

① 将地面控制测量的误差作为影响隧道贯通误差的一个独立因素，将地面两相向开挖洞内导线测量误差各为一个独立因素，共 3 个因素。

② 对于通过竖井开挖的隧道，横向贯通误差受竖井联系测量的影响也较大，通常将竖井联系测量也作为一个独立因素，且按等影响原则分配，共 5（4）个因素。

（3）横向贯通中误差分析

设隧道总的横向贯通中误差的允许值为，按照等影响原则，则得地面控制测量的误差所引起的横向贯通中误差的允许值。

3 因素： $m_q = \dfrac{M_q}{\sqrt{3}} = \pm 0.58 M_q$（无竖井）；

4 因素： $m_q = \pm \dfrac{M_q}{\sqrt{4}} = \pm 0.50 M_q$（一个竖井）；

5 因素： $m_q = \pm \dfrac{M_q}{\sqrt{5}} = \pm 0.45 M_q$（两个竖井）。

（4）高程贯通中误差分析

① 对于高程控制测量而言，一方面洞内的水准路线短，高差变化小，这些条件比地面的好；另一方面，洞内有烟尘、水汽、光亮度差以及施工干扰等不利因素。

② 地面与地下水准测量的误差，对于高程贯通误差的影响，按相等的原则分配。设隧道总的高程贯通中误差的允许值为 $M_h$，则它们的影响值为：

$$m_h = \pm \sqrt{\dfrac{1}{2}} M_h = \pm 0.71 M_h$$

隧道控制测量对贯通中误差影响值限差见表 2-4。

表 2-4 **隧道控制测量对贯通中误差影响值限差**

| 两开挖洞口间长度（km） | 横向贯通误差（mm） | | | | 高程贯通误差（mm） | |
|---|---|---|---|---|---|---|
| | 洞外控制测量 | 洞内控制测量 | | 竖井联系测量 | 洞外 | 洞内 |
| | | 无竖井的 | 有竖井的 | | | |
| <4 | 25 | 45 | 35 | 25 | 25 | 25 |
| 4~8 | 35 | 65 | 55 | 35 | | |
| 8~10 | 50 | 85 | 70 | 50 | | |

为保证地下工程的施工质量，在工程施工前，应进行工程测量误差预计。预计中应将容许的竣工误差加以适当分配。一般来说，地面上的测量条件比地下好，故对地面控制测量的精度应要求高一点，而将地下测量的精度要求适当降低。

# 第四节 建筑施工测量案例

## 一、背景材料

某施工单位承担某大厦的施工测量任务,该大厦位于城区长江路东侧,红旗路西侧,东莱街南侧,立新街北侧。为地上20层,地下3层的商住楼,呈矩形,建筑面积60 000m²。钻孔压灌超流态混凝土桩基础,桩顶设承台基础,主体为现浇砼剪力墙结构,基础埋深-5.8m,建筑最大高度96.60m,±0.000绝对高程为171.452m。

施工单位首先在该施工区域布设了施工控制网,平面控制网采用建筑方格网形式,共布设了4个控制点,坐标分别为$A$点$x=395.050$m,$y=497.250$m;$B$点$x=395.050$m,$y=577.250$m;$C$点$x=465.050$m,$y=497.250$m;$D$点$x=465.050$m,$y=577.250$m。

控制点分布如图2-1所示。

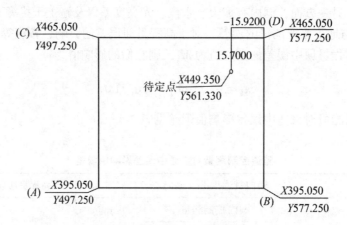

图2-1 施工控制网控制点分布图

基坑开挖前应根据建筑物角点坐标进行放样开挖边线。

建筑物上部结构施工过程中,采用激光铅垂仪进行轴线传递,并采用悬挂钢尺法进行高程传递。高程控制采用四等水准测量的方法。

该公司以项目总承包模式承包了该小区的土建和安装工程。为了确保建筑功能正常发挥作用,公司测量部门制定了一整套高层建筑施工测量放线方案。

收集资料如下:

① 某住宅小区施工平面控制资料;
② 某住宅小区施工高程控制资料;

③ 某住宅小区施工图纸；
④ 某住宅小区施工组织总设计。

投入设备：全站仪 1 台套、光学经纬仪 2 台套、自动安平水准仪 1 台套、激光投点仪 1 台套、红外线测距仪 1 台套、钢卷尺若干、塔尺 1 根。

## 二、考点剖析

1. 建筑施工放样内容

（1）基础施工放样

平面位置和孔桩的放样。

（2）基础施工测量

放样基槽开挖边线（基础放线）。

（3）上部结构施工放样

检校、测设建筑物主轴线控制桩；将±0 标高放样到地下结构顶部的侧面上；随着楼层结构的升高，将首层轴线逐层往上投测，作为各层施工放样的依据。

（4）高层建筑施工放样

建筑物位置放样、基础放样、轴线投测、高程传递。

本项目施工放样内容主要有：

① 平面位置放样：基坑上、下开挖边线、建筑物基础四角点、凸凹处拐角点、建筑物轴线、地上各层平面位置。

② 高程放样：基坑开挖坑底高程、建筑物基础标高、各层楼板高度及平整度。

2. 建筑施工放样误差处理

（1）等影响原则

设允许的总误差为 $\Delta$，测量工作的误差为 $\Delta_1$，施工产生的误差为 $\Delta_2$，加工制造产生的误差为 $\Delta_3$，…，$\Delta_n$。假定各工种产生的误差相互独立，则 $\Delta^2 = \Delta_1^2 + \cdots + \Delta_n^2$。按"等影响"原则，$\Delta_1 = \Delta_2 = \cdots = \Delta_n$，则 $\Delta_1 = \Delta_2 = \cdots = \Delta_n = \Delta/\sqrt{n}$

（2）忽略不计原则

若某项误差由 $m_1$ 和 $m_2$ 两部分组成，其中 $m_2$ 影响较小，当 $m_2$ 小到一定程度时可以忽略不计，即认为 $M = m_1$。设 $m_2 = \dfrac{m_1}{k}$，则 $M = m_1\sqrt{1 + 1/k^2}$，通常取 $k = 3$ 时，$M = 1.05 m_1 \approx m_1$，因而可认为 $M = m_1$。在实际工作中通常把 $m_2 \approx (1/3) m_1$ 作为可将 $m_2$ 忽略不计的标准。

3. 建筑施工放样方法

建筑施工放样有直接放样和归化法放样两种方法。

(1) 直接放样方法

① 高程放样：一般用水准仪，采用视线高法放样，也可用三角高程法放样。当待放样的高程高于仪器视线时，可用"倒尺"法放样。高差很大时（如向深基坑或高楼传递高程），可以用悬挂钢尺代替水准尺。

② 角度放样：采用全站仪测设角度，一般要求用盘左盘右两次测设取平均值。

③ 距离放样：用测距仪或钢尺放样。

④ 点位放样：

a. 极坐标法。适用于任何情况。

b. 交会法。包括角度交会和距离交会。

c. 直接坐标法。利用全站仪或 GPS-RTK 直接进行点位放样。

d. 直角坐标法。适用于方格控制网。在本项目中，若拟建建筑物的某角点坐标为 $x = 449.350$m，$y = 561.330$m，其具体放样步骤如下：

第一，经分析，$D$ 点为离待定点最近的控制点，可作为测站点；

第二，在 $D$ 点安置全站仪，盘左瞄准控制点 $C$（选择最远的作为方向点，同时检查距离是否为 80.000m），并使水平度盘为零；

第三，转动仪器照准控制点 $B$，检查水平度盘读数应是 270°，（同时检查距离是否为 70.000m），无误后，在此视线方向准确丈量 15.700m，得垂足点；

第四，将仪器搬至该垂足点，盘左瞄准控制点 $B$，并使水平度盘为零；

第五，转动仪器照准控制点 $D$，检查水平度盘读数应是 180°，距离是否为 15.700m；在限差内，转动仪器使水平度盘为 90°，在此视线方向准确丈量 15.920m，放样出该角点。

⑤ 铅垂线放样包括经纬仪（全站仪）+弯管目镜法、光学铅垂仪法、激光铅垂仪法。

(2) 归化法放样

首先采用直接放样法确定实地标志，再对放样出的实地标志进行精确测量，求出实地标志位置与设计位置的偏差，然后根据偏差将其归化到设计位置。

归化法放样点位误差分析：

如图 2-2 所示，若不考虑起算点误差的影响，则放样点的误差为：

$$m_P = \pm \sqrt{m_s^2 + \left(\frac{m_\beta}{\rho}\right)^2 \cdot S^2}$$

若用极坐标法放样 $P$ 点时（图2-3），设控制点 $A$、$B$ 无误差。请推导 $P$ 点的点位中误差。若 $m_s = \pm 5$mm，要求 $m_P \leqslant \pm 10$mm，则测角中误差 $m_\beta$ 应为多少（仅考虑测角、量距误差）？

解：

$$m_P = \sqrt{m_s^2 + \left(\frac{m_\beta}{\rho}\right)^2 \cdot S^2 + m_{中}^2 + m_{偏}^2 + m_{标}^2}$$

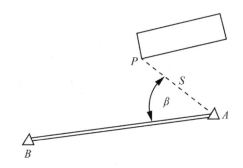

图 2-2 归化法放样点 $P$ 点

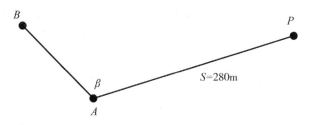

图 2-3 极坐标法放样 $P$ 点

$$10^2 = 5^2 + \frac{280\ 000^2}{206\ 265^2} \times m_\beta^2$$

$$m_\beta \leqslant 6.4''$$

① 放样点点位中误差与边长中误差 $m_s$,角度中误差 $m_\beta$ 和测站点至放样点的距离 $S$ 有关。

② 当放样距离较短时,点位误差主要受测距误差影响。

③ 当放样距离较长时,点位误差不仅受测距误差影响,而且受测角误差影响。

4. 超高层建筑物施工测量

超高层建筑物施工测量中的主要问题是控制竖向偏差,也就是各层轴线如何精确地向上引测的问题,还要进行各层面的细部放样、倾斜度确定、高程控制和变形监测。

(1) 垂直度控制

为了保证高层建筑物竖直度、几何形状和截面尺寸达到设计要求,必须根据工程实际情况,建立高精度的施工测量控制网。目前,普遍采用的控制形式主要是内控制,就是在建筑物的±0.00 面内建立控制网,在控制点竖向相应位置预留竖向传递孔,用仪器在±0.00 面控制点上,通过传递孔将控制点传递到不同高度的楼层。为了提高功效、防止误差累积,应实施分段投测和分段控制。

在内控中每一个投测段的施工测量步骤如下：

① 顾及建筑物的形状，在底层布置矩形或"+"字控制网，并转测至建筑物的±0.00层，经复测检核后，作为建筑物垂直度控制和施工测量的依据。

② 用铅垂仪或经纬仪（全站仪）+弯管目镜或激光铅垂仪（投点仪）在±0.00层（或相应的转层）控制点上作竖向传递，将控制点随施工进度传递到相应楼层。

③ 接收靶通常采用透明的刻有"+"字线的有机玻璃，在玻璃上做上投点标记。

④ 为了消除仪器的轴系误差，则可以在0°、90°、180°、270°共4个方位投点中取其中点作为最终结果。

⑤ 当全部投测完成后，再用钢尺或全站仪测量投点间的水平距离。若投点间的水平距离与相应控制点间的距离之差在测量误差范围内，完成投点，否则重投。

（2）内控法投测轴线

当用内控法投测轴线时，为了保证投测质量应注意以下要点：

① 由于内控法投测的边长较短，最好与外控法相互结合。

② 使用的经纬仪必须经过严格的检验校正，尤其是照准部水准管轴应严格垂直仪器竖轴。

③ 尽量选用望远镜放大倍率大于25倍、有光学投点器的经纬仪，以T2级经纬仪投测为好。

④ 仪器操作时应仔细对中整平，必须使照准部水准管气泡严格居中，以减少仪器竖轴误差的影响。

⑤ 由于超高层建筑物受日照、地球自转、风力、温差等多种动态因素的影响，建筑物处于偏摆运动状态。为了很好地控制垂直度，投点时间的选择非常重要，一般选择在夜间、风力小的时段进行投点工作，以减少外界环境因素的影响。

（3）高程传递

高层建筑物的高程传递通常采用悬挂钢尺法和全站仪天顶测距法。

当高程传递精度要求较高时，应对钢尺传递的高度值进行尺长改正、温度改正、倾斜改正。

当向地下高程传递较深时，使用钢丝代替钢尺，当高程传递精度要求较高时，应对钢丝传递的高度值进行尺长改正、温度改正、拉力改正。

全站仪天顶测距法如图2-4所示。

（4）内控网与首级控制网的联测

在±0.00层采用全站仪布设导线或导线网，但当建筑物施工到一定的高度以后，往往采用静态GPS测量，对内控网进行检测。

（5）建筑物主体工程日周期摆动的测量方法

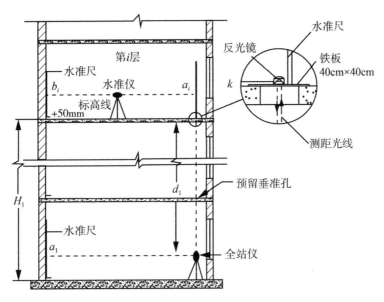

图 2-4 全站仪天顶测距法

建筑物主体工程日周期摆动的测量方法主要有:测量机器人自动测量、数字正垂仪自动测量或 GPS 测量。

# 第五节 工程竣工测量案例

## 一、背景材料

受某房地产开发有限公司委托,根据该市城乡规划管理局对建设工程规划竣工测量的要求,某测绘单位对该公司开发的某大厦进行竣工测量。该大厦地形类别属于平坦地,东临酒都路中段,北临叙府路西段,南侧建筑边线与加固护墙陡坎边线一致,西临绿化园地。测区面积约为 $2.2\times10^4 km^2$。

竣工测量的成果主要包括已竣工的建、构筑物的平面位置及形状;建筑物部分拐角点(房角点)的坐标;建筑物最突出部分的拐角点(房角点)至用地红线或其他指定位置的退让距离;房屋地面以上部分的层数及地下室层数;建筑工程竣工后具有代表性层面的标高;建筑物层高;房屋分栋分类竣工建筑面积;根据特殊要求进行的其他测量。竣工测量所提供的资料为竣工测量数据表、建设工程竣工现状图和测量技术说明。

1. 作业依据

①《城市测量规范》（CJJ/T 8—2011）；
②《建（构）筑物竣工测量作业指导书》。
③《房产测量规范》（GB/T 17986.1—2000）。
④《国家基本比例尺地图图式第 1 部分：1∶500　1∶1 000　1∶2 000 地形图图式》（GB/T 20257.1—2007）。
⑤《测绘成果质量检查与验收》（GB/T 24356—2009）。

2. 已有资料情况

① 该市住建局提供的 G049，G046 两个 GPS 控制点，可作为基础控制点。
② 在测区利用华测 X20 GPS 静态接收机建立 3 个 GPS 点作为图根控制点。
③ 委托方提供的宗地图、建设工程规划许可证及附图、附件。

竣工图编绘说明，采用全站仪测图及数字标记成图的方法，比例尺为 1∶500。范围包括竣工建（构）筑物及其周边 30～50m 范围内的地形。建筑区的街道中心线、街道交叉中心、建筑物墙基脚和相应的地面、管道检查井井口、桥面、广场、较大的庭院内或空地上以及其他地面倾斜变换处，分别注记高程点至 0.01m。南侧建筑物边线与陡坎上沿线重合时，应用建筑物边线代替坡坎上沿线。

3. 提交成果

成果包括测区 1∶500 竣工地形图、建筑物各层平面图和各层尺寸校核图、建筑物的平面位置校核图、建筑物的剖面图、竣工测量成果汇总表、各种计算资料以及相关说明等资料。

## 二、考点剖析

竣工测量主要是实测建设工程的现状地形图，建筑物的长度、宽度、高度、建筑面积，在现状地形图上标注建筑物与规划控制条件地物的距离，标注建筑物与道路红线、规划红线、用地界线等的关系。

1. 竣工测量的内容

竣工测量工作内容主要包括控制测量、细部测量、竣工图编绘等。以建筑竣工测量为例，竣工测量的内容主要有：

① 实测 1∶500 地形图。详细测绘出与竣工建筑物相关的地物、地貌，竣工建筑物的相对位置关系及与周边建筑物"四至"关系，建筑物层数、材质，竣工建筑物的阳台、雨篷、挑檐、飘窗及地下车库的准确位置，以及一层地坪高和地下车库的地坪高，并应在 1∶500 地形图上将以上内容都表示出来。

② 根据规划许可证规定的内容完成公建配套设施测量、公建配套设施的面积测量、小区绿地面积测量。

③ 校核建筑物的平面位置、平面尺寸，测量建筑物之间的间距与设计的差值，以及建筑物与道路红线、用地界线等的距离与审批图纸相关尺寸的差值。

④ 测量建筑物的占地面积、建筑面积、层数、室内外标高、层高、总高度，核实地下室的面积及相关尺寸、层高和停车泊位信息。

⑤ 核实建筑立面造型、外墙材料、色彩信息，主要以拍照为主。

该案例规划竣工验收竣工测量的工作内容主要包括建（构）筑物高度测量、建设工程竣工地形图测绘、地下管线探测和建筑面积测量。

2. 竣工测量精度

竣工测量中，将地物根据其重要性进行分类，可分成三类，即主要建（构）筑物、次要建（构）筑物、其他地形与地物。

竣工总图中建（构）筑物细部点的点位和高程中误差，应满足表2-5。

表2-5　　　　　　　　　细部坐标点的点位和高程中误差

| 地物类别 | 点位中误差（cm） | 高程中误差（cm） |
| --- | --- | --- |
| 主要建（构）筑物 | 5 | 2 |
| 一般建（构）筑物 | 7 | 3 |

3. 竣工总图编绘

（1）编绘前的资料收集
① 总平面布置图；
② 施工设计图；
③ 设计变更文件；
④ 施工检测记录；
⑤ 竣工测量资料；
⑥ 其他相关资料。

（2）竣工总图的编制
① 地面建（构）筑物，应按实际竣工位置和形状进行编制。
② 地下管道及隐蔽工程，应根据回填前的实测坐标和高程记录进行编制。
③ 施工中，应根据施工情况和设计变更文件及时编制。
④ 对实测的变更部分，应按实测资料编制。
⑤ 当平面布置改变超过图上面积1/3时，不宜在原施工图上修改和补充，应重新编制。

(3) 竣工总图的绘制

① 应绘出地面的建（构）筑物、道路、铁路、地面排水沟渠、树木及绿化地等。
② 矩形建（构）筑物的外墙角应注明两个以上点的坐标。
③ 圆形建（构）筑物应注明中心坐标及接地处半径。
④ 主要建筑物应注明室内地坪高程。
⑤ 道路的起终点、交叉点应注明中心点的坐标和高程；弯道处，应注明交角、半径及交点坐标；路面应注明宽度及铺装材料。
⑥ 铁路中心线的起终点、曲线交点应注明坐标；曲线上应注明曲线的半径、切线长、曲线长、外矢矩、偏角等曲线元素；铁路的起终点、变坡点及曲线的内轨轨面应注明高程。
⑦ 当不绘制分类专业图时，给水管道、排水管道、动力管道、工艺管道、电力及通信线路等应在总图上绘制。

4. 成果整理与提交

竣工测量成果应提交的资料包括：① 技术设计书，技术总结；② 竣工测量观测、计算资料；③ 竣工总图、专业分图、断面图；④ 细部点成果表；⑤ 仪器检定和检校资料；⑥ 检查报告，验收报告。

## 第六节　变形监测案例

### 一、背景材料

某地质灾害整治工程二期位于前进路南西侧，面积约 $0.02km^2$，该地段楼房、厂房较多，建筑物多为依山傍水而建，工程活动较强烈，山坡、河岸边坡较陡且植被较茂盛。2016 年 7 月，由于持续降雨导致山坡坡体浅层土体饱水，该地区某厂宿舍区出现了不同程度的滑坡，危及坡脚宿舍的安全。根据现场调查，现状地质灾害的危害程度中等，如不及时进行治理，则会影响正常的生活。

某建筑设计院对该区 2016 年暴雨灾害恢复重建项目（宿舍区地质灾害整治工程二期）进行设计，由市建联建筑有限公司进行地质灾害治理施工。地质灾害治理分 $A$、$B$ 两个治理点，$A$ 治理点主要是对边坡采用锚杆格构护坡进行防护，对坡顶的挡土墙进行加固，$B$ 治理点主要是对边坡采用锚杆格构护坡进行防护，其中 B0+00～B0+25 段要拆除现有产生裂缝的挡土墙再设高 6m 的挡墙。

边坡治理施工完成后，为保证边坡在运行过程中的安全，须对边坡进行监测，以分析其变形趋势，判断运行状态的稳定性与危险性，做出实时预警预报。受建设单位委托，测绘单位对边坡进行变形监测，以检验边坡治理的效果。监测的具体内容为挡墙顶的水平位移及垂直位移、边坡变形及坡面裂缝。

1. 监测依据

① 《崩塌、滑坡、泥石流监测规范》（DZ/T 0221—2006）；
② 《工程测量规范》（GB 50026—2007）；
③ 《建筑变形测量规程》（JGJ 8—2007）；
④ 《城市测量规范》（CJJ/T 8—2011）；
⑤ 《建筑工程设计手册》；
⑥ 某厂"6·8"地质灾害整治工程设计施工图；
⑦ 业主的有关要求与建议。

2. 监测项目

监测项目包括挡墙顶的水平位移及垂直位移、边坡变形及坡面裂缝。

3. 提交成果

① 技术设计书和测量方案；
② 监测网和监测点布置图；
③ 标石、标志规格及埋设图；
④ 仪器的检校资料；
⑤ 原始观测记录；
⑥ 平差计算、成果质量评定资料；
⑦ 变形观测数据处理分析和预报成果资料；
⑧ 变形过程和变形分布图表；
⑨ 变形监测、分析和预报的技术报告。

## 二、考点剖析

变形监测是对监视对象或物体（简称"变形体"）进行测量，以确定其空间位置随时间的变化特征。

1. 变形监测的基本概念和内容

对于工程的变形监测来讲，变形体一般包括工程建构筑物及其设备，以及其他与工程建设有关的自然或人工对象，如大坝、船闸、桥梁、隧道、高层建筑、古建筑、高边坡、采矿区等都称为变形体。

变形又分为两类：变形体自身的变形和变形体的刚体位移。变形体自身的变形包括伸缩、错动、弯曲和扭转四种变形，而刚体位移则包括整体平移、整体转动、整体升降和整体倾斜四种变形。

变形监测分为静态变形和动态变形监测,静态变形通过周期性测量得到,动态变形通过连续监测得到。

变形监测的内容包括水平位移、垂直位移监测,倾斜、挠度、弯曲、扭转、震动、裂缝等的测量,还包括与变形有关的物理量的监测,如应力、应变、温度、气压、水位、渗流、渗压、扬压力等的监测。

**2. 变形监测的特点**

① 周期性观测。
② 精度要求高,对不同的任务,变形监测所要求的精度不同。
③ 综合应用各种观测方法。
④ 数据处理要求严密。
⑤ 需要多学科知识的配合。

**3. 变形监测等级划分及精度**

(1) 变形监测等级划分

一等:变形特别敏感的高层建筑、高耸构筑物、工业建筑、重要古建筑、大型坝体、精密工程设施、特大型桥梁、大型直立岩体、大型坝区地壳变形监测等。

二等:变形比较敏感的高层建筑、工业建筑、古建筑、特大型和大型桥梁、大中型坝体、直立岩体、高边坡、重要工程设施、重大地下工程、危害性较大的滑坡监测等。

三等:一般性的高层建筑、多层建筑、工业建筑、高耸构筑物、直立岩体、高边坡、深基坑、一般地下工程、危害性一般的滑坡监测、大型桥梁等。

四等:观测精度要求较低的建(构)筑物、普通滑坡监测、中小型桥梁。

(2) 变形监测等级精度

变形监测等级精度见表2-6。

表2-6　　　　　　　　　变形监测等级精度

| 监测类别 | 精度指标 | 一等 | 二等 | 三等 | 四等 |
| --- | --- | --- | --- | --- | --- |
| 垂直位移监测 | 变形观测点的高程中误差 | 0.3 | 0.5 | 1.0 | 2.0 |
| | 相邻变形观测点的高差中误差 | 0.1 | 0.3 | 0.5 | 1.0 |
| 水平位移监测 | 变形观测点的点位中误差 | 1.5 | 3.0 | 6.0 | 12.0 |

**4. 变形监测方法及选择**

(1) 变形监测的方法

① 常规的大地测量方法:如精密高程测量、精密距离测量、角度测量等。

② 专门测量手段和技术：如液体静力水准、准直测量、应变测量、倾斜测量等。
③ 空间测量技术：GPS 测量、InSAR 技术。
④ 摄影测量和激光扫描技术。
（2）变形监测方法的选择
变形监测方法的选择见表 2-7。

表 2-7　　　　　　　　　　变形监测方法的选择

| 监测类别 | 监测方法 |
| --- | --- |
| 水平位移监测 | 三角形网、极坐标法、交会法、GPS 测量、精密测（量）距、正倒垂线法、视准线法、引张线法、激光准直法、伸缩仪法、多点位移计、倾斜仪等 |
| 垂直位移监测 | 水准测量、液体静力水准测量、电磁波测距三角高程测量等 |
| 三维位移监测 | 全站仪自动跟踪测量法（测量机器人）、卫星实时定位测量（GPS-RTK）法、三维激光扫描、摄影测量法等 |
| 主体倾斜 | 经纬仪投点法、差异沉降法、激光准直法、垂线法、倾斜仪、电垂直梁等 |
| 挠度观测 | 垂线法、差异沉降法、位移计、挠度计等 |
| 监测体裂缝 | 精密测（量）距、伸缩仪法、位移计、测缝计、摄影测量等 |
| 应力应变监测 | 应力计、应变计 |

5. 变形监测网布设

变形监测网一般布设为基准网（首级网）、监测网（次级网）两级。基准网由基准点和工作基点构成；监测网由部分基准点、工作基点和变形观测点构成。

变形监测网一般是小型的、专用的和高精度。

（1）基准点

变形监测的基准，应布设在变形影响区域外稳固可靠的位置。一般每个变形监测工程需布设 3 个基准点，特殊工程需要 4 个。大型工程的变形监测，水平位移基准点应采用观测墩，垂直位移基准点应采用双金属标或钢管标。

（2）工作基点

应选在比较稳定且方便使用的位置。设立在大型工程施工区域内的水平位移监测工作基点宜采用带有强制归心装置的观测墩，垂直位移监测工作基点可采用钢管标。对通视条件较好的小型工程，可不设立工作基点，在基准点上直接测定变形观测点。

（3）变形观测点

应布设在变形体的地基、基础、场地及上部结构等能反映变形特征的敏感位置或监测断面上，监测断面一般分为：关键断面、重要断面和一般断面。需要时，还应埋设一定数量的应力、应变传感器。

点位宜选设在下列位置：

① 建筑的四角、核心筒四角、大转角处及沿外墙每10~20m处或每隔2~3根柱基上；

② 高低层建筑、新旧建筑、纵横墙等交接处的两侧；

③ 建筑裂缝、后浇带和沉降缝两侧、基础埋深相差悬殊处、人工地基与天然地基接壤处、不同结构的分界处及填挖方分界处；

④ 对于宽度大于等于15m或小于15m而地质复杂以及膨胀土地区的建筑，应在承重内隔墙中部设内墙点，并在室内地面中心及四周设立地面点；

⑤ 邻近堆置重物处、受震动有显著影响的部位及基础下的暗沟处；

⑥ 框架结构建筑的每个或部分柱基上或沿纵横轴线上；

⑦ 筏形基础、箱形基础底板或接近基础的结构部分之四角处及其中部位置；

⑧ 重型设备基础和动力设备基础的四角、基础形式或埋深改变处以及地质条件变化处两侧；

⑨ 对于电视塔、烟囱、水塔、油罐、炼油塔、高炉等高耸建筑，应设在沿周边与基础轴线相交的对称位置上，点数不少于4个。

6. 变形监测数据处理与变形分析

变形观测的数据可分为两种：一种是监测网的周期观测数据，根据这些数据，计算网点的坐标，进行参考点稳定性检验和周期间的叠合分析，从而得到目标点的位移；另一种是监测点上某一种特定的形成时间序列的监测数据，如应力、应变、温度、气压、水位、渗流、渗压、扬压力等，对它们进行回归分析、相关分析、时序分析和统计检验，确定变形过程和趋势。

变形观测数据处理包括整理、整编观测资料，计算测点坐标和变形量，以及分析变形的显著性、规律和成因等。

7. 变形监测资料的整理

① 对观测记录进行核校，检查是否有记录、计算错误；

② 数据的存档及入库；

③ 绘制相应的图表（如变形过程线、测站分布图等）。

8. 变形监测资料分析的常用方法

（1）作图分析

将观测资料绘制成各种曲线，常用的是将观测资料按时间顺序绘制成过程线，然后进行变形分析。

（2）统计分析

用数理统计方法分析计算各种观测物理量的变化规律和变化特性，分析观测物理量的周期性、相关性和发展趋势。

（3）对比分析

对各个时间段的变形数据进行对比分析，确定变形过程和趋势，分析变形的显著性、规律和成因等。

（4）建模分析

建立数学模型，用以分离影响因素，研究观测物理量变化规律，进行预报和实现安全控制。常用的数学模型有统计模型、确定性模型和混合模型。

9. 变形监测成果的质量检查

① 执行技术设计书或施测方案及技术标准、政策法规情况；

② 使用仪器设备及其检定情况；

③ 记录和计算所用软件系统情况；

④ 基准点和变形观测点的布设及标石、标志情况；

⑤ 实际观测情况，包括观测周期、观测方法和操作程序的正确性等；

⑥ 基准点稳定性检测与分析情况；

⑦ 观测限差和精度统计情况；

⑧ 记录的完整准确性及记录项目的齐全性；

⑨ 观测数据的各项改正情况；

⑩ 计算过程的正确性、资料整理的完整性、精度统计和质量评定的合理性；

⑪ 变形测量成果分析的合理性；

⑫ 提交成果的正确性、可靠性、完整性及数据的符合性情况；

⑬ 技术报告书内容的完整性、统计数据的准确性、结论的可靠性及体例的规范性；

⑭ 成果签署的完整性和符合性情况等。

10. 成果整理与提交

① 技术设计书和测量方案；

② 监测网和监测点布置图；

③ 标石、标志规格及埋设图；

④ 仪器的检校资料；

⑤ 原始观测记录；

⑥ 平差计算、成果质量评定资料；

⑦ 变形观测数据处理分析和预报成果资料；

⑧ 变形过程和变形分布图表；

⑨ 变形监测、分析和预报的技术报告。

# 第七节 地下管线探测案例

## 一、背景材料

为了查明地下管线状况,实现管线信息数字化管理,为经济发展提供可靠保障,某市城建档案馆委托某测绘单位对中山东路、王家湾改造区域周边道路、解放路 3 个作业区埋设于地下的各种管线进行探测。本次地下管线探测作业范围为该市周边道路的综合管线,地势较平坦。调查区边界为道路两侧第一排建筑物,一般路口探测至离道路沿石 50m。

机关单位、工厂、院校、庭院内部的管线不查,正在成片改造的旧街区或待开发的小区内部不查,但穿越上述区域的主干管线须查清管线连接关系,并标注有关说明。

道路上埋设的地下管线的平面位置、埋深、高程、走向、性质、规格、材质、埋设时间和权属单位等实地调查、标注并采用全数字化方法探测地下管线点,建立综合地下管线资料数据库,编绘综合地下管线图、专业地下管线图。

1. 作业依据

①《城市地下管线探测技术规程》(CJJ 61—2003);
②《城市测量规范》(CJJ/T 8—2011);
③《国家基本比例尺地图图式第 1 部分:1∶500 1∶1 000 1∶2 000 地形图图式》(GB/T 20257.1—2007)。
④ 本项目的合同书。

2. 测区已有成果资料

① 城市 D 级 GPS 点坐标成果;
② 城市一、二级导线点及图根点成果;
③ 测区 1∶500 数字地形图。

3. 主要仪器配备

① 地下管线仪 3 台;
② 地质雷达 1 台;
③ 全站仪若干台。

4. 探测方法

管线点分为明显点和隐蔽管线点。在明显管线点上直接对地下管线进行实地调查和测量；在隐蔽管线点上应用仪器探查地下管线的地面投影位置及埋深，对于仪器不能探测的复杂地段，应进行适当的开挖调查。

5. 成果整理与提交

① 技术设计书，附仪器一致性实验报告、仪器检校资料；
② 外业原始记录、测量手簿及其他记录和图件。

## 二、考点剖析

地下管线探测包括控制测量、地下管线探查与测量、数据处理、地下管线图编绘、成果检查验收、数据入库与交换等技术环节。

1. 地下管线的种类

地下管线按用途分为：给水管、排水管、燃气管、电力电缆与路灯电缆、通信电缆、供热管线、人防通道等。
按其物理特性分为以下三类：
① 由铸铁、钢材构成的金属管线，如给水管、燃气管、供热管。
② 由铜、铝材料构成的电缆，如电力电缆与路灯电缆、通信电缆。
③ 由水泥、陶瓷、塑料材料或砖砌的非金属管线，如排水管道、人防通道。

2. 地下管线探测的流程

① 资料收集与踏勘；
② 仪器检验和方法试验；
③ 技术设计；
④ 实地调查和仪器探查；
⑤ 控制测量；
⑥ 管线点测量；
⑦ 地下管线图编绘；
⑧ 地下管线数据库建立。

3. 地下管线探测精度

（1）地下管线隐蔽管线点的探测精度

隐蔽管线点探查的水平位置偏差和埋深较差：$\Delta S \leq 0.10h$，$\Delta H \leq 0.15h$，$h$ 为管线埋深（cm），当 $h<100$cm 时，按 100cm 计。

（2）地下管线点测量精度

地下管线点相对于邻近控制点的平面位置中误差不得大于5cm，高程中误差不得大于3cm。

（3）地下管线图测绘精度

地下管线的线位与邻近地上建（构）筑物、道路中心线或相邻管线的间距中误差不得大于图上0.5mm。

4. 地下管线探测方法

地下管线探测的方法一般分为两种：一种是井中调查与开挖调查或简易触探相结合的方法，目前在某些管线复杂地段和检查验收中仍需采用；另一种是仪器探测与井中调查相结合的方法，这是目前应用最为广泛的方法。

地下管线探测的基本原理是基于被探查的地下管线与其周围介质之间有明显的物性差异，可供选择的物探方法有电磁法、电磁波法（地质雷达）、磁测、地震波法、直流电法和红外辐射法等。电磁法是管线探测工程中最经济有效、最常用和具有较高探测精度的方法，而电磁波法在探测非金属管道和解决某些疑难问题方面占据重要地位。

用电磁法探测地下管线，通常是先使导电性好的地下管线带电，然后在地面上测量由此电流产生的电磁异常，从而达到探测地下管线的目的。其前提是必须满足以下地电条件：① 地下管线与周围介质之间有明显的电性差异；② 管线长度远大于管线埋深。

地质雷达又称探地雷达，是用频率介于 $10^6 \sim 10^9$ Hz 的无线电波来确定地下介质分布的一种仪器工具。地质雷达是通过发射天线向地下发射高频电磁波，通过接收天线接收反射回地面的电磁波，电磁波在地下介质中传播时遇到存在电性差异的界面时发生反射，根据接收到电磁波的波形、振幅强度和时间的变化特征，从而推断地下介质的空间位置、结构、形态和埋藏深度。地质雷达可用于探测金属或非金属管道。

5. 地下管线测量质量检查和成果提交

（1）地下管线测量质量检查

采用重复探查和开挖验证的方法进行质量检查。重复探查的点位应随机抽取，点数不宜少于探查点总数的5%，开挖验证的点位应随机抽取，点数不宜少于隐蔽管线点总数的1%，且不应少于3个点。

（2）成果提交

地下管线测量成果应提交：① 技术设计书、技术总结；② 管线调查、探查资料；③ 管线测量观测、计算资料；④ 地下管线图、成果表；⑤ 地下管线数据库；⑥ 仪器检定资料；⑦ 检查报告、验收报告。

# 第八节 精密工程测量案例

## 一、背景材料

某铁路枢纽改造工程位于辽东半岛、黄海之滨，线路总体走向呈西南东北向。中铁某局集团有限公司项目部承担施工区段 DIK44+864～DIK53+640，线路全长 8.776km 的控制网复测任务。

精密工程控制测量网分为高程和平面两部分。高程控制网复测按三等水准测量要求进行，CPI 平面控制网复测按铁路三等 GPS 网要求进行、CPII 平面控制网复测（包括联测的 CPI 平面控制网点）按铁路四等 GPS 网要求进行。复测主要内容是枢纽改造工程 SN2 标段第二项目部范围内 CPI、CPII 控制点复测和三等水准控制点复测，包括与相邻标段平面和高程控制点的联测。具体为：

① CPI 控制网复测（包括联测相邻××局共用点 CPI5039、CPI5040 及相邻××局×公司共用点 CPI5030、CPI5031）；

② CPII 控制网复测（包括联测本段范围内所有 CPI 控制点）；

③ 三等水准控制点复测（包括联测相邻××局共用点 CPI5039 及相邻××局×公司共用点 CPI5031）。

1. 技术依据

①《铁路工程测量规范》(TB 10101—2009)；
②《全球定位系统(GPS)测量规范》(GB/T 18314—2009)；
③《铁路工程卫星定位测量规范》(TB 10054—2010)(J1008—2010)；
④《国家三、四等水准测量规范》(GBT 12898—2009)。

2. 已有资料

铁三院提供的该施工区段附近的精密控制测量平面和高程控制点成果、控制点点之记等，已有成果资料满足本次精测网复测的需要。

3. 数学基础

平面坐标系为 2000 国家大地坐标系，采用高斯投影平面直角坐标系。高程系统为 1985 国家高程基准。

## 二、考点剖析

精密工程测量主要工作包括精密工程控制网建立（如特大桥梁），精密施工放样

(如超高层建筑物)，精密设备安装与检测（如高能粒子加速器），精密变形监测（如大型水坝）。

本项目精密工程控制测量网分为高程和平面两部分，目的是为铁路枢纽改造工程的精密施工放样而准备。

1. 精密工程测量特点

精密工程测量是指以毫米级或更高精度进行的工程测量。从测量方案设计、实地施测到成果处理和利用的各个阶段中都要利用误差理论进行分析。

重要的科学试验和复杂的大型工程，如高能加速器设备部件的安装、卫星和导弹发射轨道及精密机件传送带的铺设等，都要进行精密工程测量。除常规的测量仪器和方法外，常需设计和制造一些专用的仪器和工具。计量、激光、电子计算机、摄影测量、电子测量技术以及自动化技术等也已应用于精密工程测量工作中。

与普通工程测量相比，精密工程测量具有如下特点：

① 精密工程测量是在测量学的基本理论和方法指导下的测量技术，在信息获取的精度方面有更高的要求。

② 精密工程测量需要研制新仪器和专用设备，提高仪器的自动化程度及精度；深入分析工程测量工作中的各种误差并采取有效措施加以克服；研究新的测量技术、实施方案和数据处理方法，形成一套专门为高精度工程测量所需的理论、方法和技术。

③ 精密工程测量是服务于各种工程中精度要求"特高"、"特难"的那部分工作，服务范围相对较小，但重要性十分显著，起着关键性的作用。

④ 精密工程测量所用的仪器设备必须具有较高的性能，以保证测量成果的精度、可靠性和有效性。

2. 精密工程测量方法和仪器

精密工程测量技术包括精密的直线定线、测量角度（或方向）、测量距离、测量高差以及设置稳定的精密测量标志。

(1) 精密高程测量方法

精密高程测量方法有几何水准测量和液体静力水准测量两种。

(2) 精密准直测量方法

精密准直测量方法有如下三种：

① 光学测量方法：小角法、活动标牌法。

② 光电测量方法：激光准直法。

③ 机械法：引张线法。

(3) 精密垂准测量方法

垂准测量的铅垂线可以采用光学法、光电法或机械法产生。

(4) 精密距离测量仪器

因瓦基线尺、精密光电测距仪（或全站仪）、双频激光干涉仪。

(5) 精密角度测量仪器

高精度的光学经纬仪、电子经纬仪或全站仪。选用经纬仪，必要时加入仪器竖轴倾斜改正。

本项目中CPII控制网建网测量标志主要包括预埋件、棱镜杆、高程杆和棱镜。对CPII控制点标志的埋设应沿线路布置在路基两侧的接触网杆或基础、桥梁防撞墙、隧道侧壁上，当CPII控制点布置在桥梁防撞墙上时，点位应设置在桥墩固定支座端上方的防撞墙上。CPII控制点沿线路布置时纵向间距宜为60m左右，且不应大于70m、横向间距不超过结构宽度。各CPⅢ点应大致等高，其高度应在设计轨道顶面以上30cm的地方。

3. 精密工程控制网的建立

精密工程控制网的精度指标是根据精密工程关键部位竣工位置的容许误差要求，结合实际情况，综合分析确定。

精密工程控制网一般一次布网。分级布设时，其等级一般不具有上级网控制下级网的意义。精密工程控制网必须进行优化设计。

精密水平控制网通常布设为固定基准下的独立网，网形主要取决于工程任务和实地条件，一般不作具体要求。控制网一般由基准线、三角形、大地四边形及中点多边形等基本图形构成，根据具体情况可布设成基准线、三角网、三边网或边角网，也可采用GPS网建立相对水平控制网。

精密高程控制网主要采用水准测量的方法建立，布设为闭合环或附合路线构成的节点网。

精密工程测量的平面点常采用带有强制对中装置的测量标志。一般用基岩标作为绝对位置要求非常稳定的平面和高程基准点；在软土地区可用深埋钢管标作为高程基准点，用倒锤作为平面基准点。

本项目中CPII控制点编号的标注应全线统一采用大小为4cm的正楷字体刻绘，并用白色油漆抹底，绿色油漆填写编号字体。CPII的点号由七位数组成，从左到右前四位数表示CPII点所在里程的整公里数，第五位是"3"表示是CPII网点，后两位数字表示点的顺序号，点的顺序号为单数表示该点在里程增加方向的左侧，点的顺序号为双数表示该点在里程增加方向的右侧，当里程不足千、百、拾公里时，加"0"填充以保证CPII的点号都是七位数齐全；CPII网测量的自由设站点号也由七位数组成，从左到右第一位为大写英文字母"Z"表示测站，第二、第三、第四、第五位数为CPII点所在里程的整公里数，第六、第七位数字表示测站的序号。当里程不足千、百、拾公里时，加"0"填充以保证CPII的自由设站号都是七位数齐全。

当CPII控制网采用自由设站边角交会网时，CPII高程控制网的测量步骤方法如下：

往测时以轨道一侧的 CPⅡ 水准点为主线贯通水准测量，另一侧的 CPⅡ 水准点在进行贯通水准测量摆站时就近观测；返测时以另一侧的 CPⅡ 水准点为主线贯通水准测量，对侧的水准点在摆站时就近联测。或 CPⅡ 点与 CPⅡ 点之间的水准路线，采用图 2-5 所示的水准路线形式进行。

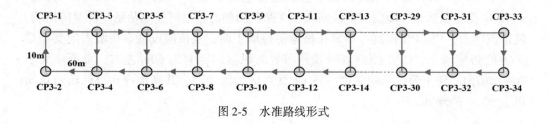

图 2-5　水准路线形式

4. 特殊精密控制网布设

（1）直伸形三角网

在线状设备的安装或直线度、同轴度要求较高的设备安装工程中，如大桥、大坝的横向变形监测、自动化流水线的长轴线或导轨的准直测量等，需要建立直线控制，可布设直伸形三角网，如图 2-6 所示。

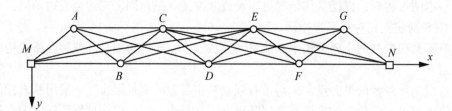

图 2-6　直伸形三角网

（2）环形控制网

在环形粒子加速器工程施工中，为精确放样储能环上的磁块等设备，并在运行期间监测其变形，需要建立环形控制，可布设环形控制网。由于隧道内通视条件的限制，环形控制网一般布设成量边（三角形的 2 条短边）、翻高（三角形的高）环形三角网，网形如图 2-7（a）所示，或者布设成量边环形四边形网，网形如图 2-7（b）所示。

（3）三维控制网

在高山区或深切割河谷地带，若垂线偏差不够精确或不予考虑，则其影响将远大于测角、测距误差的影响。将三维观测数据统一处理，可以有效解决垂线偏差问题。因此，在这类地区建立精密工程控制时，需要布设三维控制网。

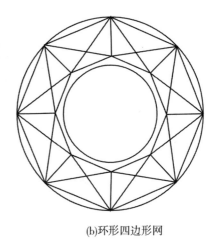

(a)环形三角网　　　　　　　　　(b)环形四边形网

图 2-7　环形控制网

5. 成果提交

本项目 CPⅡ 控制网建成后，需提交的成果主要有：平面观测、高程观测网图；平面观测、高程观测原始观测数据，平面观测、高程观测手簿，CPⅡ 控制点、高等级水准点检核数据，平面计算（边长、角度）表，平面坐标平差表、各项精度统计表，高差计算表（含尺长改正），高程平差表、各项精度统计表，CPⅡ 点平面和高程成果表，技术设计书，技术总结报告。

# 第三章 摄影测量与遥感

## 第一节 测绘航空摄影案例

### 一、背景材料

某市规划局计划进行该市区 1∶4 000 数字航空摄影。摄区面积约 $400km^2$,东西向长约 13km,南北向长约 30.6km。

该摄区地势西北高、东南低,地貌以丘陵台地、冲积平原为主,平原区域江河水系密布。摄区属亚热带季风气候,长夏无冬,日照充足,雨量充沛,温差振幅小,季风明显,一年中 2~3 月日照最少,7 月日照最多,雨量集中在 4~9 月。本次航摄最好在夏末春初时完成。选用高精度数码航摄仪 DMC2001,焦距为 120mm,相幅 92mm×166mm。本次航摄任务的实际情况确定航向重叠度为 65%,旁向重叠度为 30%。

### 二、考点剖析

测绘航空摄影主要包含航摄空域申请、编写航空摄影技术设计书、航摄仪的选用和检定、摄区划分、航摄基本参数计算、航空摄影、航空摄影影像处理、成果质量检查和成果整理与验收等。

1. 航摄空域申请

航摄空域申请主要包括航摄计划制订和航摄空域申请两方面工作内容。
(1) 航摄计划制订
根据航摄范围,编制航摄范围略图,航摄范围略图中应详细标注航摄范围线上所有经纬度坐标,并制订出完成该航摄计划所需要的时间计划。
(2) 航摄空域申请
由航摄项目所在的地方政府出具《航空摄影空域申请报告》,申请报告包括航摄范围和航摄所需要的时间计划等内容。航摄范围略图作为《航空摄影空域申请报告》的必要附件一并报送航摄区域所属的大军区司令部。应获得战区司令部同意使用该空域的批复和战区司令部下属空军司令部同意使用该空域的批复两份文件。

2. 编写航空摄影技术设计书

航空摄影技术设计书包括任务来源、摄区概况、主要技术依据、技术设计、实施方案、质量控制与保障、成果整理与包装、提交成果资料等内容。

3. 航摄仪选用分析

本测区选用高精度数码航摄仪 DMC2001，焦距为 120mm。该相机具有小畸变、大光圈、高分辨率和均质的镜头系统，同时具有全电子像移补偿装置，提高了影像的清晰度。基于面阵 CCD 传感器，影像具有已定义的、刚性几何特征；传统的中心投影几何方式，适用于现有的数字摄影测量系统软件；每像素（12μm×12μm）12 bit 的辐射分辨率，确保影像顶级清晰度；带有陀螺平台的镜头座架 T-AS 和飞行管制系统 ASMS，既可以保证所摄影像的清晰度，又可以自动保持相机在工作中的正确姿态。相机的物镜分辨率、径向畸变差等均于当年检测并达到作业要求（附航摄仪检定表）。

4. 航摄仪检定分析

航摄仪检定应由具有相应资历的法定检验单位进行。

根据每台航摄仪的稳定状况，凡有下列情况之一者应进行检定：距前次检定时间超过 2 年；快门曝光次数超过 20 000 次；经过大修或主要部件更换以后；在使用或运输过程中产生剧烈震动以后。

航摄仪检定项目如下：检定主距；径向畸变差；最佳对称主点坐标；自准直主点坐标；CCD 面阵坏点。

5. 摄区划分分析

（1）划分航摄分区应遵循的原则

① 分区界线应与测图的图廓线相一致。

② 当航摄比例尺小于 1∶7 000 时，分区内的地形高差不应大于 1/4 相对航高（以分区的平均高度平面为摄影基准面的航高）；当航摄比例尺不小于 1∶7 000 时，分区内的地形高差不应大于 1/6 相对航高。

③ 根据该市区地形起伏将整个摄区分成 3 个分区：第一分区最低点 1m，最高点 49m；第二分区最低点 30m，最高点 100m；第三分区最低点 90m，最高点 150m。

④ 在地形高差符合相关规定时，且能够确保航线的直线性前提下，分区的跨度应尽量划大。

⑤ 当地面高差突变或有特殊要求时，经用户认可，分区界线可以破图廓划分。

（2）航摄分区摄影基准面高度的确定

分区摄影基准面的高度，以分区内具代表性的高点平均高程与低点平均高程之和的 1/2 求得。

（3）航线方向和航线敷设方法

通常情况下航线应按东西向直线飞行，特定条件下亦可根据地形走向与专业测绘的需要，按南北向或沿线路、河流、海岸、境界等任意方向飞行。

为适应 1∶2 000 以上大比例尺航测测图放大作业的特殊性，从航摄像片最佳覆盖和简化方便测图作业考虑，当 $M_{像}/M_{图} = 3 \sim 3.5$（倍）时，航线应按图幅中心线敷设，当 $M_{像}/M_{图} = 6 \sim 7$（倍）时，航线应按旁向两相邻图幅的公共图廓线敷设。

按常规方法敷设航线，航线应平行于图廓线。位于摄区边缘的航线应敷设在外缘图廓线上或图廓线外。

水域、海区常规敷设航线时，应尽可能避免像主点落水，要确保所有岛屿覆盖完整，并能构成正常重叠的立体像对。

根据用户的设计要求敷设控制航线（亦称构架航线）。

6. 航摄数学基础分析

（1）重叠度

像片航向重叠度设计一般为 60%~65%，最大不超过 75%，最小不少于 56%；像片旁向重叠度设计一般为 30%~35%，最小不少于 13%；以上要求均由相机上的飞行管理系统经设置后自动给予保证。

（2）航摄范围覆盖

旁向在满足范围线内面积及成图要求的前提下，由于地形与基准面差异，旁向适当在 16%~31% 之间变换；航向超出摄区边界不少于一条基线。

（3）航摄参数

基线长度：

$$B = 影像宽度 \times (1-航向重叠度) \times 摄影比例尺分母$$
$$= 0.092 \times (1-0.65) \times 4\ 000 = 128.8\ (m)。$$

航线间隔：

$$D = 影像高度 \times (1-旁向重叠度) \times 摄影比例尺分母$$
$$= 0.166 \times (1-0.3) \times 4\ 000 = 464.8\ (m)。$$

相对航高：

$$H = 航摄仪焦距 \times 摄影比例尺分母 = 0.12 \times 4\ 000 = 480\ (m)。$$

分区航线条数 = 分区宽度 ÷ 航线间隔 = 30 600 ÷ 464.8 = 66（条）。

第一分区包含航线 N01~N43，基准面高 25m，绝对航高 505m。

第二分区包含航线 N44~N63，基准面高 65m，绝对航高 545m。

第三分区包含航线 N64~N66，基准面高 120m，绝对航高 600m。

每航线影像数 = 每航线长度 ÷ 基线长度 = 13 000 ÷ 128.8 = 101（张）。

分区总像片数 = 每航线影像数之和 = 101×66 = 6 666（张）。

总模型数 = 总航片数 − 航线数 = 6 666 − 66 = 6 600（个）

最高点航向重叠度=航向重叠度+(1-航向重叠度)×(基准面-最高点)÷相对航高
=0.65+(1-0.65)×(120-150)÷480=0.63

最高点旁向重叠度=旁向重叠度+(1-旁向重叠度)×(基准面-最高点)÷相对航高
=0.30+(1-0.30)×(120-150)÷480=0.26

最低点航向重叠度=航向重叠度+(1-航向重叠度)×(基准面-最低点)÷相对航高
=0.65+(1-0.65)×(25-1)÷480=0.67

最低点旁向重叠度=旁向重叠度+(1-旁向重叠度)×(基准面-最低点)÷相对航高
=0.30+(1-0.30)×(25-1)÷480=0.34

7. 影像处理

使用数码航摄仪随机的数据后处理软件，分别进行原始数据的辐射处理（以补偿由于温度、光圈和其他辐射因素所造成的缺陷）和几何纠正（以修正镜头畸变和倾斜）后镶嵌在一起，同时可以产生几种不同类型的文件输出格式——全色、彩色（RGB模式）和近红外格式。

8. 航摄质量控制

（1）像片倾斜的控制

航摄采用的是DMC2001数码航摄仪，在倾斜角小于5°范围内其T-AS陀螺稳定平台可以自动调整倾斜角。如气流较大，可通过航摄仪主体座架调整水平，保证倾斜角小于3°。

（2）旋偏角的控制

DMC2001航摄仪检影器可监视偏流，自动调整相机主体修正偏流。飞机在预备线上飞行时，要根据飞机的真航向和GPS指示的飞行轨迹角度，计算出偏流大小，作为修正偏流的参考。正式作业开机后，摄影员要实时监控检影器和水平仪，及时根据飞机受气流影响变化状况，必要时可以手动跟踪调整。严格采取这些措施，可以有效地使像片旋偏角、倾斜角控制在以上要求范围内。

（3）航线弯曲度

为保证飞机有充分的时间以平稳的姿态进入航线，设计预备线长度为3km。由于有足够的预备线长度，且GPS导航系统能直观显示航迹偏差，可将漂移减小到最小，同时飞行管理系统曝光出发点的范围设置可以保证航线弯曲度不大于3%。

（4）太阳高度角

本测区为平地，摄区内地面起伏较小，但为减少航摄像片上阴影过大，故要求太阳高度角应大于30°。

（5）航高保持

每个分区都有设计航高，航高的变化将直接影响设计的摄影比例尺和像片重叠度。飞机按照基准值飞到航空摄影要求的作业高度进行作业，同时参考GPS实时高程。航线上相邻像片的高差不大于20m，一条航线上最大和最小航高差不大于30m。

(6) 摄影质量的控制

严格控制天气标准是获取高质量影像的必备条件。本次航空摄影必须选择能见度大于8km的碧空天气或少云天气（测区上空无云），尽量保持气象条件的基本一致，以获取影像清晰、色彩饱满的航空像片。起飞前，要对航空摄影机做常规检查，确保电路、机械传动部件工作正常，设备各项设置参数正确无误。光学镜头表面及滤光镜要清洁干净。

9. 影像质量控制

① 在确保飞行天气及质量前提下，飞行结束返航前对每一张小索引像片进行检查，确保无一漏飞且每张像片上无云影及烟雾。
② 进行辐射及几何纠正、组合，对其中一张像片调色、匀光，而后对整个测区进行调色、匀光。对个别像片进行单独处理。
③ 影像成果质量要求：像片影像清晰，相同地物影像色调基本一致，不同架次像片的色调效果也要基本一致；像片校色正确，色调均匀、色彩分明。

10. 成果整理与提交

① 硬盘存储高分辨率（12 bit）真彩色影像数据。
② 硬盘存储低分辨率（12 bit）真彩色影像数据。
③ 真彩色像控片。
④ 像片缩略（索引）图及数据文件。
⑤ 航摄相机检定表文本及数据文件。
⑥ 成果资料登记表文本及数据文件。
⑦ 航摄技术设计书文本及数据文件。
⑧ 航摄技术报告书文本及数据文件。

## 第二节　数字空中三角测量案例

### 一、背景材料

某单位计划生产该地级市城区的1:2 000数字地形图。已完成了测区的区域网外业控制点的布设和测量工作，现在需要完成测区的空中三角测量（空中三角测量加密）的任务。

该市总面积约3 500km²。平地占70%，位于测区南部大部分地区；丘陵占30%，集中在测区西北部；测区内海拔高度平地低点为10m，丘陵最高海拔130m。建成区面积约450km²，主要在平坦地区。建成区内以多层建筑楼房为主，房屋密集，其郊区居民地以一二层建筑为主。

采用传统的航空摄影方式，航摄比例尺为 1：8 000，航摄仪型号为 RC-30，像幅为 23cm×23cm，焦距为 152mm。影像扫描分辨率为 0.02mm，像片类型为真彩色。

测区共布设 60 条航线，每条航线 84 张航片，测区航片总数为 5040 张，航片航向重叠 65%，旁向重叠 35%，东西向飞行。

测区的区域网外业控制点按平坦地区和丘陵地区两个布设方案实施。平坦地区航向上每 4 条基线布设 1 个平高控制点；旁向上每 2 条航线布设 1 排平高控制点。丘陵地区在平坦地区布点要求的基础上，在航带每 2 排平高控制点之间增加 1 排高程控制点。平坦地区和丘陵地区接边处的外业控制点已互相转刺，保证所有同名公共控制点均得到共用。测量工作已完成，区域网外业像片控制点的精度和成果质量均符合设计要求。

## 二、考点剖析

数字空中三角测量的主要目的是为影像纠正、数字高程模型建立和立体采集提供定向成果，其主要成果是像片加密点大地坐标及像片的外方位元素。数字空中三角测量主要涉及资料准备、内业加密点的选点观测、光束法整体平差、区域网接边、质量检查及成果提交等。

1. 数字空中三角测量的工作流程

资料准备→匹配加密点→交互量测控制点、检查点等像点坐标→平差计算→区域网接边→质量检查→成果整理与提交。

2. 资料准备分析

需准备的资料包括像片索引图、航空像片原始扫描数据、航摄仪技术参数资料、飞行记录资料、测区内现有小比例尺地形图、区域网外业像片控制点点位略图、区域网外业像片控制点成果表、区域网外业像片控制点刺点片等。其中，航摄仪主要技术参数有：航摄仪检定坐标系，航摄仪框标编号和框标坐标，航摄仪检定焦距，航摄仪镜头自准轴主点坐标和航摄仪镜头对称畸变差测定值。

3. 内业加密点的选点观测

内业加密点的选点观测主要工作内容包括野外像控点的转刺，内业加密点的选点和像点坐标量测。

内业加密点的选点基本要求：
① 每个像对不少于 6 个内业加密点。
② 在像片条件允许的情况下，确保标准点位 1、2、3、4、5、6 都要有加密点。
③ 加密点距离像片边缘不小于 1.5cm。

相邻像对、相邻航带和相邻区域网间的同名公共点均要转刺；当航向和旁向重叠过大时，隔像对、隔航带的同名公共点也要转刺。

像点坐标量测主要工作内容包括加密点像点坐标量测、野外像片控制点像点坐标量测、相邻航带间所有同名公共点转标量测、相邻区域网中相邻航带间所有同名公共点转标量测四项内容。精度要求主要包括内定向误差不大于 0.01mm（一般采用解析框标定向）；同一像点且同一人两次读数所得 $x$、$y$ 坐标之较差不应大于 0.01mm（全数字摄影测量工作站一般只记录一次读数）。

4. 空中三角测量平差计算

空中三角测量平差计算主要工作内容包括内定向、连接点选取及编辑、控制点的转刺、光束法平差解算等内容。

光束法空中三角测量的基本思想：以一幅影像所组成的一束光线作为平差的基本单元，以中心投影的共线方程作为平差的基础方程。通过各个光线束在空间的旋转和平移，使模型之间公共点的光线实现最佳的交会，并使整个区域最佳地纳入已知的控制点坐标系统中。

光束法空中三角测量的主要特点包括：① 光束法解析空中三角测量是最严密的一种解法；② 误差方程式直接对原始观测值列出，能最方便地顾及影像系统误差的影响；③ 最便于引入非摄影测量附加观测值；④ 可以严密地处理非常规摄影以及非量测相机的影像数据。

5. GPS 辅助空中三角测量

GPS 辅助空中三角测量可分为以下四个阶段：
① 现行航空摄影系统改造及偏心测定。
② 带 GPS 信号接收机的航空摄影。
③ 解求 GPS 摄站坐标。
④ GPS 摄站坐标与摄影测量数据联合平差。

GPS 辅助空中三角测量减少甚至免除常规空中三角测量所需的地面控制点，从而大量节省像片野外测量工作量、缩短航测成图周期、降低生产成本、提高生产效率。

6. 质量检查

数字空中三角测量的质量检查主要包括：
① 外业控制点和检查点成果使用正确性检查。
② 航摄仪检定参数与航摄参数检查。
③ 各项平差计算的精度检查。
④ 提交成果的完整性检查。

7. 成果整理与提交

数字空中三角测量的成果一般以测区为单位、以区域网为成果单元进行统一整理，应包括以下内容：

① 观测与平差计算成果数据文件，主要包含起算数据文件（控制点大地坐标文件、航摄仪检定参数文件等）、像点观测坐标文件、整体平差后的像点大地坐标文件、区域内影像的外方位元素文件。

② 精度评定文件，即整体平差报告文件。

③ 辅助成果，视具体用户的要求而定，一般包含测区区域网分区图，区域网略图（航片的排列顺序、控制点分布信息等），成果检查报告和技术总结报告。

## 第三节　立体测图案例

### 一、背景材料

某市计划进行 1:2 000 地形图（DLG）测绘，测图范围约 $325km^2$。该测区除西边和东南角有少量山区外，大部分地区地势较为平坦。地域河川径流丰富，湖塘、水库众多。

航摄采用 SWDC-4/4017 数码航摄仪进行数字航空摄影。像元地面分辨率为 20cm，虚拟主距为 50.2mm，像元尺寸为 0.006 8mm，行为 14 000 像素，列为 10 000 像素，影像大小为 9.52cm×6.80cm，东西方向飞行。

测区内有 C 等 GPS 点，点位保存良好，成果属 2000 国家大地坐标系、该市地方坐标系，作为测区的基本平面控制。测区有二等水准路线，点位保存良好，成果属 1985 国家高程基准，作为测区的基本高程控制。这些测区的基础控制资料，用于野外像片控制测量。

### 二、考点剖析

立体测图主要包括技术路线设定、野外像控点选择、定向建模、内业矢量数据采集、野外补测、内业数据编辑、数据质量检查及数据成果提交等。

1. 立体测图技术路线

本测区数字线划图采用"先内后外"的成图方法进行生产，即利用航片和基础控制成果进行野外像片控制测量，根据外业像控成果进行空中三角测量加密，在全数字摄影测量系统中恢复立体模型，采集居民地、道路、水系、地貌等地形要素，以图幅为单位回放纸图，进行野外调绘与补测。内业根据外业调绘成果和立体测图数据，对矢量数据进行编辑，保存分层建库数据，再进行数字地形图（制图数据）编辑，提交1∶2 000数字地形图成果。立体测图生产流程如图3-1所示。

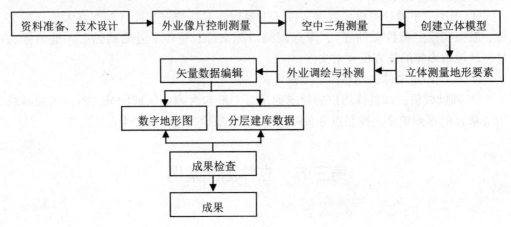

图3-1 立体测图技术路线（生产流程）

采用全数字摄影测量工作站进行立体测量，原则上采用空中三角测量导入的方法建立数字立体模型。空中三角测量导入时，应对各种定向数据进行检查，以消除系统和人眼视差产生的误差，发现问题应及时找出原因。

2. 野外像控点选择

如果用GPS—RTK进行像控点测量，对野外像控点有如下要求：

① 刺点的位置应避免在高层建筑的楼角，因为高层建筑与地面的高差较大，影响GPS高程精度。平高点应尽量刺在矮墙、低房和平地上。高程点应刺在空旷的平地上，以便于观测和提高点位高程精度。

② 刺点的点位应避开高大的楼群、高压电线、高频发射塔和高大树木以及对GPS信号接收有影响的障碍物。

③ 点的位置应有利于交通，便于人和仪器的行走与接送。

④ 像控点点位说明与略图必须在实地完成，刺孔、说明与略图应严格一致，不得相互矛盾。

3. 定向建模分析

采用数字摄影测量工作站，由专用像点量测软件和光束法平差计算软件，进行自动空中三角测量。通过内定向、相对定向、绝对定向，最终获取框标点量测坐标、像点量测坐标、空三加密点大地坐标以及像片的外方位元素。

（1）内定向

框标坐标量测误差不应大于 0.01mm。

（2）相对定向

标准点位残余上下视差不应大于 0.005mm，个别不得大于 0.008mm。

（3）绝对定向

平面坐标误差：平地一般不应大于 0.000 2m，个别不得大于 0.000 3m；山地一般不应大于 0.000 3m，个别不得大于 0.000 4m。

高程定向误差：平地不应大于 0.3m，其他不应大于加密点高程中误差的 0.75 倍。

4. 航测内业数据采集

三维立体采集影像上所有可见的地物要素，原则上由内业定位、外业定性：内业对有把握并能判准的地物、地貌要素，用测标中心切准定位点或地物外轮廓线准确绘出，不得遗漏、变形和移位，按规定图层赋要素代码。对把握不准的要素（包括隐蔽地区、阴影部分）只采集可见部分，地物未采集或不完整处用红线圈出范围，由外业实地进行定位补调。

每个像对的测绘面积原则上不得超过基本控制点连线外 1.5cm。而对于数据接边，地物平面位置和等高线接边较差一般不得大于平面、高程中误差的 2 倍，最大不得大于 2.5 倍。误差超限时要查找原因，不得盲目强接。

5. 矢量数据采集

1∶2 000 数字线划图数据采集以图幅为单位进行，根据《基础地理信息要素分类与代码》（GB/T 13923—2006），每个要素对应一个代码，每个代码为一层，以图幅为单元存放一个文件。

三维立体采集影像上所有可见的地物要素，原则上由内业定位、外业定性。测绘地物时，应仔细辨认和判读地物。内业对有把握并能判准的地物、地貌要素，用测标中心切准定位点或地物外轮廓线准确绘出，不得遗漏、变形和移位，按规定图层赋要素代码。对把握不准的要素，如隐蔽地区、阴影部分，只采集可见部分，地物未采集或不完整处用红线圈出范围，由外业实地进行定位补调。

每个像对的测绘面积原则上不得超过基本控制点连线外 1.5cm。而对于数据接边，地物平面位置和等高线接边较差一般不得大于平面、高程中误差的 2 倍，最大不得大于 2.5 倍。误差超限时要查找原因，不得盲目强接。

（1）地貌和土质

等高线测绘一般应连续。描绘等高线时应切准模型描绘。在等倾斜地段，相邻两计曲线间距在图上小于 5mm 时，可只采集计曲线，首曲线内插。等高线表示的凹地和山头适当增加示坡线。

城区主要街道及路面的高程注记点由内业立体测图完成。高程注记点一般应选在明显的一类、二类方位物和地形特征点上。

各种天然形成和人工修筑的坡、坎，坡度在 70°以上为陡坎，70°以下为斜坡，斜坡应测绘上下沿线。斜坡在图上投影宽度小于 2mm 时，用陡坎表示。陡坎间距过密时可取舍。

（2）居民地和垣栅

高度大于 1.8m，面积大于图上 6mm² 的固定房屋应表示，临时性的不表示。房屋一般不综合逐个采集，房屋轮廓沿房檐轮廓采集，房屋轮廓凹凸在图上小于 0.4mm，简单房屋小于 0.6mm 时，可用直线连接。房屋紧密相连的，其外部轮廓采集为一个闭合面，不同层次的房屋及房屋的分户线用短线分割表示。立体模型下尽量区分棚房、简易房、破坏房屋。

建设中的房屋按地基的外轮廓描绘。房屋外轮廓不能完整绘出或已经拆迁、推土、在建或停建的区域，按"施工区"表示，其范围用地类界表示。

围墙以墙基中心为准，均按单线采集。农村居民各院落之间的分户围墙无论高低均应表示。城区的主要街道边线依路沿线绘出，次要街道一般以各类地物自然形成的边线表示。

（3）工矿企业建筑和公共设施

大型桥梁、广场、街道和道路交叉及拐弯处凸出的、新型装饰性路灯与照射灯要表示。烟囱、水塔、粮仓等独立地物，其底部宽度超过符号宽度时，应实测底部轮廓加符号表示。

永久性的温室、花房虽然用塑料膜覆盖，但其内部结构是钢筋、水泥柱支架或某一侧是砖墙结构的，实测轮廓线。大面积的简易蔬菜大棚，不单独表示，用地类界圈出范围。

大型且固定的彩门、牌坊、牌楼要表示。公园及公共场所的喷水池、假山、纪念碑、塑像应表示。坟群采集范围线，散列配置符号。散坟和独立坟要逐个实测表示。庙宇、加油站、地下建筑出入口均应表示。

（4）交通及附属设施

道路的描绘要求位置准确、等级分明，真实反映道路交叉及道路与其他地物地形要素的关系。

等级公路的路基铺面能明显区分时，应分别按道路铺面、路基采集边线。路基铺面不明显的公路，只采集公路边线。宽度在 3m 以上能通行拖拉机、汽车的道路，按大车路表示；宽度在 1.5～3m 的道路用乡村路表示；1.5m 宽的乡村路按单线表示，否则按双线表示。实地宽度 1.5m 以下按小路采集。小路、乡村路较密集时，可视通行情况择要表示。居民地之间与高等级道路之间连接的小路应表示。道路应成网，并反映出道路疏密特征。

道路通过城区、乡镇等街区时，断在居民地外，城区、乡镇等街区内的通道按街道表示。

铁路与公路、公路与其他道路相交时，立体相交应准确描绘桥梁或涵洞，平交道口要按相应符号表示。路标、里程碑、汽车站（县级）、大型公路指示牌要表示。

(5) 管线及附属设施

电杆、电线塔、电线架立体影像清晰的，按真实位置采集，不能漏掉。

地面上的和架空的管道均应表示。多条平行的管道不能逐条表示时，选择排布在最外边的管道准确表示，中间的择要表示。管线的支架密集时直线部分择要表示。

(6) 水系及附属设施

河流按摄影时的水涯线表示。河流边的有滩陡岸、无滩陡岸或者加固堤坎，图上长度大于 1cm 应表示；有滩陡岸的下沿线与水涯线之间宽度大于图上 3mm 时，应配置相应的土质、植被。河滩宽度大于图上 3mm、面积大于图上 2cm² 范围时，应采集土质的范围线。

河流、时令河在图上宽度小于 0.5mm 时，用单线河表示，否则以双线表示。

人工修筑的沟渠、干沟宽度在图上小于 0.5mm 时，以单线表示，否则以双线表示。

有堤岸的沟渠，在堤顶及主要堤、次要堤顶每隔 10~15cm 测堤顶部高程或打对点。

大型水库需测量水位点，使水涯线高程一致，溢洪道口底部的最高处应测量高程点。

(7) 植被

图上面积大于 25mm² 的植被应表示。田埂密度在图上间隔 8mm 以上择要表示。注意田埂与地类界的区分。

居民地周围沿道路、沟渠、土堤、河流、水塘等成行排列的树木，按行树表示。

6. 野外补测和调绘分析

当立体测图无法达到高程注记点高程精度要求时，应野外实测足够的高程注记点，等高线由立体测图采集。

当由于云影、阴影等影响无法进行立体测图或处理，航空摄影出现绝对漏洞且不补摄，新增大型工程设施、大面积开发区或居民地变化较大等情况时，应进行野外补测。

立体测图无法准确采集的城市建筑物密集区，也可进行野外补测，可将阴影、漏洞等向外扩大图上 4mm，确定补测范围。补测的地物、地貌要素，相对于附近明显地物点的平面位置误差不大于图上 0.75mm，困难地区不大于图上 1mm。

调绘内容：地名、自然村、重要企事业单位、道路（等级、材质）、河流名称、电力线、码头、水系、地类等。

7. 要素综合取舍分析

根据地图用途进行综合取舍。突出表示或保留用图意义较大的地物、地貌，舍去或移位经济意义及用图意义相对不大的或易于变化的地物、地貌。

根据成图比例尺进行综合取舍。对于图上不能按真实位置表示的地物、地貌，主要的地物、地貌应准确表示，次要的可移位或舍去。综合取舍后应保持其总貌特征及地物之间的相互位置关系，综合取舍不能改变地物、地貌的性质。

依据地物、地貌所处的地理位置和分布的疏密程度进行综合取舍。例如，某地物在经济发达地区可能是次要的要素，调绘时可不表示，在地物稀少地区成为主要的要素应表示。

### 8. 立体测图内业数据编辑

数据编辑主要是依据立体测图成果，调绘成果进行要素数据的图形编辑、属性录入，图幅接边形成非符号化数据，非符号化数据通过检查后配置符号、注记进行符号化处理及图廓整饰形成符号化数据。

先内后外作业模式时应依据调绘成果、野外补测成果，对立体测图漏测的地物在立体模型下进行补测，对新增的地物进行采集，对被遮挡的地物进行编辑。

按照综合取舍的原则进行数据编辑，做到不失真，主次有别、层次分明。

全面检查和修改各类定位错误、遗漏、拓扑错误、图层错误、属性错误、要素关系错误、几何图形问题等错、漏现象。

### 9. 数据质量检查

立体测图数据检查主要包括空间参考系、位置精度、属性精度、完整性、逻辑一致性、表征质量和附件质量的检查。

(1) 空间参考系检查

空间参考系检查主要包括大地基准、高程基准和地图投影三个方面。大地基准主要检查平面坐标系统是否符合要求；高程基准主要检查高程基准是否正确使用；地图投影主要检查地图投影参数是否正确使用，地图分幅和内图廓信息是否正确和完整。

(2) 位置精度检查

位置精度检查主要包括地形地物的平面和高程精度。平面精度检查内容包括平面位置中误差、控制点坐标、地物几何位移和接边误差；高程精度检查内容包括高程注记点的高程误差、等高线高程中误差、控制点高程和等高距是否正确。

(3) 属性精度检查

属性精度检查主要包括分类代码和属性正确性的检查。分类代码主要检查地形地物分类代码是否正确使用、是否接边；属性正确性主要检查属性值是否正确使用。

(4) 完整性检查

完整性检查主要检查地图基本要素是否完整，地形地物要素是否遗漏。

(5) 逻辑一致性检查

逻辑一致性检查主要检查概念一致性、拓扑一致性和格式一致性。

(6) 表征质量检查

表征质量检查主要检查几何表达、地理表达、符号、注记和整饰等。

(7) 附件质量检查

附件质量检查主要检查元数据、质量检查记录、质量验收报告和技术总结的完整性、正确性。

10. 成果整理与提交

应提交成果：地形图接合表，地形图数据文件，回放地形图，元数据文件、图历簿，检查验收报告和技术总结。

## 第四节 数字地面高程模型案例

### 一、背景材料

某单位计划对该市中心区周边约 325km² 的范围生产 1∶2 000 数字高程模型（DEM）。该测区除西北边有少量山区外，大部分地区地势较为平坦。地域河流丰富，湖塘、水库众多。

航摄采用 SWDC 4/4017 数码航摄仪进行数字航空摄影。像元地面分辨率为 20cm，虚主距为 50.2mm，像元尺寸为 0.006 8mm，行为 14 000 像素，列为 10 000 像素，影像大为 9.52cm×6.80cm。

对本次项目单独完成的基础控制测量成果（GPS C 级网及二等水准测量），GPS C 级网提供 2 套坐标系成果，即 2000 国家大地坐标系、该市地方坐标系；二等水准成果为 1985 国家高程基准。该成果作为测区的基础控制资料，用于野外像片控制测量。

### 二、考点剖析

数字高程模型（DEM）建立主要包括资料准备、技术路线设定、定向建模，采集特征点线、构建 TIN、内插 DEM、DEM 编辑、接边、镶嵌、裁切、质量检查及成果提交等。

1. 制作 DEM 技术路线分析

DEM 生产流程主要包括资料准备、定向建模、采集特征点线、构建 TIN、生成 DEM、DEM 编辑接边、镶嵌、裁切、成果输出等，生产流程如图 3-2 所示。

在立体模型下，利用已有的地形矢量数据，采集特征线、特征点，生成 1∶2 000DEM。

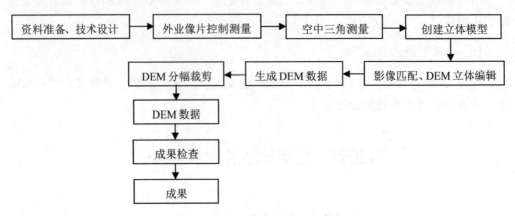

图 3-2 生成 DEM 技术路线（生产流程）

2. DEM 制作

数字线划图数据中的等高线、高程点、道路、水系等可导入立体模型，与采集的特征线一起构建 TIN、内插 DEM。特征线与三维地物相交时高程差控制在 0.5m 以下。真实表现地表形态，对 DEM 进行编辑，DEM 网格间距 2m。

对平山头或凹地、狭长而坡缓的沟底、脊以及鞍部等处适当采集特征点线。立交桥、桥梁、居民地等人工地物范围，DEM 应编辑至地面或水面。土堤、拦水坝、水闸等应编辑至这些地物的顶部。

测区内相邻图幅 DEM 接边不应出现漏洞。相同地形类别 DEM 格网点接边限差为该地形类别 DEM 格网点中误差的 2 倍。不同地形类别 DEM 接边限差为两种地形类别 DEM 格网点接边限差之和。超过限差时应查明原因，不得盲目取中数。图幅之间相同 DEM 格网点高程应一致。使用保密点对 DEM 进行精度检查。

DEM 起止格网点坐标为图幅角点坐标，以 1∶2 000 图幅为单位裁切、存放。

3. DEM 数据接边

选取相邻模型所生成的 DEM 数据，检查接边重叠带内同名（相同平面坐标）格网点的高程；若出现高程较差大于 2 倍 DEM 高程中误差的格网点，则视为超限，将其认定为粗差点，并重建立体模型；对出现粗差点的 DEM 数据进行接边修测后重新接边。按以上方法依次完成测区内所有单模型 DEM 数据之间的接边。

4. DEM 数据镶嵌与裁切

若测区范围内所有单模型 DEM 数据的接边较差都符合规定要求，则可以进行 DEM 镶嵌；镶嵌时对参与接边的所有同名格网点的高程取其平均值，作为各自格网点的高程值，同时形成各条边的接边精度报告。

DEM 镶嵌完成后，按照相关规定或技术要求规定的起止格网点坐标进行矩形裁切时，根据具体技术要求可以外扩一排或多排 DEM 格网。

5. DEM 数据质量检查

DEM 质量检查主要包括空间参考系、高程精度、逻辑一致性和附件质量的检查。
（1）空间参考系检查

空间参考系检查包括大地基准、高程基准和地图投影。大地基准主要检查平面坐标系统是否符合要求；高程基准主要检查高程基准参数是否正确使用；地图投影主要检查地图投影参数是否正确使用，DEM 分幅和内图廓信息是否正确和完整。
（2）高程精度检查

高程精度检查包括格网点高程中误差检查和相邻 DEM 数据文件的同名格网高程值接边检查。
（3）逻辑一致性检查

逻辑一致性检查主要检查数据的组织存储、数据格式、数据文件完整和数据文件命名。
（4）附件质量检查

附件质量检查主要检查元数据、质量检查记录、质量验收报告和技术总结的完整性、正确性。

6. 成果整理与提交

应提交成果：DEM 数据文件，原始特征点、线数据文件，元数据文件，DEM 数据文件接合表，质量检查记录，质量检查（验收）报告，技术总结报告。

# 第五节　数字正射影像图案例

## 一、背景材料

某单位承担测区 854 幅 1∶1 万数字正射影像图（DOM）生产。测区以山脉山地、高山地为主，个别为丘陵。地势呈中间高、南北低，平均海拔约为 2 000m，最高海拔为 3 767m，最低处约 500m。

采用惯性测量装置/差分全球定位系统（IMU/DGPS）辅助航空摄影方法航摄，为黑白胶片影像，航摄比例尺为 1∶32 000～1∶35 000，相机型号为 RC-30，焦距为 153.536mm，航向重叠范围为 57%～67%，旁向重叠范围为 25%～35%。

采用 2000 国家大地坐标系，1985 国家高程基准，收集到该区范围 B、C 级 GPS 控制点 71 个。其中，B 级点 23 个，C 级点 48 个，除 3 个 C 级 GPS 点无水准高程外，其余高程值均为等级水准联测的 1985 国家高程，分布均匀，点距约 25km。

## 二、考点剖析

利用航空影像制作数字正射影像图（DOM）的流程主要包括资料准备、技术路线设定、定向建模、DEM 获取、影像纠正、色彩调整、影像镶嵌、裁切、质量检查及成果提交等方面。

1. DOM 数据生产技术路线

利用航摄资料，外业进行像片控制测量，内业进行空中三角测量加密和采用微分纠正方法进行 DOM 数据生产。DOM 生产流程如图 3-3 所示。

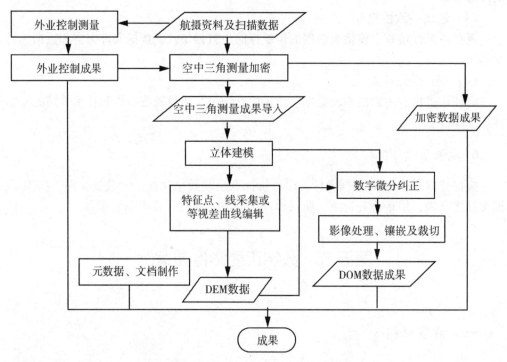

图 3-3　制作 DOM 技术路线（生成流程）图

① 利用 DEM 数据对影像进行数字微分纠正和影像重采样，生成数字正射影像。正射纠正常采用的方法有正解法（直接法）或反解法（间接法），一般采用反解法（间接法）进行纠正。

② 数字正射影像应清晰，纹理信息丰富，片与片之间影像尽量保持色调均匀，反差适中，图面上不得有图像处理所留下的痕迹。镶嵌时注意拼接的一致性，不应产生明显的整体性视觉差异。选取镶嵌线时应尽量避开大型建筑物、桥梁等人工设施。

③ 利用已有数字线划图对 DOM 成果进行套合检查，同名点套合误差应小于 2m。

2. 影像镶嵌

影像镶嵌的主要步骤如下：
① 按图幅范围选取需要镶嵌的数字正射影像。
② 在相邻数字正射影像之间选绘、编辑镶嵌线，在选绘镶嵌线时需保证所镶嵌的地物影像完整。
③ 按镶嵌线对所选的单片正射影像进行裁切，完成单片正射影像之间的镶嵌工作。

3. 图幅裁切分析

按照内图廓线对镶嵌好的正射影像数据进行裁切，也可根据设计的具体要求外扩一排或多排栅格点影像进行裁切，裁切后生成 DOM 成果。所生成的 DOM 成果，应附有相关坐标、分辨率等基本信息参数或文件。

4. 质量检查

质量检查主要包括空间参考系、精度、影像质量、逻辑一致性和附件质量的检查等。

（1）空间参考系检查

空间参考系检查主要包括大地基准、高程基准和地图投影三个方面。大地基准主要检查平面坐标系统是否符合要求；高程基准主要检查高程基准是否正确使用；地图投影主要检查地图投影参数是否正确使用，DOM 分幅和内图廓信息是否正确和完整。

（2）精度检查

精度检查主要检查 DOM 像点坐标中误差、相邻 DOM 图幅同名地物影像接边差。定向精度（包括内定向、相对定向、绝对定向）必须符合要求。模型接边处满足接边限差，局部抽查与数字线划图套合精度。

（3）影像质量检查

影像质量检查主要检查 DOM 地面分辨率、DOM 图幅裁切范围、色彩质量、影像噪声、影像信息丢失等。整幅图影像清晰，色调均衡一致，视觉效果良好。图面整饰应完整、正确无误。

（4）逻辑一致性检查

逻辑一致性检查主要检查数据存储的组织、数据格式、数据文件完整性和数据文件命名等。所有数据文件的内容必须正确无误。

（5）附件质量检查

附件质量检查主要检查元数据、质量检查记录、质量验收报告、技术总结的完整性、正确性。

5. 成果整理与提交

应提交的成果：DOM 数据文件、DOM 定位文件、DOM 数据文件接合表、元数据文件、质量检查记录、质量检查报告、技术总结报告。

6. 用全数字摄影测量工作站制作 DOM 的流程

用全数字摄影测量工作站制作 DOM 工艺流程包括：准备控制点信息文件和参数文件，进行数字摄影测量定向，核线影像生成，影像匹配、编辑、检查，生成 DEM，数字微分纠正，影像镶嵌和图幅裁切，DOM 输出。

7. 采用单片微分纠正方法制作 DOM 流程

采用单片微分纠正方法制作 DOM 工艺流程包括：准备控制点信息文件和参数文件，空间后方交会内定向，数字微分纠正（基于 DEM），色调调整、数字镶嵌、接边检查，图廓整饰，DOM 输出。

8. 基于卫星遥感影像制作 DOM 流程

基于卫星遥感影像的数字正射影像图（DOM）生产工艺流程包括：资料准备、技术路线设定、定向建模、影像纠正、色彩调整、影像融合、影像镶嵌、裁切、质量检查及成果提交等。

9. 定向参数解算

作业前对用于纠正的 DEM 数据进行预处理，对分幅 DEM 数据进行拼接，生成大于整景范围的 DEM 数据。跨带卫星影像范围的 DEM 数据进行拼接时应注意换带。

获取控制点，即通过野外实测获取卫星影像纠正需要的控制点及检查点。

结合地面控制点，对提供轨道数据的影像采用严格轨道模型进行定向参数解算，或根据卫星影像提供的精确 RPC 参数解算外参数，卫星影像纠正的控制点数量大于等于 6。

10. 卫星影像色彩调整处理

影像色彩调整主要包括影像匀光处理和影像匀色处理。

① 受光学航空遥感影像获取的时间、外部光照条件以及其他内外部因素的影响，导致获取的影像在色彩上存在不同程度的差异，为了消除影像色彩（色调）上的差异，需要对影像进行色彩平衡处理，即匀光处理。

② 影像的色彩不平衡可以分为单幅影像内部的色彩不平衡和区域范围内多幅影像之间的色彩不平衡。为了保证产品的影像质量和数据应用的质量，一般需要对这两种情况分别进行处理，即匀色处理。

11. 卫星影像预处理

卫星遥感影像的预处理主要包括：影像格式转换，轨道参数提取，影像增强，去除噪声、滤波，去薄云处理，降位处理，多光谱波段选取，匀色处理。

12. 卫星影像正射纠正

卫星遥感影像正射纠正按下列作业方法进行：

① 如采用全色与多光谱影像纠正，应根据地区光谱特性，通过试验选择合适的光谱波段组合，分别对全色与多光谱影像进行正射纠正。

② 对于丘陵可根据情况利用低一等级的DEM进行正射纠正，对于平地可不利用DEM直接采用多项式拟合进行纠正。

③ 对于高山地、山地，根据影像控制点，应用严密物理模型或有理函数模型并通过DEM数据进行几何纠正，对影像重采样，获取正射影像。

13. 整景全色波段影像正射纠正

ALOS卫星遥感全色波段正射影像分辨率为2.5m，用双线性插值或卷积立方的重采样方式，纠正范围为整景卫星影像，纠正后的正射影像上一般不应有拉伸和扭曲现象。当影像的倾角偏大或在高山区、陡峻等处纠正后的正射影像出现拉花无法处理的（应保证DEM数据正确和不影响主要地物的读取），须在元数据中说明。

# 第四章 地图制图

## 第一节 普通地图编制案例

### 一、背景材料

某地图出版社2004年6月开始编制1:250万《中华人民共和国全图》（以下简称《全图》），成图尺寸为：2 950mm×2 140mm，要求地图要素平面图形变形小，以保证对全国疆土范围的正确认知、感受。主图纬度范围：从北纬20°到北纬56°，中央经线110°。附图纬度范围：从北纬1°到北纬23°，中央经线114°。表示我国范围内的自然条件、政区分布、交通网的空间分布及与周边邻国的联系，作为各级政府部门办公用图。要求用全数字地图制图技术编辑、处理和制作地图数据，地貌用彩色晕渲表示。根据《全图》编制目的，收集了最新相关资料：

① 1:100万地形图数据（2002版）。
② 国家测绘局2001年版的《中国国界线画法标准样图》（1:100万）。
③ 1:25万中国数字高程模型，空间分辨率为3"×3"。
④ 标有最新省界的1:100万MapGIS数据。
⑤ 中国地图出版社1997年出版的1:250万《中华人民共和国全图》。
⑥ 中国地图出版社2003年出版的《中华人民共和国省级行政单位系列图》。
⑦《中华人民共和国行政区划简册》（2003版）。
⑧ 中国地图出版社1997年出版的《中华人民共和国地形图》（1:450万）。
⑨ 最新的界线资料。
⑩ 最新的水系资料。
⑪ 中国地图出版社2002年出版的《世界分国地图》。
⑫《中国山脉资料图》（1974年版）。
⑬《中国河流、水运资料图》（1973年版）。

### 二、考点剖析

普通地图编制一般过程是地图设计、地图资料收集分析、地图数据处理、地图数据编辑和制作等。

1. 地图制图资料利用分析

地图制图资料是编制地图的基础。它的质量对于确保新编地图质量、加快成图速度、降低成本等有着重要影响。一幅高质量的地图，首先它的内容要正确，具有必要的精度和详细性，表达的内容要与实地的现实情况一致。从资料在编图中的使用情况和重要程度，一般分为基本资料、补充资料和参考资料。

（1）基本资料及用途

① 1∶100万数字地图作为新版挂图矢量层数据的主要来源。

1∶100万地图覆盖全中国政区、居民地、交通、文化、水系、地形、海洋等矢量数据。数据现势性2000年，地名现势性2001年。

② 国家测绘局2001年版的《中国国界线画法标准样图》（1∶100万），用于更新与校正中国国界；

③ 1∶25万数字高程模型，分辨率3″×3″用于制作彩色地貌晕渲。

（2）补充资料及用途

① 标有最新省界1∶100万 MapGIS 数据，更新校正省界；

② 中国地图出版社1997年版1∶250万《中华人民共和国全图》，作为制图综合的参考标准；

③《分省图》，用于主区水系、居民地、交通网等矢量要素的更新与补充；

④《中华人民共和国行政区划简册》（2003年版）以及国家民政部2004年2月公布的"2003年全国县级以上行政区划变更情况"，用于主区行政区划和地名的核改；

⑤ 中国地图出版社1997年出版的《中华人民共和国地形图》（1∶450万），用于添加沙漠要素；

⑥ 最新的界线资料，用于核改国、省、地三级境界；

⑦ 最新的水系资料，用于增加大型水利工程，更新海岸线变迁和湖泊变迁；

⑧ 中国地图出版社2002年出版的《世界分国地图》，用于核改邻区部分各矢量要素。

（3）参考资料及用途

①《中国山脉资料图》（1974年版），用于评价、参考山脉的选取，并对山脉进行分级。

②《中国河流、水运资料图》（1973年版），用于评价、参考选取河流，并对河流进行分级。

制图资料丰富、精度高、现势性好，满足了《全图》的内容表示和精度的要求。

2. 地图分幅和图面配置设计

《全图》为超大幅面的挂图，成图尺寸为2 950mm×2 140mm，最终印刷成品为9

全张拼幅形式。

《全图》采用矩形的分幅设计,根据印刷纸张的尺寸,按照设计方案进行分幅,等分成9份,各分幅图之间保留10mm的重叠区域,版面由主区、邻区、图例、附图、图名、比例尺和图外要素组成,其中南海诸岛采用以1:500万的比例尺的附图形式置于图面的右下角,图例以矩形开窗形式配置在图面的左下角。

3. 地图投影设计

《全图》反映中国完整国土及周边地区范围的基础地理信息和地势。

① 制图区域的主体为中国,中国领土所处的主要位置在中纬度地区,区域形状呈东西延伸,宜选用圆锥投影。

② 作为挂图使用,要强调区域形状视觉上的整体感受效果、正确认知,要求方位正确,形状不变形,宜选择等角投影。

③ 制图区域纬度范围跨度较大,主图纬度范围:从北纬20°到北纬56°,附图纬度范围:从北纬1°到北纬23°,为控制各地区投影变形带来的误差,宜采用割圆锥投影;采用双标准纬线的相割比采用单标准纬线的相切,变形要比较均匀,变形绝对值较小。

④ 南海诸岛以附图的形式表示,考虑到南海诸岛的地理范围,为避免其变形过大,应采用与主图不同的投影参数,即中央纬线和准纬线都要重新设定。

基于以上分析,本挂图选用正轴等角割圆锥投影。主图投影方式及参数为:采用双标准纬线正等角圆锥投影,中央经线110°00′,双标准纬线分别为北纬25°00′和北纬47°00′;附图投影方式及参数为:采用双标准纬线正等角圆锥投影,中央经线114°,双标准纬线分别为北纬10°和北纬20°。

4. 比例尺设计

小比例尺地图的投影变形比较复杂,往往根据不同经纬度的不同变形,绘制出一种复式比例尺(又称经纬线比例尺),用于不同地区长度的量算。因此,本挂图采用数字比例尺和复式比例尺相结合的方式(图4-1)。

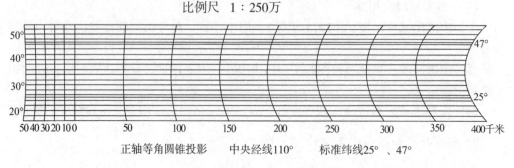

图4-1 《全图》采用比例尺形式

5. 地图内容的选择与表示

(1) 水系

我国江河众多，分布不均。地表水：长江、黄河、松花江、辽河、珠江、海河、淮河七大水系。东部分布着最大淡水湖群，主要有鄱阳湖、洞庭湖、洪泽湖、太湖、巢湖等；西部以咸水湖较集中，主要有青海湖、纳木错湖、杜佳里湖、博斯腾湖等。

水系要素内容表示：陆地水系和海洋水系。

要反映出我国陆地主要水系的空间分布和总体特征。表示的要素有：常年河、时令河、伏流河、干河、常年湖、时令湖、水库、运河、水渠、井、泉、温泉、沼泽、蓄洪区等。河流的骨架要表示明显，对于大的河流、湖泊及跨国界的小河流、湖泊应精确表示出其轮廓与岸线，作为境界线的水系，更要精确表示。

海洋要素的表示要正确反映我国海岸基本特征和海域的空间分布。表示内容包括：海岸线、浅滩、岸滩、沙洲、珊瑚礁等。

(2) 地貌

我国地形地貌多样，山地、高原、丘陵、盆地、平原、戈壁、沙漠、洞穴。地形分布的规律是地势西高东低，呈三级阶梯。青藏高原是最高台阶，海拔4 000m以上，台阶边缘是昆仑山—祁连山—龙门山—大凉山。越过边缘降到海拔1 000~2 000m的中级台阶，由内蒙古高原、黄土高原、云贵高原、四川盆地、塔里木盆地和准噶尔盆地组成。越过台阶的东缘大兴安岭—太行山—巫山—雪峰山，降到海拔500m以下的台阶，由东北平原、华北平原、长江中下游平原和江南丘陵、闽粤丘陵组成。低级台阶的东南边缘多属水深小于200m的浅海大陆架，是大陆向海洋自然延伸部分。地貌分类的高度分界线一般为200m、500m、1 000m、3 500m和5 000m，它们分别为平原、丘陵、低山、中山、高山和极高山的分界，作为设计高程带划分的基本依据。

《全图》的地貌表示重点在于反映中国及周边国家地区地理自然景观的地域类型和分布规律，表现中国完整国土及周边地区一定纵深范围的地理形势。要求地貌分类清楚，起伏明显，走向清晰，形态逼真，立体感强。要能表示出大地貌形态（山地丘陵、平原、盆地、高原）及小地貌形态（戈壁、沙漠、火山、冰川、绿洲等）。

通过以上分析，《全图》采用了地貌晕渲法表示中国的地势走向、地貌形态，并用地貌符号表示出山隘、岩溶、沙漠、冰川、雪被、火山、砾漠、风蚀残丘等典型地貌形态，并标注山脉（按照山脊线标识）、盆地、沙漠、山峰、山隘等地貌名称。

(3) 居民地

居民地是人类居住和进行各种活动的中心场所。根据地图载负量和我国的行政等级划分，挂图居民地可分为① 首都，② 省级行政中心，③ 地级市行政中心，④ 地区、盟、州行政中心，⑤ 县级市，⑥ 县级、旗、区行政中心，⑦ 乡镇（部分选取），⑧ 村庄（部分选取）。

在地图编制过程中，由于受到比例尺和地图载负量的限制，对我国县级以上级别的居民地全部表示；对县级以下居民地优先选取乡镇，在最后时才选取重要村庄，表示时采取部分选取。

(4) 交通网

交通网是各种交通运输的总称。地图上表示的交通网主要有陆地交通、水陆交通、空中交通和管线运输等几类。根据《全图》的性质和用途，该图交通网需要表示陆地交通和水陆交通两大部分。

《全图》的陆地交通主要由高速公路、建筑中高速公路、铁路、建筑中铁路、国道、省道、一般公路和其他道路组成，其中，一般公路和其他道路部分选取表示，水陆交通只表示国际航海线及里程。

(5) 境界

《全图》要准确反映中国与周边国家之间的领土划分和国内行政区划。图上表示：国界、未定国界、地区界、停火线、省（自治区、直辖市）界、特别行政区界、地级市（地区、自治州、盟）界。

(6) 邻区（国外部分）

为了使《全图》构成一个完整的矩形图幅，还要相应地表示出与中国相邻国家局部区域一定纵深范围内的自然与人文景观。邻区所表示的内容与主区一致，要反映出我国与周边国家在自然与人文地理和行政区划的联系。表示时要比主区概略很多，以达到突出主区的效果。

6. 地图符号设计分析

《全图》地图符号系统设计过程：

① 根据《全图》的主题和内容，拟定符号的分类、分级原则。水系、地貌、交通网、居民地、境界等要素进行相应的分类、分级，构成《全图》完整的地图符号系统。

② 根据《全图》的性质，确定各种符号的感受水平，选择合适的图形视觉变量（形状、尺寸、方向、颜色、亮度、密度等），按照约定性、抽象性、象征性、准确性、简明性等原则来设计并绘制出每个符号的具体形式。

③ 综合考虑地图比例尺、载负量和图面效果，进行符号的整体搭配以及局部区域的试验分析，对符号进行修改。

④ 建立地图符号文件，构成《全图》的地图符号库。

7. 地图色彩设计

《全图》上地图符号的色彩根据制图对象大的分类，分别采用不同的色系（自然色）表示，例如：水系用蓝色（C100）表示，沙漠用棕色（M50，Y80，K50）表示，居民地和人工要素用黑色（K100）表示，次要居民地和人工要素用灰色（K90）表示，以降低地图载负量。

本挂图采用彩色地貌晕渲来表示制图区域的地貌形态。色彩设计主要是按地势高度进行分层设色并综合考虑不同高度上的地貌类型和地理景观特点。地貌分层设色后，色层能更明显突出地显示各高层带的范围及不同高层带地貌单元的面积对比等特征，如果分层设色配合地貌晕渲表达地貌的话，那立体效果会更好。《全图》是以彩色地貌晕渲的形式表示制图区域的地貌，彩色地貌晕渲的大面积色彩构成了图面的主体色，彩色地貌晕渲的色彩设计也成为《全图》色彩设计的关键。主要内容包括：① 了解、分析中国地势地形特点；② 确定地貌高度表来划分高程带，如遇到地貌高程与地貌类型变化特点不完全一致时，可不完全按上述高度分界，则可在邻近的部位选取高程带的界限；③ 设计色层高度表：在色层表中，陆地地貌晕渲的色彩按照高程由低到高的顺序分别采用由绿色系过渡到黄色，再由黄色系过渡到棕色系，到了极高山地区则变为浅紫色。海洋晕渲则采用蓝色系色彩，并按照水深增加，蓝色逐渐加深。

本挂图色彩设计除了要尽量符合人们的习惯，合理地反映制图对象的分类系统外，还要考虑到符号色彩与彩色地貌晕渲的色彩搭配问题，使符号既要能够较为容易地从晕渲背景中区分出来，又要与背景协调一致，如在表示居民地的圈形符号采取"中空反白"的手法，大大增进了图面的易读性。

8. 全数字制图工艺方案设计

《全图》采用彩色地图桌面出版系统（DTP）下全数字地图制图技术制作。它将地图设计、地图编辑、地图数据制作，印前准备融为一体，缩短了成图周期，提高了地图质量。采用的硬件设备包括计算机、扫描仪、绘图仪等，软件系统的工作环境为Windows，字库采用汉仪字库，数据处理和地图数据编辑制作过程中使用下列软件：

① Arc/Info 软件，1：100 万中国数字地图（2002 年版）的数据格式转换、投影变换以及 1：25 万 DEM 的投影变换。
② MapGIS 软件，对最新省界的 1：100 万数据进行格式转换。
③ Atlas3D 软件，彩色地貌晕渲的生成。
④ Photoshop 软件，彩色地貌晕渲的拼接和色彩调整。
⑤ CorelDRAW 软件，地图矢量要素符号化及图幅分幅和拼接。

《全图》数字地图制图工艺方案如图 4-2 所示。

9. 地图数据处理

（1）数据源内容的选取

1：100 万数字地图是根据地理要素的分类分层存储的，数据为 12 类要素，每一类要素根据几何特征含有 1 或 2 个数据层，有 15 个数据层。各层包括 1 至 4 类属性表，有 29 类属性表，有 6 层有注记。

地图分层作为数字地图生产采用的基本技术之一，一方面可以将复杂的地图简单化，从而大大简化了数据的处理过程；另一方面，以单一的图层作为处理单位，为以后的数据提取和数据修改提供了方便。在提取矢量数据源时，首先要参考矢量数据的逻辑分层，从中选择所要提取的地图图层。

#### 第一部分 考点剖析

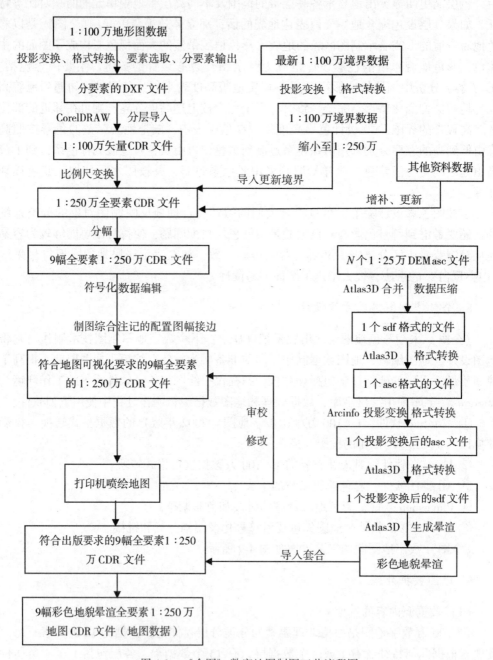

图 4-2 《全图》数字地图制图工艺流程图

在 Arc/Info 中矢量数据源的分层内容包括：政区、居民地、铁路、公路、机场、文化要素、水系、地貌要素、其他自然要素、海底地貌、其他海洋要素、地理格网这12大类。由于数据源和新编挂图在某些地图要素的分类分级并不一致，而且受到比例尺、图幅范围和载负量等的限制，新编挂图能反映的信息量有限，在数据源中进行要素选取后通过数据格式转换导入 CorelDRAW 软件环境下进行编辑和符号化时的矢量要素主要有：

① 政区。选取其中的国界、未定国界、省界、特别行政区界、地级市（州、盟）界、海岸线、岛屿等。

② 居民地。数据源主要是按照人口数划分等级，分为独立房屋、放牧点、100 万人口以上居民地、50 万~100 万、10 万~50 万、5 万~10 万、1 万~5 万、1 万以下居民地和工矿企业，新编挂图是按照行政等级分为首都、省级行政中心、地级行政中心、县级行政中心、乡镇。分析两者的关系，根据"选取的内容要多于要表示的内容"原则来选取。因此，对于居民地的数据选择，直接舍弃人口数在 1 万以下的居民地和工矿企业数据，保留其他较高级别的居民地。

③ 铁路。选取所有的铁路，舍去铁路桥。结合中国地图出版社 2003 年出版的《中华人民共和国省级行政单位系列图》（以下简称《分省图》）补充铁路网。

④ 公路。选取主要公路，部分选取一般公路及其他道路，舍去公路桥。结合《分省图》区分国道、省道、补充高速公路。

舍去机场数据，只保留文化要素中长城数据。

⑤ 水系。选取常年（时令）河流，常年（时令）湖泊，水库、渠道、防洪区、运河、井、泉等。

⑥ 地貌。只选取高程点；保留其他自然要素中的火山、溶斗等；海底地貌，选取水深点数据；其他海洋要素，选取航海线。

⑦ 地理网格。选取的数据为：经纬线、北回归线。

⑧ 对于各要素的注记数据只选取居民地名称。其他注记均结合《全图》的补充、参考资料进行配置。

最终选取的矢量要素为：国界、未定国界、地区界、省界、停火线、省（自治区、直辖市）界、特别行政区界、地级市（地区、自治州、盟）界、铁路、建筑中铁路、高速公路、建筑中高速公路、国道、省道、一般公路、其他道路、长城、山隘、岩溶地貌、火山、港口、雪被、冰川、浅滩、岸滩、沙洲、沙漠、砾漠、风蚀残丘、珊瑚礁、航海线、河流（包括之形河流）、水库、瀑布、伏流河、运河、水渠、时令河（湖）、井、泉、温泉、沼泽、盐碱地、蓄洪区、海岸线、经纬线、北回归线以及所选自然要素和人文要素的注记。

（2）投影变换

地图投影变换（Map Projection Transformation）是地图投影和地图编制的一个重要组成部分，即如何将资料图的投影变换成新编图的投影。数字地图 1∶100 万（2002 年版）矢量数据采用地理坐标记录空间数据，因此在格式转换的同时，需对其进行投影转换，把地图数据地理坐标转换成挂图选用正轴等角割圆锥投影的平面坐标。

投影变换是在 Arc/Info 环境下完成的，利用 Arc/Info 软件中的地图投影变换功能，只需知道新编图的投影方式及投影参数，就可以快速、方便地进行各种不同投影间的变换。

(3) 数据格式转换

全数字制图生产过程中，也常常会面临到不同的数据格式之间进行转换的问题。目前，数据格式转换的最主要途径是将资料图的数据格式转换成能够被图形编辑软件所能接收的标准图形、图像文件格式。

1∶100 万数字地图（2002 版）矢量数据是以 Arc/Info Library 格式存储，而新编图是在 CorelDRAW 软件环境下进行编辑和符号化的，因此需将数据源的数据格式转换成 CorelDRAW 软件所能接受的格式，如 CDR。在实际作业过程中，选择了在 PC 机上广为流行的工程制图的标准文件格式 DXF 作为中间数据格式。

10. 地图数据制作

(1) 数据制作过程中的数据处理与编辑

由于各种地图编辑软件文件格式不一样，导致了数据在表示上存在两方面问题：① 在 Arc/Info 中点状符号是通过点的坐标和它相应属性数据共同表达的，在 CorelDRAW 中的点实质是由一个缩小了的面状符号表达的，为解决这个问题，通过 Arc/Info 输出时就把每个点换成一个小圆或一个小方框，其中心为该点的位置，符号化时，用点状符号取而代之；② Arc/Info 中光滑的线状要素转换到 CorelDRAW 中，由于光滑的曲线是由很小的折线逼近表示的，导致数据量的大量增加，数据大多是一些折线，在弯曲处显得很生硬。在编制过程中，对于绝大部分线状要素，都需要重新跟踪并进行编辑，使其平滑。

(2) 地图要素符号化

地图要素数据的符号化是数字制图的主要环节。需要事先设计出一套科学、美观、表达力强的地图符号库。由于导入到 CorelDRAW 软件中的数据源只有图形，并没有符号属性配置，需要对其进行符号化。例如：高速公路等交通网要素输入至 CorelDRAW 软件环境中时为一条单线，而《全图》中要求采用双线复式结构，即上一层为 0.45mm（Y100）、下层为 0.7mm（M100）的线状符号；铁路则采用黑白相间的花线符号；井、泉、火山等数据在导入时为一短线或一矩形框，就需要对其匹配相应的符号，以达到数据可视化的要求。

(3) 生僻汉字的处理

我国幅员辽阔，地方语言种类多，难免会遇到一些生僻地名，尤其是我国南方省份生僻汉字出现的频率很高，而这些汉字在字库中难以显示。所以，生僻汉字的问题是数字制图生产和应用过程中必须要解决的问题。在配置各级居民点地名时，遇到类似问题，解决方案主要有：① 本挂图采用的是汉仪字体，经过试验比较，与之相近的为方正字体，由于方正字库比汉仪字库大，遇到汉仪字库不能识别的字体则改用方正字体代替，然后转换成曲线。② 采用拆字、拼字的方法对生僻汉字进行匹配，创造出新字。例如，地名中安徽省亳州市中的"亳"在汉仪字库中不能识别，可以先写出"亳"字，再通过 CorelDRAW 软件中打散，用造型工具创建此字。

(4) 数字环境下地图综合

选取：根据地图综合指标，依据相关的补充资料来选取，如河流的选取和分级主要依据"河流资料图"，山脉注记选取和分级依据"山脉资料图"等。

概括：图形概括，主要包括对图形弯曲的概括和对部分要素分类分级的化简。道路上的弯曲按比例尺不能表达时，要进行概括（图 4-3）。

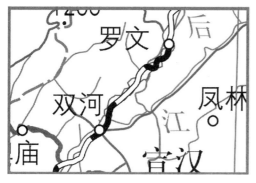 

(a)概括前（1∶100万）　　　　　　　　(b)概括后（1∶250万）

图 4-3　道路弯曲概括

大于 0.5mm² 的岛屿要选取在图上。有的岛屿很小，但所处位置如位于重要航道上，标志着国家领土主权范围的都应表示在地图上，如钓鱼岛列岛等。在交通网综合时应将其作为网格看待，根据网眼面积来取舍低等级道路，我国高速公路网、铁路网密度较小，可完整地表示出来，只要舍去短小的枝叉等。

(5) 彩色地貌晕渲的制作

生成地貌晕渲的 DEM 数据源是 1∶25 万数据库中的数字高程模型数据。高程模型采用 1980 坐标系，6°分带的高斯投影，3′×3′的间隔，以地理坐标方式记录。

由于 DEM 数据源的格式不能被数字地貌晕渲生成软件 Atlas3D 直接接受，并且其投影方式与新编图的投影也不一致，因此必须对其进行数据格式转换和投影变换。对数据源的加工处理是在 Arc/Info 软件中完成的，具体是将数据库中的 DEM 文件格式转换为能够被 Atlas3D 直接接受的 ASC 格式的文件，投影由地理坐标变换成与矢量数据一致的双标准纬线等角正割圆锥投影。制作地貌晕渲的流程如图 4-4 所示。

11. 制图要素关系的处理

(1) 道路关系的处理

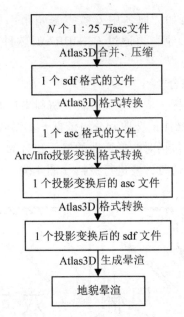

图 4-4　制作地貌晕渲的流程图

在地图上，应当把道路作为连接居民地的网线看待。

道路连接、相交时的关系处理。不同等级的道路相连接的地方，在实地上有时没有明显的分界线，但在地图上则用了两种符号配置其属性。为了使它们之间的关系表示合理、清楚，表示时相接的两条道路中心线一致（图 4-5）。

图 4-5　道路连接的关系处理

道路相交时，主要指道路间的压盖问题，即道路图层顺序的设计。

一般情况下，道路压盖顺序（从高等级到低等级道路排列）为高速公路→建筑中高速公路→铁路→建筑中铁路→国道→省道→一般公路→其他道路。但也存在特殊情况，如铁路在高架桥上经过，而高速公路在桥下，在地图上就应做相应的调整修改。

道路要素间冲突时的关系处理。随着地图比例尺的缩小，地图上的符号会发生占位性矛盾（如道路的重叠问题）。比例尺越小，这种矛盾就越突出。通常采用舍弃、移位等手段来处理。

当道路要素发生冲突时，特别是当同等级道路在一起时，一般会采用舍弃的方式。即便是不同等级的，若构成的道路网格密度过大，也应选择舍弃。一般情况下优先选取该区域内等级相对较高的道路，选择舍弃低等级道路，以达到符合要求的道路网密度。但对于作为区域分界线的道路，通向国界线的道路，沙漠区通向水源的道路，穿越沙漠、沼泽的道路，通向如机场、车站、隘口、港口等的重要目标的道路，这些具有特殊意义的道路需优先考虑。

当不同类别的符号发生冲突时，如果不采用舍弃其中一种的方法，就采用移位的方式。具体做法是：当二者重要性不同时，应采用单方移位，使符号间保留正确的拓扑关系。如保持高等级道路的现状，对低等级道路进行相应的移位；若当二者同等重要时，采用相对移位的方法，使二者之间保持必要的间隔。

进行移位后，关系处理后应达到：各要素容易区分，要素的移动不能产生新的冲突，局部空间关系和点群的图案特征必须保持，为了保证空间完整性与方位相对正确性，移动的距离应当最小。经过数据格式转换、比例尺的缩小，在地图中各级道路难免会重叠在一起，这就需要对道路进行移位。对道路格网密度过大的区域，采取舍弃的方法。如图4-6所示，图4-6（a）为道路关系处理前的情形，即直接从1∶100万地图数据库中转换得到的矢量图，只对其进行了符号化、配置注记。可以看出道路的关系杂乱，互相压盖严重，很难辨别出道路之间的关系位置，而且道路显得很凌乱，低等级道路较多且存在断头路。因此，就必须对其进行关系处理。基本采取移位、舍弃等方法。图4-6（b）是关系处理后的结果，从图中很容易看出道路关系表达明确，能够很快地辨认出各级道路的方位、走向等。各区域道路格网密度适中，达到了很好的视觉效果，突出了地图的一览性。

(a)处理前（1∶100万）　　　　　　　(b)处理后（1∶250万）

图4-6　道路关系处理

(2) 水系与其他要素关系的处理

陆地水系主要包括河流、湖泊、水库、渠道、运河和井泉等方面。河流起到了骨架的作用，如果移动河流则会引起与地貌冲突。因此要保持河流的精确位置。鉴于上述原因，地图上河流与交通网、境界等人文要素之间，在符号化、配置其属性后发生冲突时，解决此问题的原则是：要保证高层次线状要素的图形完整，低层次线状要素与高级别线状要素的重合部分应隐去。

河流与道路要素之间的关系处理。地图上如铁路、公路、河流等这些都有固定位置，它们以符号的中心线在地图上定位。当其符号发生矛盾时，根据其稳定性程度确定移位次序，例如：道路与河流并行时，需要首先保证河流的位置正确，移动道路的位置。有些区域的道路走向是沿着河流的流向。当它们之间发生冲突时，移位后道路的走向应与河流流向一致。在小比例尺普通地图上，道路通过河流等水系要素时原则上不断开，即不绘制桥梁符号。但对于长江、黄河流域著名的桥梁（如武汉长江大桥）可以象征性地表示出来。

河流与境界要素之间的关系处理。在很多种情况下，境界是以河流为分界线，或以河流中心线，或沿河流的一侧为界。这就需要对境界进行跳绘。在小比例尺普通地图上，主要遵循：① 以河流中心线为界时，应沿河流两侧分段交替绘出。但要注意：由于国界、省界和地级界是点线相间构成的，进行跳绘时，应保持点与线的连续性；② 沿河流一侧分界时，境界符号沿一侧不间断绘出（图4-7）。

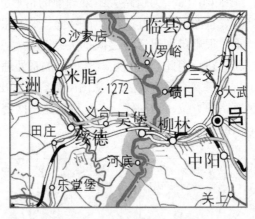

图 4-7 境界在河流两边跳绘

(3) 居民地和其他要素关系的处理

在小比例尺普通地图上，各级居民地一般是以不同大小的圈形符号表示的。它与其他要素的关系表现为：同线状要素具有相接、相切、相离三种关系；同面状要素具有重叠、相切、相离三种关系；同离散的点状符号只有相切、相离的关系。其中与线状要素的关系最具有代表性。

① 相接：当线状要素通过居民地时，圈形符号的中心配置在线状符号的中心

线上；

② 相切：当居民地紧靠在线状要素的一侧时，表示相切关系，圈形符号切于线状符号的一侧；

③ 相离：居民地实际图形同线状物体离开一段距离，在地图上两种符号要离开 0.2mm 以上。

当居民地圈形符号与境界、经纬网、道路等要素一起发生冲突时，如图 4-8 所示，宁夏回族自治区吴忠市（地级市）的位置处理。图中的纬线是 38°N，其位置的实际情况为：吴忠市位于北纬 37°多；在高速公路的左边，与其相离；在该条地级市界转折处的上方；与国道相接。但由于在小比例尺地图上表示，则不能按其上述方位标注。解决的方法是只保证圈形符号的中心点与纬线、高速公路、地级市界相离；配置在国道的中心线上。

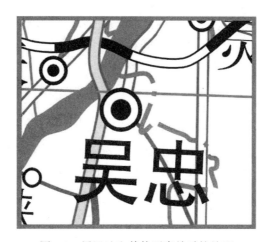

图 4-8 居民地和其他要素关系的处理

（4）境界与其他要素的关系处理

境界是区域的范围线，它象征性地表示了该区域的管辖范围。就国界而言，国界的正确表示非常重要，它代表着国家的主权范围。对于国界两侧的地物符号及其注记都不要跨越境界线，应保持在各自的一方，以区分它们的权属关系。

12. *地图数据的接边处理*

《全图》分成 9 个图块，这样既减少了每幅图的数据量，又可供多人同时作业，提高成图速度。采取分块的数据处理方式导致了成图后的图幅拼接，需要进行地图数据的接边处理。接边内容包括要素的几何图形、属性和名称注记等，原则上本图幅负责西、北图廓边与相邻图廓边的接边工作，但当相邻的东、南图幅已验收完成，后期生产的图幅也应负责与前期图幅的接边。

相邻图幅之间的接边要素不应重复、遗漏，在图上相差 0.3mm 以内的，可只移动一边要素直接接边；相差 0.6mm 以内的，图幅两边要素应平均移位进行接边；超过 0.6mm 的要素应检查和分析原因，由技术负责人根据实际情况决定是否进行接边。

《全图》地图数据根据各分幅图幅的相对坐标，可以较容易实现图幅的拼接。具体方法：先将分幅图中的各要素按事先的统一分层以一一对应的方式逐层输入到拼接图工作区内。接着对跨越分幅线的要素符号进行接边处理。接边主要包括保持对象的连续性和一致性的处理，保证点状要素的位置一致，不重复；线状要素和面状要素连续、自然过渡。然后，对各图幅综合选取结果进行协调处理。各分幅图是由不同的作业人员完成的，每个人在制图综合尺度的把握上都不尽一致，拼接后，须将各局部区域的综合尺度进一步统一协调。

13. 地图数据印前处理

《全图》中，地图数据印前处理包括：

① 检查各要素符号色彩模式和配色组成。《挂图》采用四色印刷，因此必须要保证所有符号均采用 C、M、Y、K 色彩模式；为保证印刷套印，要避免符号的配色组成中出现不应有的成分，例如：黑色只能是 K100，不可以再包含 C、M、Y 中的任何成分。

② 检查数据的规范性，是否有冗余数据存在。例如：是否有不能正常显示的文字注记，是否有对出片的有影响的特殊效果等。

③ 根据印刷纸张的尺寸，按照设计方案对拼接好的图幅进行重新分幅，各分幅图之间保留 10mm 的重叠区域，最终得到 9 个供出 4 色胶片用的图形文件。

## 第二节　专题地图编制案例

### 一、背景材料

湖北省地图院根据省政府工作需求，于 2016 年 6 月开始编制一幅《湖北省水稻产量图》（以下称为《产量图》），反映各县水稻的单产水平和各县水稻的总产量以及它们的分布规律。为省领导、农业部门及其他管理部门了解全省水稻产量的分布情况，为省农业发展规划的科学决策服务。湖北省位于中国的中部，东经 108°21′42″～116°07′50″、北纬 29°01′53″～33°6′47″，东西长约 740km，南北宽约 470km。制图区范围包括整个湖北省，采用矩形图幅。考虑到湖北省平面图形的形状；采用 4 开（510×360mm），数量 30 份。《产量图》的设计、编制、编辑与输出采用数字地图制图技术和方法。由于需要的数量较少，采用高精度彩色喷墨打印机打印输出，再压膜的精装形式。

根据《产量图》编制目的和内容设计要求收集了如下最新相关制图资料：

① 湖北省 2015 年统计年鉴。
② 2013 年 1∶100 万数字地形图，覆盖湖北省及周边地区。
③ 湖北省 2015 年粮食播种面积和产量最新资料（到湖北省农业厅收集的）。

## 二、考点剖析

专题地图的特点是要先编制地理底图，然后在地理底图上添加专题要素内容。地理底图的设计与编制，专题要素的表示方法设计与编制，地图制作工艺方案设计是专题地图编制的重点。

1. 地图比例尺设计分析

用平面图形实地大小和相应的图幅尺寸分别相比，将数值较大的数取整，便得到地图比例尺分母。

① 湖北省平面图形长：
725km = 725 000 000mm
② 实地图形长与图幅尺寸长相比：
725 000 000÷510 = 1 421 568.628
③ 湖北省平面图形宽：
462km = 462 000 000mm
④ 实地图形宽与图幅尺寸宽相比：
462 000 000÷360 = 1 283 333.333
因为
1 421 568.628＞1 283 333.333
又因为
1 421 568.628≈1 500 000
所以，《产量图》采用比例尺是 1∶150 万。

2. 地图制图资料利用分析

① 湖北省 2015 年统计年鉴，作为《产量图》的专题要素基本资料，计算出每个县的水稻单产和总产量。
② 2013 年 1∶100 万数字地形图，覆盖湖北省及周边地区。作为编制《产量图》地理底图的基本资料。
③ 湖北省 2015 年粮食播种面积和产量最新资料（到湖北省农业厅收集）。作为《产量图》补充资料，对水稻产量和播种面积进行核对。

3. 地图投影设计分析

《产量图》投影设计要求变形较小，要强调区域形状视觉上的整体效果，平面图形形状不变,要用等角投影。湖北省处在中纬度地区,最适合用圆锥投影。由于地图幅面不大,而且图形呈东西方向长方形分布,所以《产量图》采用切等角圆锥投影。

4. 地图编制工艺方案设计

《产量图》的设计、编制、编辑与输出采用计算机为核心的数字地图制图技术,将地图设计、编制、编绘、清绘、数据处理和输出融为一体(图4-9)。采用1∶100万数字地形图作为编制地理底图数据资料,对1∶100万数据进行地图投影变换、格式转换、比例尺变换、地图制图综合、地图符号化和地图注记的配置等,形成地理底图数据。专题统计数据处理,统计地图的自动生成,统计图表的自动生成。专题图层和地理底图图层数据融合和匹配,得到《产量图》数据。最后打印输出,覆膜,得到《产量图》地图产品。

5. 地理底图设计与编制

地理底图是转绘专题要素内容的定位依据,并提供说明专题要素与周围地理环境之间的联系。地图表示方法不同,对底图内容要求也是有差异的。一般对于统计地图来说,底图内容应少一些。地理底图内容的选取,既要明确其空间分布位置,又要考虑到地图的易读性;底图内容太少时,不能充分表示专题要素和地理环境的关系,如果底图内容太多,则会干扰地图主题内容,影响地图主题信息的感受效果。

(1) 水系要素的编制

河流≥8mm选取,主流加注记,要正确反映河流的主支流关系。水库重点表示大型水库,用平面图形加注记表示;其他水库水域面积≥$8mm^2$。

(2) 居民地的编制

只表示县级以上的大居民地,省、市、县政府驻地用符号和注记表示。

(3) 道路网的编制

铁路、高速公路全部表示,主要公路只选连贯性比较好的表示,其他道路不表示。

(4) 境界线的编制

因为以县为统计单元表示水稻产量,只表示省界、地市界、县界;境界线的等级用线划的粗细和形状来区分。

6. 专题要素的设计与编制

专题要素的资料是统计资料。从《产量图》的用途而言,着重提供省一级领导和农业管理部门了解各区域的经济实力,作对比分析用。《产量图》从相对和绝对两方面描述各区域的经济状况。用分级统计图法表示各县水稻的单产,用分区统计图表法表示各县水稻的总产。分级统计图法的分级颜色要设计合理,要有等级感,过渡要

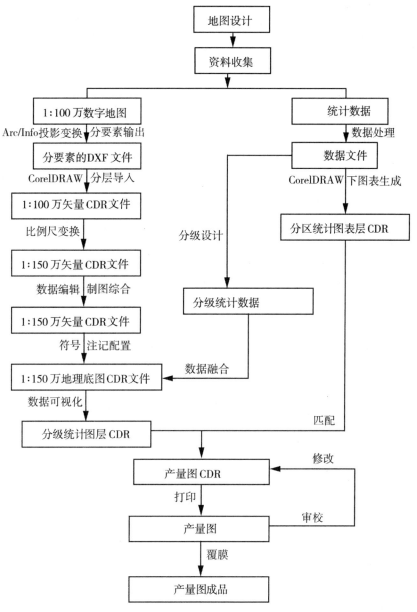

图 4-9 《产量图》工艺流程图

自然，单产高的地区颜色要浓、鲜艳，单产低的地区颜色要浅、淡。统计图表的形式新颖，以增加图面的生动和活跃。图表采用立体表示手法，利用光影效果，色彩混合过渡，如发光的圆柱、立体方柱。分级统计图法最适合与分区统计图表法配合表示专题要素分布规律，分别表示现象的平均水平和总量指标。

## 第三节　电子地图设计与制作案例

### 一、背景材料

根据武汉市政府工作的要求，为了适应武汉市的发展需求，展现湖北省会——武汉的风貌，向读者提供了解武汉的具有实用化的信息查询工具。武汉市测绘研究院于2016年2月开始编制出版《武汉市交通旅游电子地图》（以下简称《电子地图》），以地图、文字、照片、声音、动画和视频为信息手段全方位、多视角、多层次地展示和反映武汉市各方面的发展与成就，更直观地反映武汉的旅游景观和便利交通，为游客提供高水平、高质量的信息服务。

制图区范围包括整个武汉市，由于有些地图采用是矩形分幅，图幅还涉及邻市一些区域。地图编制的主要任务包括：电子地图设计、地图数据处理和电子地图制作。

收集编图资料如下：

（1）底图资料

武汉市的地图数据，包括基本比例尺1∶500、1∶2 000、1∶5 000、1∶10 000等系列地形图和四开、对开、全开等各种开本专题图及最新的航片影像资料。

（2）图片资料

现有武汉鸟瞰图、武汉市历史图、黄鹤楼照片及其他主要景点和标志性建筑图片等，另加外业采集的点位和照片。

（3）文字资料

武汉市主要的企业、事业单位、地名、公共交通、商务及投资环境等各方面的信息介绍。

（4）视频资料

一些主要旅游景点视频图像数据。

（5）音频资料

背景音乐和一些主要旅游景点解说。

### 二、考点剖析

电子地图的设计、数据组织结构设计、电子地图的制作工艺流程、电子地图数据的制作和集成等是电子地图设计和制作的重点。

1. 电子地图资料的收集与处理分析

① 底图资料：收集大量的图件和数据，包括基本比例尺1∶500、1∶2 000、

1:5 000、1:10 000等系列地形图和四开、对开、全开等各种开本专题图及最新的航片影像资料,资料齐全且现势性强。采用的主图为武汉城区范围内1:1万行政区划图作为地理底图,其他系比例尺图作补充资料。

② 分析手头现有资料,将与电子地图内容相关的有关资料分门别类。

③ 收集最近出版的《武汉年鉴》和《武汉指南》,从中选择一些权威性的统计资料和文字说明。

④ 各大书店购买有关景点介绍、历史典故、底图资料等书籍和图片。

⑤ 向与专题相关的有关部门,如市旅游局、市规划局、市水务局、市统计局、市公交监察办公室、东湖旅游区管理局等寻求支持,索求第一手文字和图片资料。

⑤ 外业采集,收集电子地图所要表达的点位信息——热点,包括热点在地图上的位置、照片、视频和单位简介。

2. 电子地图设计

(1) 数据组织结构设计

电子地图系统采用图组来组织数据,每个图组对应着一个专题内容。图组分别又是由许多不同专题的图幅构成,每个图幅可以根据同一专题的多个侧面来划分,图幅可以连接多幅插图来增强表现力和内容的丰富性,插图与图幅、插图与插图之间也可以进行循环链接,图幅和插图上都可以设置点、线、面不同几何属性的多个激活区域来连接多媒体数据库。武汉市电子地图数据组织结构如图4-10所示。

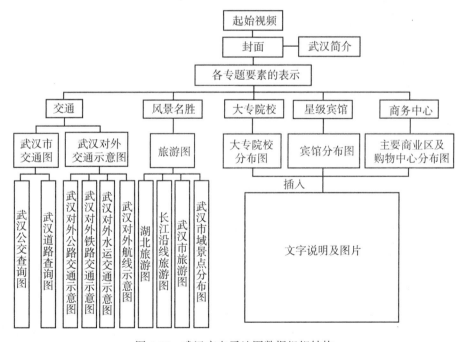

图4-10 武汉市电子地图数据组织结构

(2) 背景信息设计

背景信息设计指划分图组、图幅、插图并确定相关地图内容，信息量大的旅游景点查询和热点查询通过多比例尺转换方式来提高专题查询时的速度，窗口显示。

(3) 专题信息设计

专题信息设计是指在背景图幅和插图上增加专题图层，每个专题层又包括点、线、面、路径等多种目标，目标通过关键字与数据库连接以提供快速信息查询。由于电子光盘相对于普通出版物具有容量巨大、表现手段可选择余地较大的特点，《电子地图》的内容设计立足全面、翔实，充分利用矢量地图、航空影像、文字、照片和视频图像等综合信息表达手段，坚持宏观反映和微观展示相结合，通过灵活快捷的查询软件，实现武汉市各类信息的多层次、多视角和多形式的表现。其总体结构以"图形+文字"的结构，每幅图反映一个相对独立的专题，根据需要下设图幅详细综合反映本专题各方面内容。电子地图总体上由片头、主图和片尾构成。片头为动画格式，表示图的名称、主编单位和出版单位；主图以"图形+文字"的结构，内插相关图片；所有专题要素均表示在由电子地图构成的空间框架下，电子地图由武汉市交通旅游图通过分层处理技术可由概略到详细、由宏观到微观查看，即实现空间信息的多尺度表达。片尾反映图的编委会、编辑部组成人员名单、资料来源及鸣谢信息等。

3. 电子地图工艺方案设计

电子地图工艺方案主要根据多媒体数据准备、数据处理、系统集成、系统调试与发行等阶段进行设计。武汉市电子地图工艺方案流程如图 4-11 所示。

4. 电子地图的制作

(1) 数据准备

在系统总体设计基础上，根据产品内容的需求进行相关数据的准备：

① 地图数据：包括地形图、专题图等。

② 文字数据：各种需要在系统中显示的文字材料，如位图、插图上显示的资料，矢量图幅中热点、热线或者热面目标对应的文字简介等。

③ 图片数据：包括系统的开始视频和结束视频，用于封面、图幅和插图设计制作的图片，热点、热线或者热面目标对应的视频和图片等。

④ 视频数据文件：是一些主要旅游景点视频图像。

⑤ 音频数据文件：背景音乐和解说。

(2) 数据处理

在数据准备充分后，进行各种数据的制作：

① 地图数据的制作。将准备好的地图资料进行高精度的扫描，将经过纠正的地图图像进行精确的拼接，形成数字化底图。对数字化底图进行数字化，对矢量数据的转换得到电子地图软件支持的数据格式。

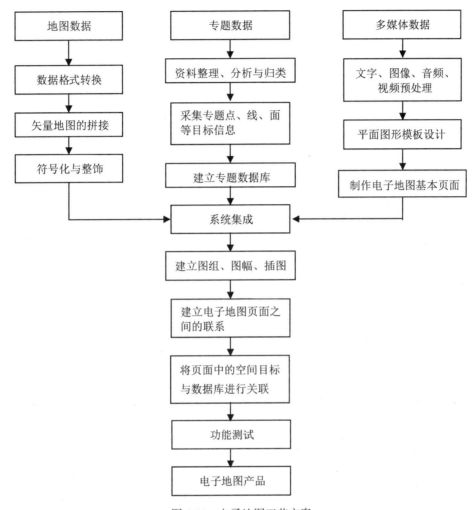

图 4-11 电子地图工艺方案

② 专题数据的制作。电子地图软件提供了数据库接口，支持开放式数据库连接。使用户具有热点属性定义的自由度，实现属性图形交叉访问和查找。在制作过程中，对具有媒体信息，包括文本、视频、图片信息等的热点建立了属性数据库，以实现对热点信息的查询。

③ 多媒体数据的制作。为了使系统在实用、方便的基础上更加有生机和活力，富有现代感，要特别重视多媒体数据的制作。多媒体数据处理主要是根据数据准备阶段提供的图片、文字、视频、声音等媒体信息进行输入、编辑、加工并建库等。位图文件，包括封面、主图、图幅、插图、照片等经处理后存储为相应的格式。

（3）系统集成

需要的各种数据制作完成后，进入系统的集成阶段，其中的一些主要工作包括封面的建立和编辑，图组的建立，主图的建立和编辑，图幅的建立和编辑，插图的建立和编辑,热点、热线和热面的添加,数据库的关联,媒体记录的连接,图幅信息的设置以及各种链接的建立等,所有这些操作都通过电子地图软件来实现。

(4) 系统的调试与发行

在数据制作和系统集成阶段,不可避免地会出现这样或那样的错误,所以要进行各种数据的检查,以及对系统进行调试,尽量把一切错误消除。系统调试完毕,进入研制的最后一个阶段——出版发行阶段,此阶段包括出版申请、母盘的制作和制作出版光盘等。

5. 电子地图的制作与集成

(1) 电子地图的地图数据制作
① 地图数据的格式转换;
② 部分补充扫描栅格地图的误差纠正与拼接;
③ 矢量地图的拼接与要素叠加;
④ 矢量化地图的整饰与符号化;
⑤ 数据审校。

(2) 电子地图多媒体数据的制作
① 多媒体数据(文字、图像、音频、视频等)的预处理,包括视频及音频的剪辑、图片的扫描、设计素材的收集;
② 平面图形模板设计,设计一系列风格相近的图像模板;
③ 根据电子地图软件的要求制作电子地图基本页面。

(3) 电子地图专题信息数据的制作
① 专题资料的整理、分析与归类;
② 在电子地图软件制作环境中采集专题点、线、面等目标信息;
③ 专题数据库的建立;
④ 数据审校。

(4) 电子地图系统集成
① 在电子地图软件中建立图组、图幅、插图等;
② 在电子地图软件中建立电子地图页面之间的联系;
③ 将页面中的空间目标与数据库进行关联;
④ 在电子地图软件中进行内容完整性的测试;
⑤ 系统在多种操作系统环境中进行功能测试。

## 第四节　地图集编制案例

一、背景材料

根据深圳市政府工作需求,为迎接香港回归,深圳市国土规划局计划于 1996 年

6月开始编制《深圳市地图集》（以下称为《图集》），为市领导和管理部门了解自己城区环境特征，掌握各种自然和社会经济现象的分布、变化和相互关系；在现代城市管理、城市规划与发展的决策中发挥的作用。设计制作《深圳市地图集》的目的在于建立一个运用时空两个方面展示深圳市基础地理信息、社会经济和自然环境等内容，配合照片和文字，使之成为图文并茂、易读实用的综合信息库。

深圳是中国南部海滨城市，毗邻香港。位于北回归线以南，东经113°46′至114°37′，北纬22°27′至22°52′。地处广东省南部，珠江口东岸，东临大亚湾和大鹏湾；西濒珠江口和伶仃洋；南边深圳河与香港相连；北部与东莞、惠州两城市接壤。制图区范围包括整个深圳市，由于有些地图采用矩形分幅，还有图幅涉及香港和与深圳市相邻的一些区域。

图集在选题上，重点反映深圳市自建立特区以来，在城市建设、经济发展、资源利用、物资交流和信息传输等方面的伟大成就，显示深圳市在全国乃至世界上的重要地位，以及它的发展潜力和美好前景。图集重点突出深圳市是我国的南大门，是我国对外交往的窗口和重要通道，是闻名的旅游胜地；反映出深圳与香港之间经济的相互联系和支持。

采用现势性强和权威性高的地图资料，设计编制反映基础地理信息的普通图组，详细表示区域土地利用和城区建筑层次分类，提高图集的实用性。图集要充分利用各图幅面，尽可能反映较多的信息量，用多种表示方法的配合和叠加，附以图表、照片、文字说明等手段，增加图集的实用性和知识性。

图集的设计应充分体现当代的先进科技水平。在图集的总体设计和内容选择等方面，体现新的学术思想，并与深圳市规划国土信息系统的内容相衔接，采用遥感、数字地图制图等高新技术。

## 二、考点剖析

地图集的开本、比例尺和投影的设计、专题底图的地理底图设计与编制、普通图组的设计与编制，专题图组的设计与编制是地图集编制的重点。

1. 图集的开本、比例尺和投影的设计

图集的开本和比例尺存在着相互制约的关系。通常情况下，开本由图集的用途、内容制图区域面积大小和形状确定，图集的开本与制图区域分幅情况和比例尺有关。

《图集》是一本雅俗共赏的综合性科学作品，不仅能为各级领导和管理部门进行宏观决策提供科学依据，而且可作为对外宣传和招商引资的工具，同时作为馈送嘉宾和外宾的精致礼品，再考虑到深圳市的平面图形的形状，采用8开本（255×360mm），展开页为4开（510×360mm）。《图集》采用157克进口铜版纸（787×1024mm）的CMYK四色印刷方式，装帧采用压膜的精装形式。

在考虑图集的比例尺设计之间要尽量为整数倍数关系，图集统一协调性情况下，图集的比例尺设计为：普通图组，城区详图为1：1万，镇图为1：4万~1：6万，区图为1：6万~1：12万，市图为1：20万；专题图组，城区图为1：4万、1：6.5万、1：10万、1：14万和1：20万，全市图为1：20万、1：30万、1：40万、1：50万、1：60万、1：70万和1：80万。

在考虑深圳市平面图形形状，图集投影设计尽量和资料图相近，图形形状不变形，图形尺寸变形尽量小等情况下，城区图采用高斯投影，全市图采用单标准纬线等角圆锥投影。

2. 图集的内容结构和编排体系设计

作为一本综合性的城市地图集，在内容选题上既要全面系统地反映深圳市的基础地理信息、社会经济和科技文化各个方面，又要突出显示深圳是我国最早经济特区，是重要的对外交往的窗口、口岸和通道，是一个在改革开放中取得举世瞩目的经济建设成就，向现代化迈进的大都市。因此，在内容选择和图幅编排次序上要突出重点，反映深圳市的特色。

图集分五个图组，其分配见表4-1。

表4-1　　　　　　　　　　　图集分组

| 图组名称 | 页数 | % | 地图 | 图表 | 照片 | 航片 | 卫片 |
| --- | --- | --- | --- | --- | --- | --- | --- |
| 序图 | 12 | 6.9 | 10 | 1 | 16 | 4 | 1 |
| 区域详图 | 68 | 38.9 | 35 |  | 5 |  |  |
| 社会经济 | 64 | 36.8 | 92 | 142 | 118 |  |  |
| 自然环境 | 20 | 11.5 | 29 | 11 | 14 |  |  |
| 发展规划 | 10 | 5.7 | 11 |  | 9 | 2 |  |
| 合计 | 174 | 100.0 | 177 | 154 | 162 | 6 | 1 |

各图组主要内容如下：

① 序图组包括深圳市的地理位置、历史、政区、地势地形、城市面貌、建筑风格和深圳市特有的宏伟气势，深圳市在全国率先进行改革的领域和经济发展处在全国最前列的行业，为了解深圳市的基本情况提供了必要的背景材料。

② 区域详图组包括福田、罗湖、南山、宝安和龙岗等五个区的区图，20个镇（街办）的镇图，20幅城区详图。区图是对五个区的居民地、水系、地貌、交通网、植被和境界等基础国土信息作了较全面的表示。城区详图是对深圳市城区的基础国土信息作了极为详细地表示；城区土地利用分为十类表示，房屋建筑高度分六类表示；对人们日常工作和生活息息相关的信息如商店、邮局、银行、酒店、影剧院、学校、旅游景点、医院、停车场和加油站等都十分详细地表示在地图上。镇图对各镇（或街办）的基础国土信息作了比区图更详细的表示。

③ 社会经济图组包括人口素质和分布、劳动力、社会发展水平、城市建设、城市道路交通、水、电、气、通信、环境质量、工业、对外经贸、财政金融、商业、房地产、农业、交通运输、旅游、科教文卫和体育等图幅。主要反映深圳市人口素质和分布，社会经济发展水平、实力和分布，城市建设成就以及经济辐射面。

④ 自然环境图组包括地质、水文、土壤、地貌、气候、水资源、水务工程、森林资源、土地利用等内容，反映自然资源状况及分布。

⑤ 发展规划图组包括城市发展、土地利用整体规划、近期重大项目规划和深圳市中心区规划等，反映深圳市的发展和对她未来的展望。

按以上顺序编排，把人们比较关心的区域详图、社会经济两个图组放在图集的前半部分，把反映自然资源状况及分布的自然环境图组放在图集的后半部分，使读图者先接受到自己最想了解的地图信息。一改过去按"发生学"原理的编排顺序，提高了图集的地图信息传输效率。

3. 图集的图面配置设计

图集的图面采用矩形地图与岛状地图混合配置。凡内容与邻区有联系或有较复杂的地图内容采用矩形截幅图，内容较单纯的专题图（尤其是统计图）或与邻区关系不大的地图主题采用岛状图形。图集采用地图、图表、照片和文字混合编排，以地图、图表为主，照片为辅，少量文字说明作补充。图集的图面配置做到既活跃、新颖、美观，又保持图面整齐、端正。

4. 图集的色彩设计

色彩在视觉图形传输中，不仅能增加地图的信息载负量，而且能提高地图作品的艺术感染力。图集的色彩设计除了遵循常用的规律外，更加注重把色彩作为重要的表现手段，紧紧围绕地图内容来选择主色调，增强色彩的对比度，运用色彩对视觉的冲击力，使色彩设计不仅贴切地反映地图内容，还会增加图形的清晰度。一改过去图集的"清淡素雅"的设色模式，给读图者耳目一新的感觉。在色彩设计中，运用图形制作软件，在数字环境下，利用色彩数据控制全图集色彩变化规律，不仅设色速度快，而且确保全图集色彩的统一协调。

5. 地理底图的设计与编制

图集的地理地图是转绘专题内容的定位依据，并提供说明专题要素与周围地理环境之间的联系。影响地理底图内容选取的因素有专题内容、比例尺和表示方法等。例如，反映自然环境的地图——地质、土壤、土地利用等，则要较详细地表示河流、居民地、道路等内容。当地图的比例尺较大时，底图内容较详细；比例尺较小时，底图内容要简略些。地图表示方法不同，对底图内容要求也有差异；一般来说，统计地图底图内容应少一些。地理底图内容的选取，既要明确其空间分布位置，又要考虑到地图的易读性；底图内容太少时，不能充分表示专题要素和地理环境的关系，如果底图内容太多，则会干扰地图主题内容，影响地图的感受效果。

根据上述设计原理，将图集的地理底图设计为城区底图、全市底图、规划底图、全国底图和世界底图等五大类十八种。根据图集所表示的专题内容的需要，在底图内容的选取，比例尺系列等方面都作了周密的考虑。为了保证各比例尺地理底图之间内容、符号、线划和注记的统一协调，同类底图都由同一基础图派生，并随比例尺的缩小，内容依次删减，符号、注记及线划随之变小、变细。

设计编制了1：4万、1：6.5万、1：10万、1：14万和1：20万共五种比例尺城区底图；根据专题要素内容的详细程度不同，选择不同的比例尺底图。

设计编制了七种不同比例尺全市地图，1：20万、1：30万、1：40万作为表示全市专题要素分布的地理底图，1：50万、1：60万、1：70万、1：80万主要作为统计地图的地理底图。

根据规划地图的特殊需要，设计编制了1：20万、1：40万和1：50万三种底图。

全国底图是按照中国地图出版社1989年出版的《中华人民共和国地形图》设计编制的。世界底图是按照中国地图出版社1992年出版的《世界地图》设计编制的。

6. 普通图组的设计与编制

采用现代地图制图理论和技术，对地名数据库、近期实测大比例尺地形图和最新航空影像进行综合处理，合成现势性很强的区域详图。

(1) 区图的设计与编制

表示各区的基础地理信息，居民地表示到行政村。考虑到制图区域的形状、面积大小以及行政地位，分幅设计和编排顺序如下：

福田区、南山区（合幅）、罗湖区、宝安区、龙岗区。其中，南山区的内伶仃岛采用移图表示，宝安区和龙岗区均采用破图廓表示。

地貌采用等高线加分层设色表示，显示地形起伏分层设色高度表全采用绿色调，不仅反映了地形起伏，而且表示深圳市绿化程度高。

(2) 城区详图的设计与编制

为了详细地显示城区基础地理信息，设计编制了20幅1：1万的城区详图。并在城区详图前放置一幅索引图，方便读图。

索引图的设计：深圳市城区范围用1：8.5万地图表示。城区详图按从上到下，从左到右的顺序分幅编号。每分幅块之间用不同深浅的近似色表示，整个图面显得非常活跃。

城区详图的设计与编制：城区详图由近期航测成图的1：1万地形图和1995年12月的1：8 000彩红外航空像片合成；并在1996年8月进行实地调绘，重点更新建筑物、道路、立交桥、水库和河流等易变的要素；利用地名数据库更新地名。楼房表示到单幢，街道全部表示。将房屋建筑高度分6级表示：平房（1层），低层建筑（2~5层），多层建筑（6~8层），中高层建筑（9~17层），高层建筑（18~30层），超高层建筑（大于 30 层）；分级的依据是：1 层为平房；2~5 层主要依据城市建筑行业的标准，一般认为低于 5 层的楼层可考虑拆除重建；8 层以下不安装电梯，所以 6~8 层作为一级；在深圳市高于 18 层认为是高层建筑，因此，9~17 层为一级；一般认为高于 30 层则为超高层建筑，所以最后两级为 18~30 层和大于 30 层。土地利用分为空地、建筑用地、果园、灌木林、花园、草地、公园绿地、街道绿化带、林地、菜地等十大类；这些植被的分布采用不同的绿色普染色叠置花纹和符号表示。

(3) 镇图的设计与编制

宝安区、龙岗区的十八个镇和两个街办的地图分别用大于区图比例尺 2~3 倍的地图表示。居民地表示到自然村，重要地名全表示；水系、交通网、地貌比区图显示得更详细。根据各镇的平面形状和面积大小设计为 16 页，其中，松岗镇、公明镇、光明街办三镇合幅表示，斜方位定向；龙岗镇、坪地镇和坑梓镇合幅表示，斜方位定向，破图廓表示。

7. 专题图组的设计与编制分析

对数以万计的统计数据进行分析选择，运用专题制图理论、地图美学理论，表现成为具有科学内涵，高度艺术表现力的专题图和图表综合体。

(1) 统计地图的设计与编制

图集中大部分专题地图属于统计图图型。这些图的资料大多是统计资料。从图集的用途而言，着重提供市一级领导和管理部门了解各区域的经济实力，作对比分析用。这些图一般从相对和绝对两方面描述各区域的经济状况。全市性的统计资料一般不以地图为背景，而以统计图表的形式安排于该主题图的空白处。凡是那些在空间呈复杂分布或不易获得具体分布状况的现象，如人口、工农业、商贸、金融、房地产、环境质量、教育、卫生等一般用统计制图方法。统计制图中一般用分级统计图法表示相对指标为主的现象，而用分区统计图表法表示绝对指标为主的现象。统计图表的形式必须多样、多变，以增加图面的生动和活跃。分级统计图法最适合与分区统计图表法配合，分别表示现象的平均水平和总量指标。

(2) 分布图的设计与编制

分布图是图集中的一个主要图型，反映以点状、线状和呈间断成片为特征的现象分布。如工业企业、电站、商业网点、金融机构、医院、学校、酒店、港口等以点状为特征，各种交通线和管网设施等以线状为特征，工业区、蔬菜基地、渔场、旅游区、森林等呈间断成片为特征。凡是内容要素在图上呈点状分布的，均以符号法表示；用符号的形状或颜色反映其质量特征，用符号的大小表示其数量特征。凡是内容要素呈线状分布特征的，均以线状符号表示；用线状符号的颜色或图案反映质量特征，用线状符号的粗细反映重要性及等级差异。凡是内容要素呈间断成片的面状分布的，均以范围法表示。界限范围明确的以轮廓线表示。同一幅图可表示呈点状、线状和面状三种特征的现象；用符号法、线状符号法和范围法配合表示。

(3) 动线图的设计与编制

为了反映深圳市与国外、港澳台和国内的经济联系，以带矢状的线状符号表示。

这种带矢状的动线符号除起止点必须定位于深圳市及联系的区域外，动线的轨迹不表示具体的路径。有些现象的移动，动线的轨迹表示移动路径，如对台风的表示。动线的颜色表示质量特征，宽度表示数量特征。

（4）等值线图的设计与编制

图集中地势图的等高线，气候图的等温线，反映降水状况的等降水线，水资源图中反映陆地水的年径流深度等值线；不同内容可用不同颜色的等值线。在同一系统内等值线的颜色及色阶要按统一规定，以便在进行不同时期比较时，得出正确的概念。等高线用变距间隔，其他图幅用等距间隔。

（5）类型图的设计与编制

图集中的地质图、地貌图、土壤图和土地利用图等类型图大多以大比例尺的野外实测图为基础，具有比较精确的界限范围和科学的分类系统。在制图综合中应力求图斑细致，最小图斑为 $2mm^2$；图斑的取舍与归并应如实反映其分布规律。类型图的色彩要鲜艳，能分辨出各种类型，但又要按照各种地图的已有规定或约定俗成的习惯。利用多层平面的成图原理，使底色、晕线、花纹和点状、线状符号配合，层次分明。像地质、土壤、土地利用等以全地域为对象或划分类型的以质底法表示。类型图之间的统一协调，主要建立在自然界的规律和自然现象之间的相互联系的基础上。深圳市地域东西长，南北短，因此，因纬度差异产生的水平地带性规律不明显，因高度差异、垂直起伏变化引起的垂直地带性规律表现明显。这些均以地质、地貌、土壤和土地利用等图幅来体现。所以，这些图幅现象的分类都采用多级制，在相同比例尺（1∶20 万）的地图上采用大致相当的分类等级。

专题图组充分利用各图幅面，在有限的图幅内，尽可能反映较多的信息量；用多种表示方法配合和叠加，附以图表、照片、文字说明等手段，增加图集的实用性和知识性。图表、符号采用立体表示手法，利用光影效果，色彩混合过渡，如发光的圆柱、立体方柱；照片加立体阴影，毛边处理等手段增加地图的感受效果和吸引力。

8. 图集的工艺方案设计

图集的设计、编制、编辑与出版采用计算机为核心的数字地图制图技术，即微机集成环境下的地图桌面出版技术（简称地图 DTP）。将地图设计、编制、编绘、清绘和印前准备融为一体，从而大大缩短了成图周期，极大地提高了图集质量。

以往在制图作业中要在一本图集里 0.1mm 的线划绘得一样粗细，注记水平或垂直放置，柱状统计图表绘成等宽，图例行距等间隔排列等看起来十分简单的工作，手工制图无法实现，而数字地图制图技术能轻而易举地完成。由于计算机屏幕上可以任意移动地图各项内容的位置，这样在计算机上进行版面设计，可形成若干个设计方案供比较和选择，使图集的版面设计更加完美。以往地图设计颜色，主要是凭个人经验和想象，一幅地图色彩效果究竟如何，只能在印刷打样图出来后才能断定。由于印刷打样图难以修改，往往在地图设色时力求稳妥，不敢大胆创新。为了节约成本，让印刷工序少翻（拷）版次，避免多次套翻（拷）版所带来的误差，不能为地图设计太多的颜色，从而影响了地图色彩的丰富性。数字地图制图，四色印刷免除了这些后顾之忧，能直接在计算机上进行地图色彩设计，并在屏幕上看出色彩搭配的效果，从而为图集色彩设计的大胆创新提供了便利条件，为地图设色提供了无限的想象空间。

图集工艺方案的设计，实现了地图设计、生产的根本变革。图集的印前数据为图集更新、再版提供了极为便利的条件。图集的印前数据可用来制作电子地图，图集中的大部分地图数据都可以直接用来制作《深圳市电子地图集》。

《深圳市地图集》的工艺方案流程如图4-12所示。

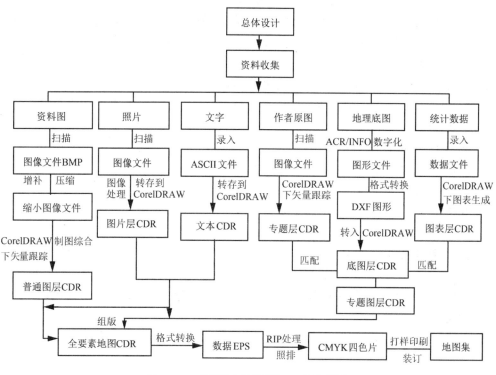

图4-12 《深圳市地图集》工艺流程图

## 第五节 影像地图编制案例

### 一、背景材料

广州市领导经常到基层实地考察，需使用地图，有些政府管理部门常常需要在野外用地图，纸质地图携带不方便，容易折破。根据领导和管理工作用图需要，广州国土测绘处于2016年6月编制《广州影像（丝绸）地图》（以下简称《影像（丝绸）

地图》）来提升广州市测绘地理信息服务政务工作水平。广州市地处中国大陆南方，广东省的中南部，珠江三角洲的北缘，接近珠江流域下游入海口，隔海与香港、澳门特别行政区相望，其范围是东经112°57′至114°3′，北纬22°26′至23°56′，南北方向长约为171km，东西方向宽约为116km。《影像（丝绸）地图》设计为标准全开，尺寸787mm×1092mm，便于印刷，使用携带方便，比较大气。根据广州市主图的轮廓形状，图例放置在图内左下方，图面配置视觉上要显得比较平衡，稳重。《影像（丝绸）地图》是广州市历史上第一幅采用遥感数据制作的影像丝绸地图，以最新的表现形式、以形象直观的地图语言反映广州市的城市建设现状、交通、水系、地形地貌等基础地理信息，地图以精美的写真影像结合地图符号、注记全面地反映了广州市城市建设成就、优美的自然环境以及与人们日常生活息息相关的其他地理信息，提升测绘地理信息服务保障水平。

《影像（丝绸）地图》编制前收集编图资料如下：

① 2016年3月的分辨率20m的全市彩色卫星影像数据，基础色调为灰绿色，由于影像获取时间不完全一致，有色差。

② 2013年的1∶5万广州市数字地形图（DLG）。

③ 2016年5月1∶20万广州市交通旅游图。

④ 2016年广州市行政区划简册。

⑤ 2016年广东省行政区划简册。

## 二、考点剖析

影像地图编制要重点掌握影像数据处理、矢量数据处理，地图符号注记设计和影像地图制作技术流程等。

1. 《影像（丝绸）地图》比例尺和版式设计

用平面图形实地大小和相应的图幅尺寸分别相比，将数值较大的数取整，便得地图比例尺分母。

① 广州市平面图形长：

171km＝171 000 000mm

② 实地图形长与图幅尺寸长相比：

171 000 000÷1 092＝156 593.407

③ 广州市平面图形宽：

116km＝116 000 000mm

④ 实地图形宽与图幅尺寸宽相比：

116 000 000÷787＝147 395.172

因为

156 593.407＞147 395.172

又因为

156 593.407≈160 000

所以《影像（丝绸）地图》采用比例尺是 1∶160 万。

南北方向长>东西方向宽，所以采用竖版版式。

2. 地图资料利用分析

① 2016 年 3 月的分辨率 20m 的全市彩色卫星影像数据，作为《影像（丝绸）地图》影像基础数据。

② 2013 年的 1∶5 万广州市数字地形图（DLG），作为居民地、道路、水系和山峰等注记，道路、境界要素等基础数据；居民地、水系图形数据可以作为修饰影像数据的参考。

③ 2016 年 5 月 1∶20 万广州市交通旅游图作为更新道路、旅游景点参考资料。

④ 2016 年广州市行政区划简册。更新广州市行政区划界线，行政驻地居民地名称。

⑤ 2016 年广东省行政区划简册。更新广州市相邻的行政区划界线，行政驻地居民地名称。

3. 影像数据处理

数据的来源不同、影像采集时的条件不同，存在着色差，破坏其整体性，因而需要对影像数据上存在色差的地方进行匀色处理，使其与周围一致。利用最先进的影像处理软件对影像数据加工处理，色彩进行统一调配、匀色，主区的影像颜色要明亮、鲜艳，这样矢量要素就突出、明显。对河流、湖泊和海洋等水域色调的处理，将水域设为蓝色，这种设色既能保留原来水面质感，也能活跃和衬托图面效果。用 Photoshop 中的"笔工具"，通过描绘水域面的边界来选取相应的面状区域并进行设色，还可以利用 Photoshop 下的"魔棒工具"选取大面积水域并予以赋色，使其保持边线的柔和感。原始数据影像的分辨率比较高，过高的影像分辨率使得影像显得破碎而且占用存储空间，可以进行适当的压缩，适当降低影像的分辨率。影像数据在保证印刷需要的分辨率情况下进行压缩。

4. 矢量数据处理

矢量数据制作时需要在影像上叠加交通网、境界、水系名称、道路名称、行政驻地、旅游景点、单位、山峰名称、地名信息等。1∶5 万广州市数字地形图（DLG）矢量数据和影像数据投影方式的不同，需要对的矢量数据进行投影变换。

需要借助 AutoCAD 软件下的 DXF 的数据格式作为两种不同数据之间转换的桥梁，将现有的矢量数据转换成 CorelDRAW 中能直接利用的数据。可将线状和面状的矢量数据转换成 CorelDRAW 能读取的数据格式，而数据点状数据不能通过 DXF 完成数据转换在将点状数据进行格式转换之前，先利用缓冲功能对点状矢量数据进行缓冲，将其转换成面状数据，再利用上述转换方法完成点状矢量数据格式的转换。

在1∶5万广州市数字地形图（DLG）选取在影像图上需要表示的交通网、境界线、行政驻地、重要地名、旅游景点、山峰名称等信息，并对道路数据进行适当的综合。再依据1∶20万广州市交通旅游图对矢量数据道路、旅游景点进行更新。依据2016年广州市行政区划简册，更新广州市行政区划界线，行政驻地居民地名称。依据2016年广东省行政区划简册，更新广州市相邻的行政区划界线，行政驻地居民地名称。

5. 地图符号设计

在影像丝绸地图中，清晰、易读的影像已经充分传递了大量地物信息，大大增加了地图信息的载负量，符号和注记主要用于在地图上反映各种地物的质量特征及其属性。在设计地图符号时，充分合理地运用颜色、亮度、形状、方向、大小等基本图形变量，以产生图面所必需的整体感和差异感。

符号的设计分符号的颜色设计和符号的图形设计两个方面。符号颜色设计的基本原则是既要能够清晰地表现要素，同时又要能够与影像整体的色彩相协调。在四色印刷的过程中，丝绸上同一区域的着色量随着套印次数的增加而减少，最终的结果是印刷的颜色出现失真。在无法改变印刷工艺的情况下，只能从颜色的设计入手，尽量使用比较纯、比较简单的颜色，减少在同一区域套印的次数。在符号的图形设计方面，因为丝绸的纹理比一般的纸张大，所以丝绸上符号应该设计得比同等规格的纸质地图上的符号大，结构更加简单，才能够清晰地表示地物的信息。

根据符号形状的不同，在设计时将地图的符号分为面状符号、线状符号、点状符号。

制图区域中大片的山、林、田等区域基本被植被覆盖，经过影像色调的调整，呈明亮的嫩绿色，再结合自然呈现的层次感，印制在丝绸上美观且具有艺术性；相反，叠加面状符号不仅使影像信息损失而且显得突兀，所以对这些区域一般不使用面状符号。《影像丝绸地图》的比例尺比较小，一些细小的常年河在影像上不能明显地目视识别，需要使用单线表示。为了保持水系的连贯性，应该同时使用面状水系符号与单线进行配合，否则就会出现河流断头的现象。因此《影像丝绸地图》上应设计使用面状符号表示水系。青色（C30）明度较高，能够发挥出丝绸的光泽，又与周围的影像对比较弱，能够自然地融合，可以作为水系颜色的填充。

线状符号表示的内容主要包括道路网、境界线以及单线河。

道路网是地图的骨架，是重点表示的内容。道路的颜色设计应考虑到以下几点：① 道路应该与丝绸的整体气质相符，所以道路的颜色应该有一定的明度；② 为减少在印刷中套印的次数，丝绸地图上的道路颜色应该尽量简单；③ 单一的道路符号面积较小，应该使用影像底图的互补色或者对比色进行填充，才能清晰地表示；④ 整体上看，同一等级的道路在图面上分布的范围广，总面积大，大量使用饱和度比较高的颜色会使图面的色彩对比过于强烈，显得杂乱，与影像不协调。因此，道路的颜色可以采用白色、粉红色和橙色，这些颜色明度适中，至多使用两种颜色即可合成；与影像有一定对比，既能突出道路又不与底色相冲突。公路的等级按照从高速路、市内快速路、国道、省道、县道、市区主要道路的顺序逐渐降低。等级比较高的道路在图面上起到了骨架的作用，而且疏密适中。在现实中，这些道路贯通联系着主区与其他地区，体现主区交通设施的完善及其通达性，需要着重使用平行的双线进行表示。道路的等级通过双线的宽度和双线间填充的颜色进行区分。丝绸的纹理比较粗，所以道路双线的宽度最小为 0.15mm，并随着道路等级的增加而增加。县道和市区主要道路线划长度短而且数量多，不应该采用与影像对比较强的颜色以免显得破碎。这两个等级的道路沟通的范围只限于市外和市内，重要性相对比较低，只需选取相对比较重要，用来保证道路的连通性的道路，使用与影像相接近的浅棕色和白色单线表示，线的宽度在不小于0.5mm 的前提下只要能够覆盖影像上明显的道路即可。按照习惯，铁路符号使用黑白相间的线划表示，线划白色的部分能够在影像上比较明显地展示线划的位置和走向趋势，且白色部分有规律地出现，在视觉中形成连贯成线的整体效果。

境界线是人文要素，在影像上不能够直接目视得到，需要从数据库中调取 DLG 数据并进行匹配。境界线采用黑色的点和线段交替出现的方式进行表示，不同等级的境界用不同的点、线组合进行区分。为了表达的精确性，境界的线划不宜太粗。境界较细的线划在影像颜色比较深的地方容易与背景颜色相混淆，影响判读。需要用色带加以配合。一方面，黑色的细线保证了境界线的精确度；另一方面，色带可以使境界线和影像区分开，便于识别；整体上看，色带明确划分出主要表示区域的范围，一目了然。为了尽量减少色带的使用而给影像信息带来的损失，可以给色带设置一定的透明度，使色带下面的影像也能够被看到。

点状符号表示的要素内容为行政驻地、旅游景点和山峰。只需要采用定点符号法用点状符号表示出这些主图对象的具体位置和定名属性等即可。点状符号面积小、分布范围广，要特别考虑到在影像颜色比较深的地方符号也能醒目地显示。

行政驻地采用圈形符号表示，以圈形符号的结构、大小、颜色变化表示行政等级。符号的颜色采用红色、黄色、白色等纯色的组合不仅满足上文所述丝绸对符号颜色的要求，而且使点在影像上任意区域都能清晰表示。圈形符号内圈的最小直径为 0.1mm，轮廓笔最细为 0.2mm、内外圈之间直径最小应该相差 1mm，才能够在丝绸上有清晰的表达效果。

丝绸地图上符号的结构不宜复杂，丝绸影像图的设计风格为简约大气，故而旅游景点的符号采用直径为 1.2mm 的红色圆点配合白色的轮廓笔表示即可。

山峰的符号习惯上使用黑色的等腰三角形表示。为了避免黑色的符号在影像颜色较深的地方表达不清，在三角形符号的周围增加一个白边，这样使三角形的符号得到了突出，不至于和影像相混淆。

6. 地图注记设计

注记的设计与符号的设计一样，也要考虑到丝绸的特性。

丝绸比较粗大的纹理上无法印刷出注记中比较精细的笔画，宜采用笔画比较粗、弯折比较圆融的字体。为了使注记笔画清晰，丝绸地图挂图上注记的最小尺寸为 2.5~2.7mm，比普通纸质挂图上最小 2.25~2.5mm 稍大。

丝绸高贵，故而注记也应该使用比较鲜明、大气的颜色，避免使用沉重的颜色破坏了整体的美感。为了防止印刷中出现颜色失真的情况，注记也应该使用比较简单的色彩。为了使注记的表达更加清晰，其颜色还应与影像的主色调有一定的对比。

综合以上两点，影像丝绸地图的注记主要采用隶书、黑体、准圆等字体；填充红色、黑色；为了提升视觉冲击力，可以使用反白字或者给注记添加白色描边，描边的宽度最小应该是 0.5mm，否则印刷在丝绸上起不到效果。根据注记内容的不同，注记的字大从 2.5mm 到 6.4mm 并采用适当的方式在图面上配置。

7. 《影像（丝绸）地图》的制作技术流程

《影像（丝绸）地图》采用现代数字地图制图技术方法制作（图 4-13）。首先，利用最先进的影像处理软件对影像数据加工处理，色彩进行统一调配、匀色。影像数据在保证印刷需要的分辨率情况下，进行压缩。根据图幅尺寸，将影像数据匹配到数字地图制图软件中。其次，在数字地图制图软件中制作地图矢量要素，主要包括：水

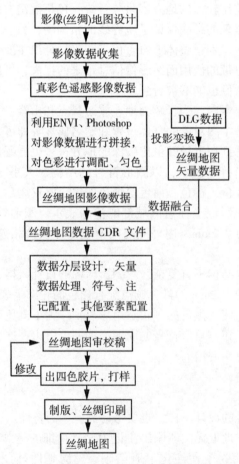

图 4-13 《影像（丝绸）地图》数字制图技术流程图

系、道路、境界、居民点、山峰、旅游景点，地图符号配置、地图注记配置，采用全数字地图制图技术对矢量要素进行处理，使地图数据满足丝绸印刷地图要求。再次，对矢量数据和影像（栅格）数据进行融合，得到影像（丝绸）地图数据。将影像（丝绸）地图数据提交审查，根据审查意见对影像（丝绸）地图数据进行修改。再将影像（丝绸）地图数据提交给审查，再根据审查意见对影像（丝绸）地图数据进行修改。最后，将影像（丝绸）地图数据输出四色胶片，制版、印刷成图。

# 第五章 地理信息工程

## 第一节 数据整合处理案例

### 一、背景材料

国家地震局计划建设"地震观测网络",将全国地震探测城市所完成的"活断层探测与地震危险性评价"的成果数据存储于数据库系统,基于地理信息系统平台加以展示,以便于"活断层探测及地震危险性评价"工作的研究成果向相关政府部门上报和为社会提供分层次的咨询服务,从而为活断层的深入研究,为国土规划、重大工程选址、城市抗震防灾等工作提供了空间信息服务。其建设任务之一是建立"活断层探测区基础地理信息管理"(以下简称"项目"),为其活断层探测与地震危险性评价提供基础地理数据,成果数据要求为 WGS-84 坐标系,高程基准为 1985 国家高程基准。根据《中国地震活动断层探测技术系统技术规程》的有关规定,"地震活断层探测与地震危险性评价"项目所需使用数据源包括 1∶25 万、1∶5 万、1∶1 万基础地理数据。现收集数据资料如下:

① 1∶25 万基础地理数据,数据生产单位:国家测绘地理信息局。
② 1∶5 万基础地理数据,数据生产单位:国家测绘地理信息局。
③ 1∶1 万基础地理数据,数据生产单位:各省(市)测绘部门、城建规划部门。

1∶25 万数据用于覆盖主要城市活断层探测的工作区,1∶5 万数据覆盖主要城市活断层探测的目标区;1∶1 万数据覆盖主要城市活断层探测的研究区。1∶1 万数据由各城市地震单位收集,其来源单位不一,并且由于我国在 1∶1 万基础地理数据的生产方面尚无统一的强制性国家标准,因此各城市 1∶1 万基础地理数据之间在投影与坐标系统、数据格式、技术指标、甚至数据模型等方面都会存在较大出入,与1∶25万和1∶5 万数据之间也存在很多的不一致,需要进行大量的加工处理与整合工作。

## 二、考点剖析

基础地理信息数据整合处理主要包括数据预处理、数据格式转换、坐标系统检查、图层调整与属性结构定义、代码转换、要素识别与属性添加、图形要素处理、图层合并等过程。

1. 数据资料可利用程度分析

1∶25万、1∶5万基础地理数据直接来源于国家测绘地理信息局的国家基础地理信息数据库,因此其数据质量、数据规范性均能得到较好保证,只需进行面向项目具体应用需求的转换与整合工作。

1∶1万数据由各城市地震单位收集,其来源单位不一,并且由于我国在1∶1万基础地理数据的生产方面尚无统一的强制性国家标准,因此各城市1∶1万基础地理数据之间在投影与坐标系统、数据格式、技术指标,甚至数据模型等方面都会存在较大出入,与1∶25万和1∶5万数据之间也存在很多的不一致,需要根据本项目需求制定统一的技术规范,进行大量的加工处理与整合工作,才能形成标准统一、形式规范的基础地理数据,进行一体化的数据建库和应用、管理。

根据1∶1万基础地理数据具体情况,分为三类——A类数据:按照要素类别进行了分层,有要素分类代码,个别要素有名称、高程等属性信息,但其要素分类代码需要规范和统一,部分属性需要补充采集,有一定的数据整合工作量;B类数据:仅有简单分层,同样无分类代码和其他属性信息,整合工作量较大;C类数据:在数据模型方面,数据为CAD数据,地理要素完全按照模拟图再现的形式采集,没有按照要素类别分层,也缺乏必要的属性信息,因此该类数据向GIS数据模型改造的工作量最大。

2. 坐标系统的转换

根据项目需求,各类数据必须转换到统一的坐标系统。原始数据为定位参考系,用1980西安坐标系,高程基准为1985国家高程基准。成果数据要求为WGS-84坐标系,高程基准为1985国家高程基准。坐标系统的转换可以在数据整合并质量检核后,统一进行转换。

3. 数据整合技术流程

由于1∶25万、1∶5万基础地理数据直接来源于国家测绘部门管理的国家基础地理信息数据库,其数据质量、数据规范性、数据一致性均能得到较好保证,个别城市数据可获取更新信息需对该部分数据进行更新。项目主要针对1∶1万基础地理数据(包括数字矢量地图数据(DLG)和数字高程模型数据(DEM))进行整合处理,解决其存在的投影与坐标系统、数据格式、技术指标、数据模型等方面的不一致问题。

根据项目要求，结合每个城市数据源的不同情况，数据整合的技术流程主要包括数据预处理、数据格式转换、坐标系统检查、图层调整与属性结构定义、代码转换、要素识别与属性添加、图形要素处理、图层合并等过程，其技术流程如图5-1所示。

4. 数据整合处理

原始数据的数据分层、数据结构、要素处理方式与项目要求不一致，必须严格按照项目对基础地理数据要求进行整合处理。数据整合处理主要工作包括：

（1）数据预处理

根据收集的资料在原始数据打印图上进行数据预处理，如标注道路名称、道路编号、居民地级别等内容。

如果原始数据无标准分幅图廓线，不能利用理论图廓检核数据坐标系统是否与说明相符，可利用同一地区其他尺度或其他专题的数据进行要素套合检查，确认原始数据的坐标系统。

（2）格式转换

将原始数据进行格式转换，转换为数据处理软件所支持的格式，以便进行数据处理，包括图形要素的处理、要素属性处理和代码转换。

（3）图形要素处理

按照项目对基础地理数据规范要求，对原始数据中采集方式不符合要求、拓扑关系处理不严格（如境界线未连续采集、植被点采集、水系线面不吻合、道路悬挂点等）图面要素进行处理。

（4）要素属性处理和代码转换

对要素代码进行检查，并按照《基础地理信息要素分类与代码》进行代码转换，对属性不全或属性有误要素，收集资料进行补充修改（如道路分级、居民地分级、等高距一致性处理等）。

（5）数据分层调整

按照项目要求的基础地理数据规范对资料数据进行要素分层的调整。

（6）数据接边和检查

检查数据接边（图幅之间或者作业区之间）情况，包括图形和属性的接边，对不符合要求的进行修改。数据检查包括对空间参考系、位置精度、属性精度、接边精度、完整性、逻辑一致性等的检查，检查方法可以采用人工对照、程序自动、人机交互检查等多种方式。

（7）坐标系统检查与转换

如果原始数据无内图廓线等数学基础要素，需利用其他数据资料进行数据坐标系统正确性检查，并将处理完成的西安1980坐标系统数据向成果数据要求的WGS-84坐标系统转换。

我国常用的大地坐标系统包括1954年北京坐标系、1980西安坐标系及2000国

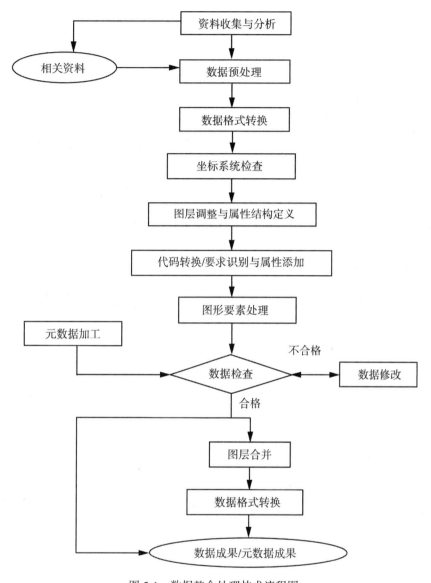

图 5-1 数据整合处理技术流程图

家大地坐标系,还包括城市常用的独立坐标系。网络 GIS(地图)常用 WGS-84 坐标系统。

如果获取的数据源没有说明其坐标系统,可利用同一地区其他尺度或其他专题的数据进行多种坐标系统转换后,与数据源进行要素套合检查,如转换的某坐标系统的数据与数据源基本套合,则可确认该坐标系统为数据源的坐标系统。

(8)元数据加工

按照项目要求的基础地理数据规范填写元数据。

## 第二节　数据质量检查案例

### 一、背景材料

某省需要对数字线划地图数据进行建库。数字线划地图数据库（以下简称 DLG 数据库）是采用矢量数据结构形式，采集和存储包括地貌、水系、居民地、交通、境界、地形要素内容，数据成果符合地形图精度要求，采用了以地形图为主要数据源，选取相对主要的要素内容，应用 SPOT 卫星影像、航空影像、车载 GPS 采集的国省道数据、地名数据成果等对数据内容进行更新。

数据质量检查是 DLG 数据库建库过程中最重要的工作内容之一，矢量数据又是各种数据中数据关系最复杂的数据，数据质量控制的技术复杂、工作量巨大。

入库检查是建库阶段按照数据库设计要求开展的对生产成果的数据检查工作，可参考国家标准、行业标准或项目规范等。数据质量检查验收主要包括空间参考系、位置精度、属性精度、完整性、逻辑一致性、时间精度、表征质量、附件质量等方面检查。

### 二、考点剖析

地理信息数据质量检查主要包括数据质量检查内容和检查方法。

1. 数据质量检查方法

地理空间数据质量检查常用的技术方法主要有人工对照检查、程序自动检查和人机交互检查三种。不同的检查方法具有各自的优势，对于大型空间数据库的质量检查需要组合使用。根据不同的要素或内容，选择合适的方法。

（1）人工对照检查

通过人工检查核对实物、数据表格或可视化的图形，从而判断检查内容的正确性，具有简便、易操作的特点。

（2）程序自动检查

通过设计模型算法和编制计算机程序，利用空间数据的图形与属性、图形与图形、属性与属性之间存在一定的逻辑关系和规律，检查和发现数据中存在的错误。

（3）人机交互检查

数据中很多地方靠程序检查不能完全确定其正确与否，但程序检查能将有疑点的地方搜索出来，缩小范围或精确定位，再采用人机交互检查方法，由人工判断数据的正确性。

在深入研究和分析 DLG 数据采集技术规定，以及生产工艺流程、使用资料情况、建库要求等技术的基础上，提出影响数据质量的各项数据质量因子与指标，并针对每一项质量因子，确定采用可操作的检查方法。

DLG 数据入库检查的技术复杂、工作量巨大，采用常规的方法难以完成，一方面不能保证数据的质量，另一方面要耗费大量的人力、财力，还会影响工程的进度。检查软件功能较为齐全，使用方便，检查结果正确。除必需使用人工核对的地方外，其余大部分的检查项目基本上都使用计算机程序进行检查。许多内容根据检查结果，就可以直接判断是否正确。有些内容，检查结果是将可能出错的地方提示出来，再由人工检查核实。

2. DLG 数据质量检查内容

数据质量检查一般包括空间参考系、完整性及结构一致性、位置精度、属性精度、接边精度、更新精度、要素关系一致性和元数据质量等方面。

（1）空间参考系

空间参考系主要包括大地基准、高程基准和地图投影。

（2）完整性及结构一致性

完整性及结构一致性包括数据组织、图号、分幅的正确性，数据层命名、数据层格式和数据层的完整性，数学基础的完整性，拓扑关系、属性表及结构一致性等。

（3）位置精度

位置精度检查包括要素遗漏、多余的要素，几何位移精度、节点错误、线段错误和多边形错误，数字化方向、图形综合取舍程度。

（4）属性精度

属性精度检查包括要素分层的正确性，属性值域检查、属性项之间的逻辑一致性，相同属性值要素之间的连通性，河流湖泊水库的代码及名称正确性，各层数据中要素名称的正确性，铁路编码的正确性、公路编码的正确性，境界数据的正确性，其他属性项的正确性。

（5）接边精度

接边精度检查主要包括图廓接边、图形接边和属性接边精度检查。

（6）更新精度

更新精度检查主要包括更新要素的完整性，已更新要素的合理性，更新要素属性的正确性，关系处理的合理性检查。

（7）要素关系一致性

要素关系一致性检查主要是水系与等高线的关系、水系要素与河流编码数据的关系，居民地与公路的关系、居民地与地名库的关系，公路与铁路的关系、公路与骨干交通网的关系、公路附属设施与公路的关系、公路与水系的关系等一致性检查。

（8）元数据质量

元数据质量主要是元数据的结构正确性、值正确性。

## 第三节　基础地理信息数据建库案例

### 一、背景材料

国家测绘地理信息局某部门计划建设1∶5万数字地图（DLG）数据库。数据库系统不仅要提供多种检索方式，对数据内容进行实时浏览，从而能够准确迅速地确定所需数据的种类、内容及范围；而且还要提供对数据库中各种数据进行基本操作，如数据裁切、数据拼接、数据格式转换、专题图制作等功能。

DLG数据库建设的目的是向用户提供数据产品和信息服务。传统的图幅管理及供需方式已经不适应空间地理数据服务需求。用户对数据的需求主要体现在：对空间数据目标要素的需求、数据格式的转换，以及相应的技术支持。所以，良好的数据库结构才能满足用户多种多样的需求。因此，DLG数据库在数据查询检索、数据产品制作、数据分发服务及数据的应用开发，必须满足用户的需求。

数据建库主要包括：对数据采集生产的成果进行检查和处理，对生产数据进行转换处理，形成规范统一的数据集；设计DLG数据库组织结构和系统功能，基于网络环境开发数据库管理系统，实现对DLG数据的有效管理与分发应用，并与其他数据库进行数据库集成。

### 二、考点剖析

数据建库，一般包括入库数据检查验收、入库前数据处理、数据库设计、数据入库、管理系统设计与开发等。

1. DLG数据库空间数据管理模式设计

随着数据库技术的发展，空间数据库技术逐渐代替了传统的基于文件的管理模式，对象-关系数据库管理系统是较为流行的解决方法，它是将复杂的数据类型作为对象放入关系数据库中，并提供索引机制和简单的操作，即在空间数据源之上增加一层软件（空间数据引擎）——空间数据管理系统（SDBMS—Spatial Database Management System），实现对空间数据和属性数据的一体化管理。

ArcSDE空间数据引擎（Spatial Database Engine）是ESRI公司针对空间数据的存储问题推出的一套空间数据库管理软件，从空间数据管理的角度可以将其看成是一个连续的空间数据模型，借助这一模型，可将空间数据加入到关系数据库管理系统（RDBMS）中去。

通过上述分析，针对DLG数据库集成业务的需求，结合现有的软件环境和DLG

数据库集成建库技术的路线，DLG 数据库建库将采用 Oracle+ArcSDE 的空间数据管理模式，以满足对 DLG 数据库海量数据的集成管理。

2. DLG 数据库系统结构设计

在 DLG 数据库系统结构中，系统 C/S 结构部分主要是核心业务模块，包括数据入库检查、安全管理、视图管理、查询检索、元数据管理、数据输出、数据分析、专题图制作、数据库维护等模块。这些模块在客户端通过中间件直接与数据连接，对数据进行操作。系统 B/S 结构部分主要是系统的数据服务模块，用户可以通过浏览器浏览数据的一些基本情况，如数据类型、数据范围、元数据信息等，确定数据订单，并通过中心内网传递到数据库，产生数据服务请求信息；同时，用户可以通过浏览器查询到订单的状态，如正在处理、已经处理完毕等。

应用服务层主要是解译应用层发出的请求，通过空间数据引擎 ArcSDE 对数据库进行相应的操作，并将结果通过中间件 ArcGIS Engine RunTime 或 ArcIMS 反馈到应用端。应用层主要指系统的应用模块，包括浏览查询、数据服务、数据库安全管理等业务应用。

3. 数据库建库流程分析

数据建库，一般包括入库数据检查验收、入库前数据处理、数据库设计、数据入库、管理系统设计与开发等。DLG 建库流程如图 5-2 所示。

（1）数据入库检查

DLG 建库数据入库检查验收是对生产单位汇交上来的数据，按建库要求实施的质量控制过程。入库检查从全局范围，把握一些重大的质量问题，注重检查和处理各单位生产的数据之间、不同区域的数据之间、不同图幅数据之间的不完整、不一致等问题，以及要素之间的关系协调等。

（2）数据整理

由数据生产单位提交的 1∶5 万矢量数据是 6°高斯分带数据，入库时需要将数据投影转换到地理坐标；另外，生产数据中部分层中属性项的名称为中文，为了统一，入库前需要将中文名称更改为英文名称。

（3）数据的预入库

按照数据库整体结构的设计，按百万图幅范围将生产数据按照数据的存储要求入库到相应的数据层，这期间数据不做任何处理。产生的临时数据库供下一步的数据处理。

（4）数据处理与修改

由于在产生临时数据库时矢量数据是按照图幅为单元存放的，在临时数据库中虽然同一类要素存放在同一个数据集中，但是在图幅接边处可能会存在要素目标的断线，因此，在这个过程中，对于线要素要将要素在图幅分割处进行连接使其连续；对于面要素要将由于图幅分割成多个目标进行合并生成一个目标。另外，对于公路网、

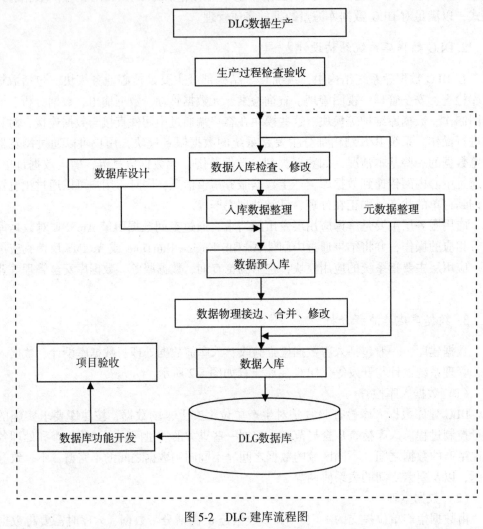

图 5-2 DLG 建库流程图

铁路网、行政区域等要将对应的原始数据进行重新整合生成。

(5) 元数据整理

DLG 数据的元数据是按图幅为单位以文件方式进行组织的,该流程需要将元数据进行汇总整理,并将文本格式转换为关系表格形式,以利于元数据的入库。

(6) 数据正式入库

把经过处理符合数据库设计要求的数据进行正式入库,形成正式的数据库成果。

(7) 数据库功能开发

根据数据库功能设计,开发出一套方便对 DLG 数据库进行管理的功能模块。

## 第四节　专题地理信息系统建设案例

### 一、背景材料

某单位针对某河套灌区的实际业务需求，计划建设"某河套灌区信息管理系统"。利用 GIS 空间数据管理与操作功能，通过 RS 技术手段获取最新信息和动态数据，以基础地理信息为空间定位和控制骨架，将该灌区所有的水利专业数据集成起来，实现多尺度、多类型、多时态数据的统一管理、综合分析和可视化表达。在此数据库基础上，开发研制满足灌区各种业务需求的应用功能，并与水资源信息自动采集系统、水质监控系统、计算机网络系统、通信系统等相结合，共同形成业务化、网络化运行体系。利用 GIS 应用平台通过空间分析、专题制图、三维模拟显示等手段处理干渠、分干渠各节制闸监控数据与水质监测数据，从而提高灌区业务信息化水平，同时为灌区适时调配、合理利用水资源业务提供辅助管理和决策支持，对突发水利事件作出快速反应，以便采取应对措施，提高工作效率。

按照灌区内地理范围的不同，收集了 1∶5 000、1∶1 万、1∶5 万、1∶25 万系列比例尺的地形数据、地名数据、数字栅格地图数据、数字正射影像数据、数字高程模型数据；还需要灌区内专题应用数据，包括土地利用分类数据以及灌区水利信息数据；同时，与灌区业务相关的多媒体数据也是不可或缺的，包括图片、声音、录像与文字等各种类型数据。

建设"某河套灌区信息管理系统"的主要工作有：多尺度空间数据库的建立，系统应用软件平台的研制，业务化、网络化运行体系的建立。

### 二、考点剖析

应用地理信息系统的建设一般包括空间数据库的建设和专业应用功能的研制，重点掌握数据库和应用功能的设计。数据库设计主要包括概念设计、逻辑设计、存储设计、元数据设计等，应用功能设计主要针对实际业务需要开展具体的功能模块设计。

1. 数据源的利用和处理分析

（1）地形图数据资料

1∶5 000、1∶1 万、1∶5 万、1∶25 万等四种比例尺的地形图数据资料，其中 1∶5 万、1∶25 万地形图采用国家测绘地理信息局编制出版的最新测绘成果，1∶5 000、1∶1 万地形图采用各省市测绘局（院）编制出版的最新测绘成果。

1∶5 万和 1∶25 万比例尺地形图采用 1980 西安坐标系，投影采用高斯 6°带；

1∶1万比例尺地形图采用1980西安坐标系,投影采用高斯-克吕格3°带;1∶5 000比例尺地形图采用地方坐标系,投影采用高斯3°带。

资料覆盖范围根据比例尺的不同而不同。1∶25万比例尺资料覆盖河套灌区行政区域范围,1∶5万比例尺资料覆盖河套灌区;1∶1万比例尺资料覆盖沿黄河某盟段及总干渠宽3km范围;1∶5 000比例尺资料覆盖若干县市等政府所在地共150km² 范围,以及拦河闸、总干渠五个枢纽。

(2) 影像资料

影像资料包括最新的卫星影像和航空影像资料,具体有 IKONOS 1m 分辨率影像数据,SPOT 全波段 2.5m 和 10m 分辨率影像数据,Landsat7 卫星 ETM+全色 15m 分辨率和多光谱 30m 分辨率的影像数据。与相应的比例尺矢量地图数据配合显示基础地理信息。

(3) 数字高程模型 (DEM)

DEM 是区域地形的数字表示,它由规则水平间隔处地面点的抽样高程矩阵组成,灌区或水利工程三维可视化分析便建立在 DEM 的基础上。

对基础地理数据、专题空间数据和多媒体数据按照一定的技术标准和要求进行集成,实现各种数据的整合与一体化管理。平面坐标系采用1980西安坐标系;投影采用高斯-克吕格投影,按3°分带。统一数学基础为1980西安坐标系、1985国家高程基准、地理坐标。

2. 数据库概念设计

河套灌区信息管理系统数据库库体内容由三部分构成:基础地理数据、专题空间数据、多媒体数据。具体库体内容如图5-3所示。

基础地理数据包括地形线划数据 (DLG)、栅格地图数据 (DRG)、正射影像数据 (DOM)、高程模型数据 (DEM)、地名数据 (PN)。这些数据库从 GIS 数据模型的角度可以分为矢量数据与栅格数据,其中 DLG、PN 属于矢量数据,DOM、DRG、DEM 属于栅格数据。通常的 GIS 空间分析基于矢量数据,三维模拟显示功能基于 DEM,DOM 可以是矢量数据更新的参考,同时也可以作为三维显示的纹理表面与 DEM 进行叠加或是作为干渠监测的数据源,DRG 可作为 GIS 应用平台的显示背景。

专题空间数据是与灌区水利业务紧密相连的空间数据,包括土地利用分类数据 (LU) 与水利专业数据。土地利用分类数据是灌区内土地利用状况的空间描述,水利专业数据包括水系、枢纽、水工建筑物、观测站 (井)、井泵、水库、湖泊等的空间位置与属性信息。

多媒体数据是与灌区各项业务相关的各种类型的图片、声音、录像与文字等数据。

3. 数据库逻辑设计

灌区可视化信息管理系统数据库中需要存储基础地理数据、专题空间数据、多媒

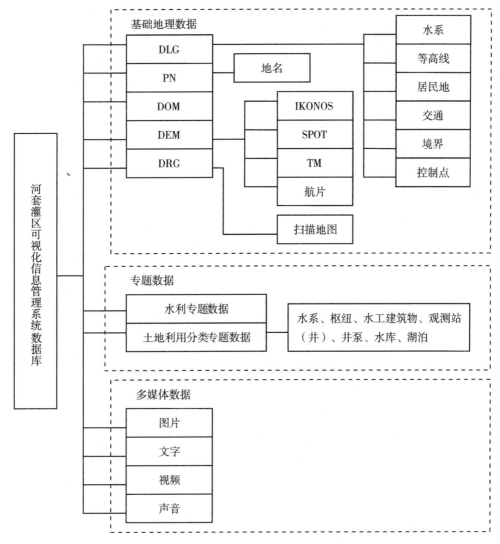

图 5-3 河套灌区信息管理系统数据库库体内容

体数据，数据源、类型和格式都是多样的，这就需要一个能够有力地管理这些复杂数据的数据库逻辑模型。在 GIS 应用中多采用二维表的关系模型，将数据按照数据集、数据区与数据层三个逻辑单元进行组织与存储。

将空间数据（包括矢量、栅格、影像、三维地形等）及其相关的属性数据统一存放在工业标准的数据库管理系统 DBMS 中，空间要素集合，即图层对应了 DBMS 中的表，而具体的一个要素则是表中的一条记录。具有共同空间参考的一组空间要素集合又可以组成更大的结构，称为数据集。

灌区信息管理系统数据库的逻辑设计总体上按照分幅、分级、分专题（分类）

的方式进行规划和设计，将面向不同应用的、不同比例尺的、不同分辨率的地形图、水利信息数据、卫星航空影像和三维地形数据，按照不同逻辑单元进行组织。其中，基础地理数据（DLG、PN、DRG、DOM、DEM）可以作为一个逻辑单元，构成基础地理数据单元，土地利用分类与水利专业数据构成专题空间数据单元，多媒体数据构成多媒体数据单元，则灌区信息管理系统数据的逻辑结构如图5-4所示。

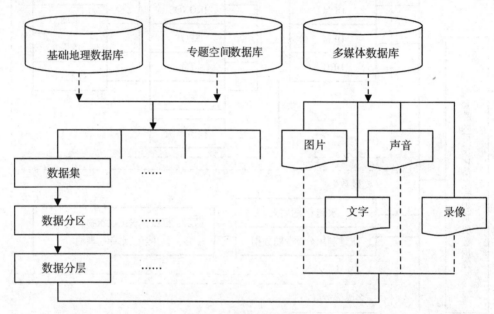

图 5-4　数据库逻辑结构

（1）基础地理数据库逻辑设计

灌区可视化信息管理系统基础地理数据库中，DLG与PN数据都是二维的矢量图形数据，这些矢量数据根据不同的分区，不同的专题特征进行分类组织。在空间数据库中，矢量数据是以一种分区、分层的组织形式进行管理的，这些空间数据根据它们的特征码（用户码）与其他属性信息或者关系型数据库中的数据进行关联。栅格影像数据包括DRG、DOM与DEM。

在数据库中，根据这些数据类型的不同，可以划分为不同的空间数据集，分别是矢量数据集、栅格数据集、三维模型数据集。其中，矢量数据集中保存着按照不同内容分层的矢量图层数据，这些图层数据按照图形的表现方式的不同，又可以分为点层、线层、面层和注记层等基本空间数据逻辑单元；栅格数据集在逻辑上按照不同空间分辨率的影像以栅格图层的方式组织；三维数据集根据数据类型的不同，以信息块的方式组织。

（2）专题数据库逻辑设计

土地利用分类与水利专业数据是专题数据库中的主要内容，这两类数据都是二维矢量数据，根据点、线、面三类空间特征，按照图层的方式构成不同的逻辑单元。其中,土地利用分类数据为面类型数据,不同的面图斑表示不同的用地类型。水利专业数据包括水系、枢纽、水工建筑物、观测站(井)、井泵、水库、湖泊等空间信息,水系河流为线类型要素,枢纽、井泵、水工建筑物、观测站(井)为点类型要素,水库、湖泊为面类型要素。

(3) 多媒体数据库逻辑设计

多媒体数据库包括与灌区业务相关的各类图片、声音、录像、文字等数据,根据业务流程和工作程序建立多媒体数据块的逻辑关系。

(4) 数据库之间的逻辑联系

灌区信息管理系统中的空间数据之间通过不同的应用专题发生着各种关系,大体上可分为数据库表格之间的关联关系,可以是一对一、一对多或多对多;还有空间位置上的空间关系,包括空间对象之间的连通性规则、几何网络关系和平面上的拓扑关系。

上述各种关系统一由关系类来进行维护,如基础地理数据库与专题空间数据库中的矢量数据,其图形特征总是用用户码(User-ID)与属性信息建立关系;DEM 和影像数据的存储格式是栅格的方式,二者可以方便地通过栅格运算叠加形成三维场景,但要想使影像数据关联某一矢量图斑,在空间上是难以定位的,但影像数据和矢量数据可以利用地理坐标系,在统一地理参照系下使得 DEM、影像数据和矢量数据发生关系。

总之,灌区信息管理系统数据库中的矢量数据间既可以通过建立特征码形成一对一、一对多或多对多的关联,也可以通过空间位置建立要素间的拓扑关系;矢量数据与栅格数据通过统一的地理坐标框架产生关联;栅格数据只能通过统一的地理坐标框架关联,或是实现 DEM 与正射影像的叠加,或是实现不同波段、不同分辨率影像的融合;多媒体数据与基础地理数据或专题数据利用超媒体或超文本技术实现相互间的关联。

4. 数据库存储设计

(1) 矢量数据存储设计

灌区信息管理系统数据库中的矢量数据,将依据数据库逻辑设计中设计方案,以图层为存储单元统一存储于大型关系型数据库之中。图层对应于关系数据库中的表,几何信息以二进制(BLOB)类型的字段存储。非空间数据的存储自然与空间数据相同,即二维表。这意味着几何与属性数据以相同的格式存储,数据的管理将更加有效,可以用标准的 SQL 对数据库进行查询。

(2) 栅格影像数据存储设计

栅格影像数据同样利用关系型数据库来存储与管理,通过数据压缩、建立影像金字塔、影像物理分块三种技术手段实现 RDBMS 中栅格影像数据的存储。数据压缩的目的是通过压缩减少影像的数据量,建立影像金字塔虽然会占用一定的磁盘空间,但是可以提高影像显示速度。影像物理分块是为了在局部操作时减少数据量,提高分析处理效率。

### 5. 空间元数据设计

空间元数据是关于空间数据的描述性数据信息,它反映了空间数据所包含的内容、质量、空间参考、生成转换等信息。生成空间元数据可以方便分布在灌区内的业务系统精确地查找目标数据源,使用户浏览目标数据的相关信息以判断数据是否满足他们的应用要求,为用户提供正确处理和使用目标数据的技术信息。

（1）空间元数据管理设计

灌区可视化信息管理系统的空间元数据管理以数据库为基础,每一个空间数据库有一个元数据文件,该文件为一表格数据,它由若干项组成,每一项表示元数据的一个特征,其记录为每一个要素集合（图层）的元数据内容,该表存储于关系型数据库中,如图 5-5 所示。

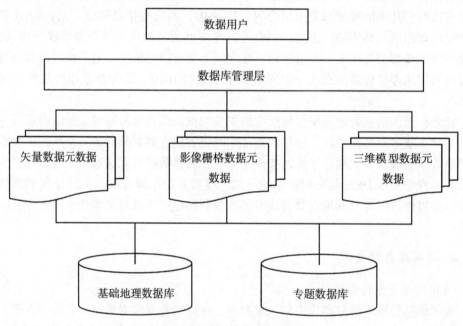

图 5-5　空间元数据管理设计

（2）空间元数据格式设计

灌区信息管理系统空间数据由基础地理数据与专题数据组成,这些数据按照数据模型的不同分为矢量数据与栅格数据。空间元数据格式的设计就是依据不同数据模型的需要分别描述,其中,DEM 数据虽然是栅格数据,但其自身具备一些独有特点。下面分别对矢量数据和栅格数据的空间元数据格式设计进行讨论。

矢量数据元数据由数据描述、空间参考、属性描述三部分内容构成。其中,数据描述包括数据集概况、数据集状态、数据集存储与访问信息、数据集更新时间、数据集来源、比例尺与数据集格式等内容；空间参考描述了数据集的投影与坐标系统、数据集范围；属性描述定义了数据集属性字段的含义、类型、取值范围等信息。

栅格影像数据元数据由数据描述、空间参考两部分内容构成，其中数据描述包括栅格影像数据概况、状态、存储与访问信息、产生时间、来源、格式、波段与空间分辨率等内容；空间参考描述了栅格影像数据的投影与坐标系统、范围。

**6. 应用平台设计**

应用软件平台能否具有强大的生命力，主要看应用软件平台对事务的处理是否满足业务应用的要求，应该根据用户的具体业务工作要求，设计开发适用的应用软件平台，以保证系统总体目标的实现。该系统具有以下的功能：

① 利用数据库、GIS、GPS 及网络等技术，实现河套灌区的管理和监测；
② 采用 C/S 和 B/S 混合结构进行开发，充分实现资源共享；
③ 系统与业务的紧密集成，为河套灌区管理工作提供了集成支持平台；
④ 实现对现有数据的标准化、数字化、数据库建设、数据格式转换等功能；
⑤ 系统对今后类似业务系统的建设具有明确的指导意义和示范作用。

针对河套灌区可视化管理的业务要求进行功能体系结构设计，在统一标准体系、数据规则的前提下，将灌区所有业务和问题集成到地理信息系统平台上，进行统一存储、管理、关联，提供符合灌区管理业务实际要求的专业化业务模块和各类业务综合分析功能，具体包括基础数据管理、通用数据查询、桌面业务处理、专题地图制图、辅助分析决策、动态数据交换、网络信息发布、运行维护管理这八大功能模块（图5-6）。

（1）基础数据管理功能

按照统一的空间坐标系统和标准的信息分类体系将灌区管理过程中所参照和产生的图文信息进行规范化采集与组织分类，形成基于网络的空间数据无缝连接且图文信息动态连接的综合信息资源，实现全灌区水利要素的空间地理数据和专题数据的整体集成存储、管理与更新。

① 空间图形信息和专题信息的初始建库，包括基础地形图、专题图信息的数据输入、转换、查错与规范化、编辑处理、图形输出。

② 空间数据库信息的动态管理、维护与更新，包括图形数据的一般性查询与检索、地图拼接与切割维护、制图和输出功能、基本的 GIS 分析功能（如地形分析、网络分析、叠加分析、缓冲区分析等）以及量算功能等。

③ 文本信息的输入、处理、查询、分析、报表制作与统计、标准输出等。

（2）通用数据查询功能

根据灌区管理业务模式特点设计专业化的联网查询检索方式，实现对共享图文数据资源的快速查询及可视化，包括图形属性双向查询、逻辑查询、模糊查询、图形综合查询、属性组合查询、业务材料查询等功能。

① 属性到图形查询：通过构造数据库 SQL 语句查询属性信息在空间上的位置与

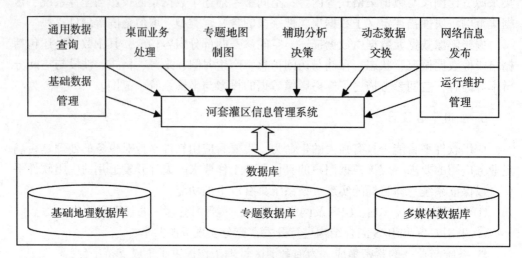

图 5-6 功能体系结构图

分布，空间定位功能也是通过这个方式实现的。

② 图形到属性的查询：查询地理空间单元的属性信息。

③ 图形与图形间的查询：根据图形临接、相交、包含拓扑关系，查询与某一空间单元发生这些关联的空间单元的位置与分布。

(3) 桌面业务处理功能

针对灌区管理业务工作特点，设计开发适用的桌面处理工具，实现灌区管理业务的便捷化处理。

① 对空间数据层与属性的操作：根据具体应用的需要调出空间数据库中的空间数据，这些数据按层组织在 GIS 平台上，可以设置层属性，如颜色、注记等，也可以调整层顺序以保证各类信息不被相互压盖，通常顺序是由上到下为点、线、面、影像，同时可以依赖不同的属性信息显示不同的地图标注信息。

② 图形数据的显示与浏览：可视化地显示空间参考数据，提供放大、缩小、漫游、鹰眼导航等空间数据浏览显示工具。

③ 定位工具：提供方便实用的图形定位显示工具，包括图幅号、直接图形选择、地名选择、坐标定位等。

④ 图幅整饰与地图输出：为了增强输出地图的通俗性、可读性，需要图幅整饰和输出功能，包括图廓生成、加入专题信息、图例、指北针设置、比例尺设计、添加注记、编辑注记和注记自动生成等功能。

⑤ 几何与属性数据编辑：提供多种图形捕捉、划线、图形编辑、属性编辑、标注等编辑工具，包括几何信息的增加、删除、修改，属性信息的输入、删除、修改，前者要考虑到图形的拓扑关系，需要有 Snap 功能，后者要有属性类型与值域的检查功能，保证输入与修改的信息符合系统数据库规范。

(4) 专题地图制图功能

发展面向应用的专题地图制图功能，提供专用的图形工具进行各类业务专题图的绘制、属性标注、量算、整饰与出图等。根据数据库中已有数据与灌区实时监测数据，制作灌区的各类专题图，可以生成任意区域的实时灌溉进度图、灌溉效果图、需水量分布图、实时水位流量图、水费计收情况图、实时种植结构图等专题图。

(5) 辅助分析决策功能

利用 DEM 数据与栅格影像数据叠加生成三维模型，提供水利工程虚拟三维可视化及分析，实现水文地质等地下水变化的可视化、灌区景观三维可视化、规划景观可视化等功能；提供专用的全方位灌溉面积计算、水量计算、工程量地图量算等分析功能，辅助水资源优化调配时的分析与决策；提供丰富的空间分析功能，作为灌区管理分析决策的技术手段。

矢量空间分析，包括缓冲区分析、空间叠加分析、空间量算等。

栅格空间分析，基于统一的基础底图将矢量图形的点、线、面数据生成栅格格式；将离散点生成连续表面；从点要素生成密度图；创建生成数字高程分布图、坡度图和坡向图；对多层栅格数据进行逻辑分析与代数运算；进行栅格图的分类和制图，以及基于像素的地图分析等。

矢量与栅格一体化分析，通过矢量和栅格数据的叠加进行分析。

(6) 动态数据交换功能

能进行水雨情数据自动实时采集，可以监测灌区任意区域的气象、土壤墒情、作物结构、作物面积、作物含水率、长势、旱情、水质状况、水污染状况、水土流失状况、汛情的实时动态及对土壤盐碱化、沙地、荒地、林地的普查等，并能将监测采集的数据动态地纳入到专题数据库中，可以接收 GPS 的点位数据到数据库，实现数据库的动态更新。

设立在各节制闸实时监测设备获取干渠与分干渠大量的水资源与水质信息，这些信息通过监测数据输入接口进入 GIS 平台，并且与后台空间数据库中的数据结合进行空间分析、专题制图与三维可视化分析，为灌区管理工作各类决策服务。

能将各种平台提供的空间数据完整地转换成系统要求的统一数据格式，通常需要转换的数据格式包括：CAD、DGN、COVERAGE、E00、DWG、DXF、TIFF、IMG、SHAPE FILE 等数据的转换功能。

(7) 网络信息发布功能

建立数据发布机制，具有数据通知和数据源路径通知功能。设计开发 WebGIS 功能，通过 WebGIS 的应用将空间信息及其应用成果通过局域网或城域网分别发给网路分中心用户，客户端的用户则在自己的浏览器中嵌入浏览工具来浏览与查看信息。

(8) 运行维护管理功能分设计良好的运行维护管理功能，可以实现用户权限设置、图库更新与扩充、数据添加、数据备份以及故障快速恢复，提供用户管理、口令管理、权限管理、日志管理等操作功能，保证系统的正常运行。

#### 7. 数据处理与建库技术流程

在 GIS 应用系统中，一般包括地形数据（DLG）、数字栅格数据（DRG）、数字正射影像数据（DOM）、数字高程模型数据（DEM）、地名数据（PN）和土地利用数据（LU），以及与应用业务相关的多媒体数据。各类数据要采用相应的技术方法进行加工处理，在数据处理时，必须注意要素之间关系的协调，尤其是矢量要素数据库与地名数据库、影像数据库之间关系的协调。对一个应用系统的数据处理与建库技术流程如图 5-7 所示。

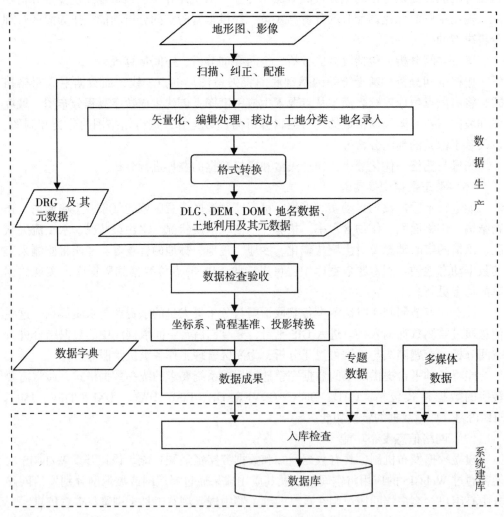

图 5-7 数据采集与建库流程图

8. 系统运行的网络体系结构设计

为适应分布在不同区域的多用户使用系统的特点，并考虑系统中部分数据属于保密信息的情况，系统应分别采用 C/S 和 B/S 两种分布式访问模式，以适应并支持局域网和城域网（或互联网）两种网络环境。系统在用户中心内部局域网内采用 C/S 架构，具备数据入库、操作与分析功能的客户端层构成 Client 端，空间数据引擎与数据库构成 Server 端；在全用户范围的城域网内采用 B/S 架构，仅能浏览、查询、检索空间数据库的客户端层构成 Browser 端，空间数据引擎、WebGIS 服务器与数据库服务器构成 Server 端。

从逻辑结构上讲，系统可以分为三层体系结构，即客户端层、应用服务层、数据服务层。客户端层包含两部分内容：一部分在局域网范围内实现对数据服务器中数据的入库、操作与分析，另一部分通过因特网浏览、查询、检索空间数据；应用服务层由空间数据引擎与 WebGIS 服务器构成，其中空间数据引擎是系统与空间数据库中的数据进行交互的通道，而 WebGIS 服务器为空间数据的发布提供服务；数据服务层由基础地理数据库、专题数据库与多媒体数据库构成。

## 第五节　应用系统设计与开发案例

### 一、背景材料

随着经济建设的发展和土地有偿使用制度的实施，土地已成为极为重要的市场资源。为进一步摸清市土地资源状况，全面掌握可利用建设用地的情况，方便管理可利用国有建设用地，某市国土资源局计划开发"可建设用地管理信息系统"，提高土地管理的工作效率。

可建设用地信息管理系统要求实现可建设用地数据的浏览、编辑和分析，主要包括可利用建设用地信息统计图和分级图的制作和输出功能，从而更直观地显示可利用建设用地特征；不同图件的叠加及输出功能，包括地形图、行政区域图、土地利用总体规划图、控制性详细规划图、卫星影像图等图件的叠加功能。系统具有地块信息的双向查询功能，地块信息的双向更新功能（如用地流转情况的更新），可实现用户权限设置功能，通过对不同用户的权限的设置，使拥有不同权限的用户之间对数据所能进行的操作有所区别。系统具有数据管理、多源数据融合、动态更新维护特点，有良好的可扩展性，系统功能可以进一步扩展。

根据需求，要将以下数据纳入数据库统一管理：

① 可利用建设用地数据：138$km^2$ 土地（约3 000宗地块），1980 西安坐标系。
② 全市范围1：1万、1：2 000 比例尺的地形图，1980 西安坐标系。

③ 覆盖全市卫星遥感影像数据、高清晰数码航片影像数据。
④ 全市土地利用现状图。
⑤ 全市土地利用规划图。

## 二、考点剖析

1. 应用系统设计与开发分析

一般来讲，GIS 应用系统的设计与开发基本上从数据库与专业应用功能两方面来考虑。

数据库设计主要包括概念设计、逻辑设计、存储设计、元数据设计等。从概念上讲数据库是由基础地理数据、专题空间数据、多媒体数据三部分构成，它们的数据源、类型、格式都是多样的，需要一个能够有力管理这些复杂数据的数据库逻辑模型。目前，在 GIS 应用中多采用二维表的关系模型，将数据按照数据集、数据区与数据层这三个逻辑单元进行组织与存储。

专业应用功能的设计和实现，要紧紧围绕用户需求，针对实际管理的业务要求和工作流程，开展应用功能设计，同时包括系统运行的网络体系结构的设计。在统一标准体系、数据规则的前提下，将所有业务和问题集成到 GIS 平台上，进行统一存储、管理、关联，提供符合用户管理实际要求的专业化业务模块和各类业务综合分析功能。

2. 空间数据存储方式设计

关系数据库是目前数据库发展的主流。利用关系数据库实现空间数据的全关系化存储已经成为许多 GIS 软件开发商和构建应用系统的一个主要趋势，它不仅可以保证几何与属性信息的无缝接合，而且可以方便创建与维护各类空间数据之间的关联关系，也可以实现数据的并发操作，更好地维护数据的安全。

采用空间数据库引擎（如 ArcSDE）实现对空间数据的高效访问。

3. 系统开发方法

组件技术在 GIS 中的应用已经非常广泛，主要的 GIS 厂商都推出了自己的组件产品，如 Esri 公司的 ArcObjects、MapInfo 公司的 MapX、SuperMap 公司的 SuperMap 等。VB、VC、C#、Delphi、.NET 等支持组件标准的可视化集成开发环境（开发语言）都支持组件式系统开发。

目前，常用的组件 GIS 开发以 ArcEngine 居多。ArcEngine 的开发主要依赖于 ArcGIS 产品体系中所提供的若干类和接口，这些类和接口分别封装在 20 多个 ArcGIS 库文件中。在开发时只需要找到对应接口，并熟悉接口调用，即能实现所需 GIS 功能。

系统采用模块化开发方式,每个模块以 DLL 或 EXE 形式存在,利用面向对象的方法集成各个模块。

4. 系统基本功能设计

可建设用地管理信息系统是基于空间数据库的应用而开发的系统平台。为实现这一功能,该系统细化为地图浏览、地图数据检索与查询、空间分析、可利用建设用地统计报表制作、可利用建设用地更新、地图输出和用户权限管理等模块。

地图浏览模块有地图文档管理,地图缩放、漫游,地图定位等功能。地图数据检索与查询有地块属性信息查询,地块空间位置查询,缓冲区查询等功能。空间分析模块有不同图件的叠加及输出功能,包括地形图、行政区域图、土地利用总体规划图、控制性详细规划图、卫星影像图等图件的叠加分析功能,可以直观地显示可利用建设用地特征。可利用建设用地统计报表制作模块有柱状图、风向玫瑰图等制作,属性数据表、统计报表等制作功能。可利用建设用地更新模块有地块图形更新,地块属性更新等功能。地图输出模块用于地图的图面设计与配置,地图制图等功能。

5. 网络体系结构设计

地理信息应用系统以处理图形数据为主,数据量大、网络传输量大、安全性要求高。针对这些特点及网络的基本要求,在进行网络设计时重点考虑以下原则:

① 网络系统应符合国际规范和标准,具有开放性,便于以后的扩充。

② 合理进行网络层次划分和网络分段,针对不同的网络层次和网段,采用不同的网络技术,以提高系统的整体性能。

③ 提高网络的吞吐量,选择良好的硬件和外部设备。

④ 保证可靠性与安全性。

⑤ 网络中尽量避免出现通道瓶颈。

根据上述设计原则,应用系统将网络设计分为两个层次:一是连接外部用的外部网,二是管理部门内部的局域网。内部局域网与外部网在物理上完全隔离;内部局域网实现数据共享和传递,构成"客户机—服务器"的工作模式,外部网建立地理信息发布服务的途径。

内部局域网选择百兆以太网,通过物理布线和配置相应级的交换机连接各前端机,采用三层网络结构,即数据库服务器端、应用服务器端和局域网客端。数据库采用双机备份机制,当其中一台数据库出现故障,另外一台能立即进入服务状态,在数据库服务器上安装 Oracle 和 ArcSDE 服务端软件;应用服务器端采用 Windows Server 和应用组件服务器,安装 ArcGIS 应用组件,实现大部分的应用逻辑,作为数据库和客户端的桥梁;客户端安装 ArcGIS 应用系统,局域网用户通过该系统实现"人"机友好交互。

对因特网的接入节点,根据信息访问量和当地提供的因特网访问途径等相应设置地理数据发布服务器,利用数字数据网(DDN)专线与因特网相连,同时设置防火墙，进行必要的安全防护措施。广域网用户可以通过因特网获取信息查询和检索等服务。

为适应分布在不同区域的多用户使用系统的特点，并考虑系统中部分数据属于保密信息的情况，可建设用地管理信息系统分别采用 C/S 和 B/S 两种分布式模式，以适应并支持局域网和城域网（或互联网）两种网络环境。系统管理工作在内部的局域网采用 C/S 架构完成，具备数据入库、操作与查询功能的客户端层构成客户端，空间数据引擎与数据库构成服务器端；在全用户范围的城域网内采用 B/S 架构，仅能浏览、查询、检索空间数据库的客户端层构成浏览器端；空间数据引擎、WebGIS 服务器与数据库服务器构成服务器端。

6. 系统安全设计

系统安全设计包括网络安全设计与软件功能稳定性安全设计。网络安全设计主要依赖于涉密专网及防火墙等硬件设施；软件功能稳定性设计可以从软件设计、编码规范、软件测试等环节加强监管，实现防范与监督的管理模式。

7. 系统设计与开发的质量管理

在系统设计与开发过程中，应遵循计算机软件工程规范，采用软件工程的方法设计和开发软件；与用户必须充分接触，开展需求调研工作，建立明确的软件需求；充分重视系统软件的正确性、可靠性、可维护性、效率、安全性、灵活性、可实用性。

技术监督组负责对工程实施中所涉及的实施方案、工程设计、技术规定以及生产和开发等技术过程和质量进行监督，组织工程建设过程中的质量检验，负责组织数据库和系统软件的测试。

实行文件化管理制度，每一步的工作及执行情况都有完整的文件记录，使工程的执行及质量情况得以明确反映。

在系统开发期间，每位开发人员要经常对自己开发的程序进行测试，对软件的每一单元都要进行认真的单元测试，并且要定期开展开发小组间的测试和整个系统的测试。重要的测试工作都由技术监督组负责组织实行。

8. C/S 结构与 B/S 结构分析

C/S（Client/Server）是建立在局域网的基础上的。B/S（Browser/Server）是建立在广域网的基础上的。C/S 客户端的计算机电脑配置要求较高。B/S 客户端的计算机电脑配置要求较低。

C/S 结构的优点：由于客户端实现与服务器的直接连接，没有中间环节，因此响应速度快；操作界面美观、形式多样，可以充分满足客户自身的个性化要求；管理信息系统具有较强的事物处理能力，能实现复杂的业务流程。

C/S 结构的缺点：需要专门的客户端安装程序，分布功能弱，针对点多面广且不具备网络条件的用户群体，不能够实现快速部署安装和配置；兼容性差，对于不同的开发工具，具有一定的局限性；若采用不同工具，需要重新改写程序；开发成本较高，需要具有一定专业水准的技术人员才能完成。

B/S 结构的优点：具有分布性特点，可以随时随地进行查询、浏览等业务处理；业务扩展简单方便，通过增加网页即可增加服务器功能；维护简单方便，只需要改变网页，就可实现所有用户的同步更新；开发简单，共享性强。

B/S 结构的缺点：个性化特点明显降低，无法实现具有个性化的功能要求；操作是以鼠标为最基本的操作方式，无法满足快速操作的要求；页面动态刷新，响应速度明显降低；无法实现分页显示，给数据库访问造成较大的压力；功能弱化，难以实现传统模式下的特殊功能要求。

9. WebGIS 的基本功能

① 地理信息的空间分布式获取。WebGIS 可以在全球范围内通过各种手段获取各种地理信息。将已存在图形数据语言通过数字化转化为 WebGIS 的基础数据，使数据的共享和传输更加方便。

② 地理信息的空间查询、检索和联机处理。利用浏览器的交互能力，WebGIS 可以实现图形及属性数据的查询检索，并通过与浏览器的交互使不同地区的客户端来操作这些数据。

③ 空间模型的分析服务。在高性能的服务器端提供各种应用模型的分析与方法，通过接收用户提供的模型参数，进行快速的计算与分析，即时将计算结果以图形或文字等方式返回至浏览器端。

④ 互联网上资源的共享。互联网上大量的信息资源多数都具有空间分布的特征，利用 WebGIS 对这些信息进行组织管理，为用户提供基于空间分布的多种信息服务，提高资源的利用率和共享程度。

# 第六节　地理信息数据库更新案例

## 一、背景材料

国家测绘地理信息局某单位 2008 年更新完成的 1∶25 万数据库在国民经济建设与社会发展以及人们的日常生活等方面得到了广泛的应用，但是随着信息化速度的加快，各方面在使用 1∶25 万数据库时对其现势性的要求越来越高，尤其在各级政府管理部门，领导在了解国情省情、地方视察、突发事件处理、宏观管理和决策等方面急需现势性较好的基础地理信息数据。为此，决定启动 1∶25 万基础地理信息数据库更新工作。

工作主要内容是充分利用已有的各种资料完成对该省范围内的 1∶25 万数据库的

更新，以提高数据的现势性。

目前已收集到的资料包括 2008 版 1∶25 万数据库、1∶5 万核心要素地名数据、1∶5 万数据库更新工程最新境界数据、1∶5 万更新道路整合数据成果、共建共享收集的专业资料及其他资料，以及中巴卫星影像数据。并以更新后的矢量数据重新内插生产数字高程模型数据。更新后的数据成果采用 2000 国家坐标系。

综合利用 1∶5 万数据库更新工程境界更新成果、道路整合成果，中巴卫星影像资料，共建共享收集的专业资料，完成对全国 816 幅 2008 版 1∶25 万数据库的更新，整体现势性至少达到 2015—2016 年年底。其中境界数据达到 2017 年，公路、铁路和地名数据达到 2016 年年底，水系数据达到 2015 年年底。

## 二、考点剖析

基础地理信息数据库更新的基本任务是：综合地利用各种来源的现势资料，如最新航空航天影像、行政勘界资料、地面实测数据等，确定和测定全国范围内基础地理要素，如道路、水系、居民地、地形、地名、行政界线等的位置变化及属性变化，对原有数据库要素进行增删、替换、关系协调等处理，生成新版数据体，并更新用户数据库。

1. 数据整合处理

数据整合处理是指采用匹配、合成、链接等方法，将多尺度的基础地理数据、基础地理数据与非基础地理数据、基础地理数据与其他专业部门地理数据集成起来，形成新的空间数据集。

2. 数据库更新技术路线设计

1∶25 万数据库采用最新的《基础地理信息要素分类与代码》（GB/T 13923—2006），利用收集到的各种资料，重点更新境界、国省县乡道、铁路、乡镇以上居民地、大型水利设施等是更新的重点；等高线、水系、植被等数据为次重点更新。经过更新处理后，经坐标转换和数据整理建库，形成现势性较好的 1∶25 万地形数据库（2016）成果。1∶25 万数据库更新技术路线如图 5-8 所示。

3. 数据更新作业流程

数据更新作业流程如图 5-9 所示。

4. 要素更新的技术方法

更新要素主要包括境界、公路、铁路、居民地、地貌和水系等。
（1）境界要素更新

境界更新数据源采用 1∶5 万数据库更新工程境界成果，更新内容包括全部境界

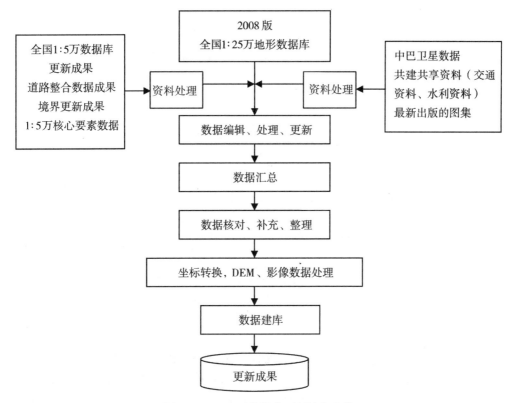

图 5-8　1∶25 万数据库更新技术路线

数据。更新时参考中华人民共和国行政区划简册（2017）进行核定区划代码。对境界数据更新时，参照 1∶5 万数据库更新工程境界成果与河流、道路、等高线的关系，按照 1∶25 万数据中的河流、道路、等高线确定境界位置，不应简单地将境界数据拷贝到 1∶25 万数据中。对于以河流和道路为界的境界线，在更新河流和道路数据层时将新更新的线划数据拷贝到境界层，并赋相应属性。

（2）公路要素更新

公路数据层更新的主要内容为国道、省道、县道、乡道等，以影像为背景，参考 1∶5 万数据库更新工程道路整合成果、交通专业资料等进行更新。县乡以下等级道路更新，以影像为背景，参考 1∶5 万核心要素道路层数据进行更新。公路名称代码参考《1∶50 000 数据库更新工程_全国国省道路线名称代码（试行稿）》赋值。公路桥、隧道等附属设施可根据交通专业资料进行更新。城市道路中心线的更新应保持道路的连通。利用交通专业资料、最新图集参考核对公路信息。

（3）铁路要素更新

铁路的更新以影像为背景，参考《中华人民共和国铁路地图集》及 1∶5 万核心要素，对铁路要素的图形及属性进行更新。铁路编号代码 RN 项的填写采用新的代码

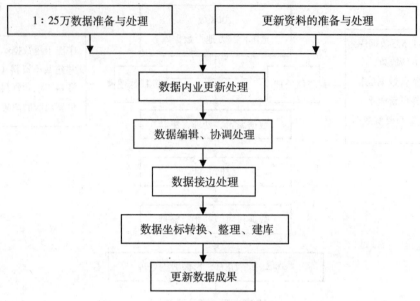

图 5-9　1∶25 万数据更新作业流程图

标准,将全部 1∶25 万铁路数据层的铁路代码按照《全国铁路路线名称代码(试行稿)》(1∶50 000数据库更新工程)填写,车站名称按照《全国铁路车站名称代码(试行稿)》(1∶50 000数据库更新工程)填写。

(4)居民地要素更新

1∶25 万面状居民地层更新,以影像数据为背景,参考 1∶5 万核心要素面状居民地数据,进行图形和属性的更新。1∶25 万点状居民地层更新,参考收集的地名资料,主要对建制村及以上等级的点状居民地的点位、行政等级、名称等进行更新。1∶25 万更新数据中地名数据在 1∶5 万地名数据中必须存在,若不存在,应收集相关资料进行确认。

(5)地形地貌要素更新

利用 SRTM 数据生成等高线,替换更新原数据中的草绘等高线数据。更新后等高线数据的等高距原则上采用 50m,在中山、高山地区等高线过密时,可采用 100m 等高距。处理等高线、地貌与其他要素间的关系。

(6)水系要素更新

水系更新应能体现出区域水系的特征,应注意与其他要素间的协调关系处理。水系更新以影像为背景,参考其他资料对水系属性进行确认。更新对象主要为五级及以上河流、渠道、大型湖泊、水库等,六级河流可根据掌握资料情况更新,六级以下河流不进行更新。河流、湖泊、水库等更新可参考水利专业资料进行。水闸、拦水坝、水库坝等水利设施更新参考利用专业资料进行。

# 第六章 地籍测绘

## 第一节 地籍测绘案例

### 一、背景材料

某测绘单位受市政府委托,要求对某国际旅游综合体项目进行地籍测绘。该项目坐落于该市国家湿地公园东南角,总占地面积 386 公顷。该旅游综合体项目集国际酒店集群、国家级湿地博物馆、精品商业区、旅游公共服务设施等多种功能于一体,整个项目包括湿地博物馆、文化剧院区,项目总投资金额约 20 亿元,为该市国家湿地公园主入口的地标性建筑群。

1. 主要工作任务

(1) 平面控制测量
完成测区一、二级控制测量及图根控制测量。
(2) 权属调查
① 确定调查区范围内的每一宗地的权属,解决土地纠纷;
② 编制宗地草图;
③ 填写地籍调查的有关表格。
(3) 地籍测量
① 对调查区范围内的八块宗地进行全解析地籍测量;
② 编制 1∶500 比例尺宗地图;
③ 对地籍调查范围内的宗地进行面积计算、汇总与统计。
(4) 地籍数据库系统建设

2. 主要技术依据

① TD/T 1001—2012《地籍调查规程》。
② TD/T 1014—2007《第二次全国土地调查技术规程》。
③ GB/T 21010 2007《土地利用现状分类》。

④ GB/T 18314—2009《全球定位系统（GPS）测量规范》。
⑤ CJJ/T—2011《城市测量规范》。

3. 数学基础

① 平面坐标系统采用 2000 国家大地坐标系。
② 高程系统与高程基准：高程系统采用正常高程系统，高程基准采用 1985 国家高程基准。

4. 测区已有资料分析利用

（1）地籍档案资料
① 土地登记档案资料；② 原有的土地权属界线图。
（2）测绘资料
① 平面控制资料（已知平面控制资料分析，包括网名、施测年代、单位、精度、保持完好情况）；
② 图件资料：二调数据，作为工作底图。

## 二、考点剖析

地籍测绘主要包括：地籍权属调查、地籍控制测量、地籍图测绘和宗地图的编制等。

1. 地籍测绘基本概念

（1）地籍调查
针对每宗地的权属、界址、位置、面积、用途等进行的土地调查。
（2）地籍总调查
在一定时间内，对辖区内或者特定区域内土地进行的全面地籍调查。
主要内容：准备工作，土地权属调查，地籍测量，检查验收，成果资料整理与归档，数据库与地籍信息系统建设等工作。
（3）日常地籍调查
因宗地设立、灭失、界址调整及其他地籍信息的变更而开展的地籍调查。
主要内容：准备工作、日常土地权属调查、日常地籍测量、成果资料的检查、整理变更与归档等工作。
（4）地籍测绘
为获取和表达地籍信息，依据权属调查成果，对每宗土地的界址点、界址线、位置、形状、面积等进行的现场测绘工作。
主要内容：地籍控制测量、地籍要素调查和测量、地籍图绘制、面积量算等。
（5）地籍区和地籍子区

① 在县级行政辖区内，以乡（镇）、街道界线为基础结合明显线性地物划分地籍区。

② 在地籍区内，以行政村、居委会或街坊界线为基础结合明显线性地物划分地籍子区。

③ 地籍区、地籍子区划定后，其数量和界线应保持稳定，原则上不随所依附界线或线性地物的变化而调整。

(6) 宗地

凡被权属界址线所封闭的地块称为一宗地。宗地是地籍调查的基本单元。

① 在地籍子区内，划分国有土地使用权宗地和集体土地所有权宗地。在集体土地所有权宗地内，划分集体建设用地使用权宗地、宅基地使用权宗地。

② 两个或两个以上农民集体共同所有的地块，且土地所有权界线难以划清的，应设为共有宗。

③ 两个或两个以上权利人共同使用的地块，且土地使用权界线难以划清的，应设为共用宗。

④ 土地权属有争议的地块可设为一宗地。

⑤ 公用广场、停车场、市政道路、公共绿地、市政设施用地、城市（镇、村）内部公用地、空闲地等可单独设立宗地。

(7) 宗地代码

1) 代码结构

宗地代码采用五层19位层次码结构，按层次分别表示县级行政区划、地籍区、地籍子区、土地权属类型、宗地顺序号。

2) 编码方法

① 第一层次为县级行政区划，代码为6位。

② 第二层次为地籍区，代码为3位，用阿拉伯数字表示。

③ 第三层次为地籍子区，代码为3位，用阿拉伯数字表示。

④ 第四层次为土地权属类型，代码为2位。其中，第一位表示土地所有权类型，用G、J、Z表示，"G"表示国家土地所有权，"J"表示集体土地所有权，"Z"表示土地所有权争议；第二位表示宗地特征码，用A、B、S、X、C、W、Y表示，"A"表示集体土地所有权宗地，"B"表示建设用地使用权宗地（地表），"S"表示建设用地使用权宗地（地上），"X"表示建设用地使用权宗地（地下），"C"表示宅基地使用权宗地，"W"表示使用权未确定或有争议的土地，"Y"表示其他土地使用权宗地，用于宗地特征扩展。

⑤ 第五层次为宗地顺序号，代码为5位，用00001~99999表示，在相应的宗地特征码后编码。

2. 地籍地图的数学基础

(1) 坐标系统的选择

宜采用2000国家大地坐标系统，也可采用1954北京坐标系统、1980西安坐标系统、地方坐标系统或独立坐标系统，这些坐标系统应与2000国家大地坐标系统联测或建立转换关系。

（2）地图投影的选择

1∶10 000 或 1∶5 000 图件或数据应选择高斯-克吕格投影统一 3°带的平面直角坐标系统；1∶50 000 图件或数据应选择高斯-克吕格投影统一 6°带的平面直角坐标系统；中央子午线线按照地图投影分带的标准方法选定。

对 1∶500，1∶1 000，1∶2 000 图件或数据，当长度变形值不大于 2.5cm/km 时，应选择高斯-克吕格投影统一 3 度带的平面直角坐标系统。当长度变形值大于 2.5cm/km 时，应根据具体情况依次选择：

① 有抵偿高程面的高斯-克吕格投影统一 3 度带平面直角坐标系统；

② 高斯-克吕格投影任意带平面直角坐标系统；

③ 有抵偿高程面的任意带平面直角坐标系统。

（3）地籍图比例尺选择

① 地籍图可采用 1∶500、1∶1 000、1∶2 000、1∶5 000、1∶10 000、1∶50 000 等比例尺。

② 集体土地所有权调查，其地籍图基本比例尺为 1∶10 000。有条件的地区或城镇周边的区域可采用 1∶500、1∶1 000、1∶2 000 或 1∶5 000 比例尺。在人口密度很小的荒漠、沙漠、高原、牧区等地区可采用 1∶50 000 比例尺。

③ 土地使用权调查，其地籍图基本比例尺为 1∶500。对村庄用地、采矿用地、风景名胜设施用地、特殊用地、铁路用地、公路用地等区域可采用 1∶1 000 和 1∶2 000 比例尺。

3. 地籍权属调查

地籍权属调查内容和方法主要有：

（1）土地权利人

调查核实土地权利人的姓名或者土地权利人的名称、单位性质、行业代码、组织机构代码、法定代表人（或负责人）姓名及其身份证明、代理人姓名及其身份证明等。

（2）土地权属性质及来源

调查核实土地的权属来源证明材料、土地权属性质、使用权类型、使用期限等。

（3）土地位置

① 对土地所有权宗地，调查核实宗地四至，所在乡（镇）、村的名称，所在图幅等；

② 对土地使用权宗地，调查核实土地坐落、宗地四至、所在图幅等。

（4）土地用途

调查核实土地的批准用途和实际用途。

① 对土地使用权宗地，根据土地权属来源材料或用地批准文件确定批准用途，并现场调查确定实际用途。

② 对集体土地所有权宗地，不调查批准用途和实际用途。宗地内各种地类的面积及其分布直接引用已有土地利用现状调查成果。

（5）其他方面

包括土地的共有共用、土地权利限制等情况。

4. 宗地草图

宗地草图内容包括：

① 本宗地号、坐落地址、权利人；

② 宗地界址点、界址点号及界址线，宗地内的主要地物；

③ 相邻宗地号、坐落地址、权利人或相邻地物；

④ 界址边长、界址点与邻近地物的距离；

⑤ 确定宗地界址点位置、界址边方位所必需的建筑物或构筑物；

⑥ 丈量者、丈量日期、检查者、检查日期、概略比例尺、指北针等。

5. 地籍控制测量

（1）地籍测量一般规定

① 地籍控制网分为地籍首级控制网和地籍图根控制网，各等级控制网的布设应遵循"从整体到局部，分级布网"的原则。根据测区具体情况，首级控制网优先选用 GPS 网进行布设，且控制网的布设遵循从整体到局部，从高级到低级，分级布网，逐级加密的原则。

② 地籍平面控制网的基本精度应符合下面规定：

a. 四等网或 E 级网中最弱边相对中误差不得超过 1/450 000。

b. 四等网或 E 级以下网最弱点相对于起算点的点位中误差不得超过 5cm。

③ 乡（镇）政府所在地至少有 2 个等级为一级以上的埋石点，埋石点至少和 1 个同等级（含）以上的控制点通视。

④ 控制点的选点、埋石、标石类型、点名和点号等按照《城市测量规范》（CJJ/T 8）等标准执行。

（2）首级平面控制测量

地籍首级平面控制网点的等级分为三、四等或 D、E 级和一、二级。主要采用静态全球定位系统定位方法建立地籍首级平面控制网；一、二级地籍平面控制网也可采用导线测量方法施测。

（3）首级高程控制测量

① 首级高程控制网点可采用水准测量、三角高程测量等方法施测。原则上，只测设四等或等外水准点的高程。

② 在首级高程控制网中，最弱点的高程中误差相对于起算点不大于 2cm。

③ 首级高程控制网加密观测和计算的技术要求按照《城市测量规范》(CJJ/T 8) 等标准执行。

(4) 地籍图根控制测量

1) 地籍图根控制测量的方法

可采用动态全球定位系统定位方法、快速静态全球定位系统定位方法或导线测量方法建立地籍图根控制网点。

当采用静态和快速静态全球定位系统定位方法时，观测、计算及其技术指标的选择按照 (CJJ/T 8) 规定的一级 GPS 点测量的要求执行。

2) RTK (含 CORS) 图根点的测量

可采用 RTK 方法布设图根点。保证每 1 个图根点至少与 1 个相邻图根点通视。为保证 RTK 测量精度，应进行有效检核。检核方法有两种：

每个图根点均应有 2 次独立的观测结果，2 次测量结果的平面坐标较差不得大于 3cm，高程的较差不得大于 5cm，在限差内取平均值作为图根点的平面坐标和高程。

在测量界址点和测绘地籍图时采用全站仪对相邻 RTK 图根点进行边长检查，其检测边长的水平距离的相对误差不得大于 1/3 000。

RTK 图根点测量的观测和计算应按照《全球定位系统实时动态测量 RTK 技术规范》(CH/T 2009) 执行。

3) 图根导线测量

当采用图根导线测量方法时，导线网宜布设成附合单导线、闭合单导线或节点导线网。

图根导线点用木桩或水泥钢钉做标志，其数量以能满足界址点测量和地籍图测量的要求为准。

导线上相邻的短边与长边边长之比不小于 1/3。如导线总长超限或测站数超限，则其精度技术指标应做相应的提高。

因受地形限制图根导线无法附合时，可布设图根支导线，每条支导线总边数不超过 2 条，总长度不超过起算边的 2 倍。支导线边长往返观测，转折角观测 1 测回。

4) 图根高程控制测量

图根高程控制网点采用三角高程测量技术施测，高程线路与一级、二级图根平面导线点重合。

本项目图根导线测量是在 GPS-RTK 流动站 (一、二级控制点) 的基础上布设图根导线点，整个测区图根控制优先采用电磁波测距导线。

(1) 图根控制点布设密度

图根点 (各等级控制点) 的密度，通常为在建成区不少于 100 个/$km^2$，其余地区不宜少于 80 个/$km^2$。

城市建筑密集区及地形复杂、隐蔽地区，应以满足测图需要为原则，适当应加大密度。

(2) 图根控制点标志设置

采用固定标志。位于水泥地、沥青地的普通图根点应以水泥钉、铆钉作为其中心标志，周边用红漆绘出方框及点号。

一幅标准图幅内至少应设置两个图根埋石控制点，并尽量与另一埋石控制点或高级别控制点互相通视。

一级、二级图根点相对于图根起算点的点位中误差不得超过±5cm，测站点相对于邻近图根点的点位中误差不得超过±5cm；图根点高程中误差不得超过±5cm。为确保地物点的测量精度，图根光电测距导线测量的技术要求见表6-1。

表6-1　　图根光电测距导线测量的技术要求（$n$ 为测站数）

| 等级 | 符合导线长度（km） | 平均边长（m） | 测回数 | | 测回差 | 方位角闭合差" | 坐标闭合差 m | 导线全长相对闭合差 |
|---|---|---|---|---|---|---|---|---|
| | | | DJ2 | DJ6 | | | | |
| 一级 | 1.2 | 120 | 1 | 2 | 18 | $\pm 24\sqrt{n}$ | 0.22 | 1/5 000 |
| 二级 | 0.7 | 70 | | 1 | | $\pm 40\sqrt{n}$ | 0.22 | 1/3 000 |

6. 界址点测量

（1）界址点测量方法

界址点测量方法包括解析法和图解法。

1）解析法

解析法是指采用全站仪、GPS 接收机、钢尺等测量工具，通过全野外测量技术获取界址点坐标和界址点间距的方法。

2）图解法

图解法是指采用标示界址、绘制宗地草图、说明界址点位和说明权属界线走向等方式描述实地界址点的位置，由数字摄影测量加密或在正射影像图、土地利用现状图、扫描数字化的地籍图和地形图上获取界址点坐标和界址点间距的方法。图解界址点坐标不能用于放样确定实地界址点的精确位置。

本次地籍界址点测量有利于全站仪以解析法进行数据采集。

（2）界址点的精度

① 解析法获取界址点坐标和界址点间距的精度要求见表6-2。

② 图解法：相邻界址点的间距误差、界址点相对于邻近控制点的点位误差、界址点相对于邻近地物点的间距误差均不应大于0.3mm。

（3）解析界址点测量的方法

利用全站仪、GPS 接收机和钢尺等测量工具野外实测界址点坐标。主要方法有极坐标法、直角坐标法（正交法）、截距法（内外分点法）、距离交会法、角度交会法、全球卫星定位系统（GPS）测量方法等。可根据界址点的观测环境选用不同的方法。

表 6-2　　　　　　　　　　　解析界址点的精度

| 级别 | 界址点相对于邻近控制点的点位误差，相邻界址点间距中误差/cm | |
|---|---|---|
| | 中误差 | 允许误差 |
| 一 | ±5.0 | ±10.0 |
| 二 | ±7.5 | ±15.0 |
| 三 | ±10.0 | ±20.0 |

注1：土地使用权明显界址点精度不低于一级，隐蔽界址点精度不低于二级；
注2：土地所有权界址点可选择一、二、三级精度。

① 当采用全站仪测量时，观测时应做测站检查，检查点可以是定向点、邻近控制点和已测设的界址点。
② 当采用钢尺量距时，宜丈量两次并进行尺长改正，两次较差的绝对值应小于 5cm。
③ 无论采用哪种方法测量界址点，都应进行有效检核。有两种检核界址点测量误差的方法，一是界址点坐标点位检核，二是界址点间距检核。

7．地籍图测绘

（1）地籍图测绘一般规定
① 可采用全野外数字测图、数字摄影测量和编绘法等方法测绘地籍图。
② 地籍图图面必须主次分明、清晰易读。
③ 地籍图平面位置精度：
a. 相邻界址点的间距中误差、界址点相对于邻近控制点的点位误差、界址点相对于邻近地物点的间距误差 0.3mm。
b. 邻近地物点的间距中误差 0.4mm。
c. 地物点相对于邻近控制点的点位误差 0.5mm。
d. 荒漠、高原、山地、森林及隐蔽地区等可放宽至 1.5 倍。
（2）地籍图的主要内容和表示方法
地籍图的内容包括行政区划要素、地籍要素、地形要素、数学要素和图廓要素。
① 行政区划要素：指行政区界线和行政区名称。
同等级的行政区界线相重合时应遵循高级覆盖低级的原则，只表示高级行政区界线，行政区界线在拐角处不得间断，应在转角处绘出点或线。
行政级别从高到低依次为：省级界线、市级界线、县级界线和乡级界线。当按照标准分幅编制地籍图时，在乡（镇、街道办事处）的驻地注记名称外，还应在内外图廓线之间、行政区界线与内图廓线交会处的两边注记乡（镇、街道办事处）的名称。

地籍图上不注记行政区代码和邮政编码。

② 地籍要素：地籍区界线、地籍子区界线、土地权属界址线、界址点、图斑界线、地籍区号、地籍子区号、宗地号（含土地权属类型代码和宗地顺序号）、地类代码、土地权利人名称、坐落地址等。

界址线与行政区界线相重合时，只表示行政区界线，同时在行政区界线上标注土地权属界址点。行政区界线在拐角处不得间断，应在转角处绘出点或线。

地籍区、地籍子区界线叠置于省级界线、市级界线、县级界线、乡级界线和土地权属界线之下，叠置后其界线仍清晰可见。

地籍图上，对于土地使用权宗地、宗地号及其地类代码用分式的形式标注在宗地内，分子注宗地号，分母注地类代码。对于集体土地所有权宗地，只注记宗地号。宗地面积太小注记不下时，允许移注在空白处并以指示线标明。宗地的坐落地址可选择性注记。

按照标准分幅编制地籍图时，若地籍区、地籍子区、宗地被图幅分割，其相应的编号应分别在各图幅内按照规定注记。如分割的面积太小注记不下时，允许移注在空白处并以指示线标明。

地籍图上应注记集体土地所有权人名称、单位名称和住宅小区名称。个人用地的土地使用权人名称一般不需要注记。

可根据需要在地籍图上绘出土地级别界线，注记土地级别。

③ 地形要素：界址线依附的地形要素（地物、地貌）应表示，不可省略。

1∶5 000、1∶10 000、1∶50 000 比例尺地籍图上主要地形要素包括居民地、道路、水系、地理名称等。

1∶500、1∶1 000、1∶2 000 比例尺地籍图上主要的地形要素包括建筑物、道路、水系、地理名称等。

可根据需要表示地貌，如等高线、高程注记、悬岸、斜坡、独立山头等。

④ 数学要素：内外图廓线、内图廓点坐标、坐标格网线、控制点、比例尺、坐标系统等。

⑤ 图廓要素：分幅索引、密级、图名、图号、制作单位、测图时间、测图方法、图式版本、测量员、制图员、检查员等。

8. 宗地图的编制

① 以地籍图为基础，利用地籍数据编绘宗地图。
② 根据宗地的大小和形状确定比例尺和幅面。
③ 宗地图的内容
  a. 宗地所在图幅号、宗地代码；
  b. 宗地权利人名称、面积及地类号；

c. 本宗地界址点、界址点号、界址线、界址边长；

d. 宗地内的图斑界线、建筑物、构筑物及宗地外紧靠界址点线的附着物；

e. 邻宗地的宗地号及相邻宗地间的界址分隔线；

f. 相邻宗地权利人、道路、街巷名称；

g. 指北方向和比例尺；

h. 宗地图的制图者、制图日期、审核者、审核日期等。

9. 地籍调查成果检查验收

（1）检查验收的内容

1）土地权属调查

① 地籍区、地籍子区的划分是否正确；

② 权源文件是否齐全、有效、合法；

③ 权属调查确认的权利人、权属性质、用途、年限等信息与权源材料上的信息是否一致；

④ 指界手续和材料是否齐备，界址点位和界址线是否正确、有无遗漏，实地是否设立界标；

⑤ 地籍调查表填写内容是否齐全、规范、准确，与地籍图上注记的内容是否一致，有无错漏；

⑥ 宗地草图与实地是否相符，要素是否齐全、准确，四邻关系是否清楚、正确，注记是否清晰合理。

2）地籍控制测量

① 坐标系统的选择是否符合要求；

② 控制网点布设是否合理，埋石是否符合要求；

③ 起算数据是否正确、可靠；

④ 施测方法是否正确，各项误差是否超限；

⑤ 各种观测记录手簿记录数据是否齐全、规范；

⑥ 成果精度是否符合规定；

⑦ 资料是否齐全。

3）界址测量与地籍图测绘

① 地籍、地形要素有无错漏，图上表示的各种地籍要素与地籍调查结果是否一致；

② 观测记录及数据是否齐全、规范；

③ 界址点成果表有无错漏；

④ 界址点、界址边和地物点精度是否符合规定；

⑤ 地籍图精度是否符合规定；

⑥ 图幅编号、坐标注记是否正确；

⑦ 宗地号编列是否符合要求，有无重、漏；

⑧ 各种符号、注记是否正确。

（2）验收方法

① 验收组先进行成果抽检和质量评定。内业随机抽检 5%～10%，外业实际操作的抽检比例视内业抽检情况决定，但不得低于 5%，根据抽检情况进行质量评定。对抽检发现的问题，作业单位应积极采取解决措施，及时进行返工。如果问题较多或较为严重，质量评定为不合格的，要求作业单位整改后再申请验收。

② 有下列情况之一的，应评定为不合格，不予验收，退回整改后再申请验收：

a. 作业中有伪造成果行为的；

b. 实地界址点设定不正确，比例超过 5% 的；

c. 控制网点布局严重不合理，或起算数据有错误，或控制测量主要精度指标达不到要求的；

d. 界址点点位中误差或间距中误差超限或误差大于 2 倍中误差的个数超过 5% 的；

e. 面积量算错误的宗地数超过 5% 的。

10. 地籍调查成果资料整理与提交

（1）地籍调查成果分类

① 按照介质分：纸质等实物资料和电子数据。

② 按照类型分：文字、图件、簿册和数据等。

（2）地籍调查成果提交

① 文字资料：工作方案、技术方案、工作报告、技术报告等；

② 图件资料：地籍工作底图、地籍图、宗地图等；

③ 簿册资料：地籍调查外业记录手簿、地籍控制测量原始记录与平差资料、地籍测量原始记录、地籍调查表册、各级质量控制检查记录资料等；

④ 电子数据：地籍数据库、数字地籍图、数字宗地图、影像数据、电子表格数据、文本数据、界址点坐标数据、土地分类面积统计汇总数据等。

（3）成果整理归档

① 成果资料整理应核查资料是否齐全、是否符合要求，凡发现资料不全、不符合要求的，应进行补充修正。

② 成果资料应按照统一的规格、要求进行整理、立卷、组卷、编目、归档等。

## 第二节　地籍数据库建设案例

### 一、背景材料

某市按照国家第二次土地调查的技术规定和要求，完成了全区域的土地调查项目，调查范围涉及市政府所在地、区政府所在地、乡政府所在地、各类开发区、园区的调查面积约 356km²。

项目的主要内容包括：权属调查、地籍控制测量、界址点测量、1∶500 地籍测绘、宗地图测绘、面积计算、城镇地籍数据库及管理系统建设等。

该市第二次土地调查领导小组办公室组织成立了验收组，依据《第二次土地调查成果检查验收办法》，对城镇地籍调查成果进行验收，在验收城镇地籍成果时，对数据库、元数据、地籍图、宗地图、统计表格、文字报告进行了检查；在验收地籍调查成果时，内业抽取 50%，外业抽取 5% 进行了检查，其中地籍控制内业检查了：① 平面坐标系统选择是否合理，长度变形是否超限；② 观测记录是否齐全、规范；③ 高程基准选择是否正确，高程施测精度是否满足相关技术设计；④ 资料是否齐全，内容是否完整规范等。在细部测量外业检查时，验收组实地采集了 16 个地物特征点进行检查并评定了精度。

## 二、考点剖析

地籍数据库的建设主要是将地面上的实体图形数据及其描述的属性数据输入到数据库中。整个流程包括前期数据的采集、检查和入库等。其中，数据采集的工作量约占整个系统建设的 3/4，如图 6-1 所示。

1. 地籍数据采集

地籍数据采集包括矢量数据采集、栅格数据采集和属性数据采集。
（1）矢量数据采集

数据采集方法包括基于外业电子数据采集、矢量数据转换、基于数字正摄影像数据提取和扫描矢量化。

① 矢量数据校正：矢量数据校正最少采用 4 个控制点，图纸变形较大时应适当增加控制点。

② 图形编辑：在数字化初步完成后，应对矢量图形进行检查和编辑，如图形要素移动、缩放、修改、复制、补注记等，以保证图形矢量化的准确性和完整性。

③ 坐标系变换：对采用不同坐标系需要进行坐标系变换的图件数据，按要求进行坐标变换。

④ 拓扑关系建立：对宗地、街坊、街道、行政区界线等应建立图形点、线、面间拓扑关系。

（2）栅格数据采集

① DOM 数据采集：DOM 获取方法主要有数字摄影测量方法和单片数字微分纠正方法。

数字摄影测量方法是对航空影像进行扫描、定向、立体建模、获取 DEM、微分纠正、裁切等，制作 DOM。

单片数字微分纠正方法是利用已有的 DEM 以及像控点，对数字影像内定向，按

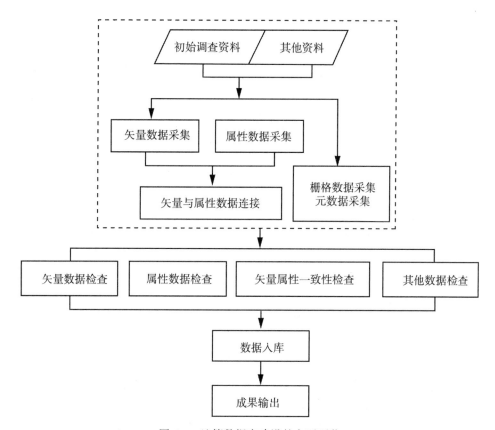

图 6-1 地籍数据库建设的主要环节

像控点进行单片空间后方交会,获得像片的内方位元素,根据 DEM 进行微分纠正。

② DRG 数据采集:DRG 数据采集主要有转换法和扫描法。转换法是将矢量数据符号化后转换为 DRG 数据;扫描法是对纸质图件进行扫描、栅格编辑、图幅定向、几何纠正等处理生成 DRG 数据。

③ DEM 数据采集:DEM 数据采集主要有数字摄影测量方法和地形图扫描矢量化方法。

数字摄影测量方法是对摄影影像资料进行扫描、影像定向、立体建模、DEM 获取、人机交互编辑等生成 DEM 数据。

地形图扫描矢量化方法是对地形图进行扫描、定向、矢量化编辑、高程赋值、构建 TIN 等工艺流程,内插生产 DEM 数据。

④ 其他栅格数据采集:需要保存的审批文件、合同、土地权属界线协议书等相关文档资料,直接扫描、数码拍照,生产存档数据文件。

(3) 属性数据采集

属性数据采集可采用手工录入、分析计算和直接导入三种方式。

2. 地籍数据采集要求

（1）矢量数据采集要求

① 图形编辑处理应严格以数据源为依据，数据编辑处理精度须在限差规定范围内；

② 图形编辑处理可采用自动、半自动化、人工手动或几种方式结合的处理方法；

③ 编辑处理过程因采集软件的不同而有所区别，实际操作时按软件要求进行。

（2）DOM 数据采集要求

① 数学基础正确，覆盖范围完整，平面精度符合要求；

② 无明显的拼接痕迹，影像镶嵌几何接边不出现重影后模糊；

③ 影像清晰，反差适中，色调均匀；

④ 元数据文件、附加信息文件内容无遗漏。

（3）DRG 数据采集要求

① 图廓线、公里格网线等内容完整，图廓点、公里格网点坐标与理论值偏差不大于一个像元；

② 分辨率不低于 300 dpi，图像清晰，不粘连；

③ 与原图内容一致；

④ 数据格式采用 TIFF 加地理定位信息文件，或直接采用 Geo TIFF；

⑤ 具体要求符合《基础地理信息数字产品 1∶10 000　1∶50 000 数字栅格地图》

（4）DEM 采集要求

① 格网间距、各网点高程精度符合《基础地理信息数字产品 1∶10 000、1∶50 000 数字高程模型》；

② 同图幅的 DEM 与等高线需保持一致，其高程偏差不大于 1 个等高距；

③ DEM 图幅拼接处的同名点高程必须一致；

④ 达不到预定高程精度的区域应划定为高程推测区；

⑤ 静止水域的 DEM 格网点高程应一致，流动水域的上下游 DEM 格网点高程应梯度下降，关系合理。

（5）存档文件采集要求

① 分辨率不低于 300 dpi，图像清晰，不粘连；

② 色彩一致，RGB 值正确；

③ 与原资料内容完全一致；

④ 存储为 BMP 或 JPEG 格式文件；

⑤ 需要有说明文件，附加说明文件内容无遗漏。

（6）属性数据采集要求

① 数据结构和编码方法符合要求；

② 属性数据采集以数据源为依据；

③ 属性应保证正确无误；

④ 属性数据与矢量数据应保持逻辑一致性。

3. 地籍数据检查

(1) 矢量数据检查

1) 位置精度检查

在屏幕上将检测要素逐一显示或绘出全要素图（或分要素图），并与地理要素分类代码表和矢量化原图对照，目视抽样检查各要素分层是否正确或遗漏，位置精度是否符合要求、多边形是否闭合等，形成检查记录。

2) 逻辑一致性检查

逻辑一致性检查包括图形数据的一般性和拓扑关系检查。

图形一般性检查包括是否有线段自相交。两线相交、线段打折、公共边重复、悬挂点或伪节点、碎片多边形等。

如图 6-2 所示，6-2（a）为宗地间缝隙，6-2（b）为宗地重叠。

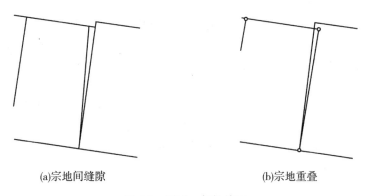

(a)宗地间缝隙　　　　　　　　(b)宗地重叠

图 6-2　图形一般性检查

图形的拓扑关系检查包括是否建立拓扑，多边形是否闭合，各图层间拓扑关系是否正确。

(2) 属性数据检查

① 检查属性文件是否建立，属性是否齐全，各要素层属性结构是否符合标准要求。

② 检查属性值的正确性，主要内容包括非空性检查、值域检查等。

③ 将地类编码、地类面积等重要的属性数据标注在图上，检查属性值的正确性。

④ 检查分幅、行政区、权属区等的面积汇总数据是否正确。

(3) 矢量数据与属性数据一致性检查

① 检查矢量数据与属性数据是否对应，是否存在个别图斑没有属性的情况；

② 如果使用软件统一录入属性，要检查属性与图形是否对应，是否存在多余属性记录。

(4) 其他数据检查

① 栅格数据检查：检查 DOM、DEM 等栅格数据的精度、色调等；

② 元数据检查：检查元数据的完整性、正确性等。

4. 数据入库

(1) 数据入库前的质量检查

在数据入库前建库单位应根据《城镇地籍数据库标准》对数据成果质量进行全面检查，并记录检查结果，质量检查不合格的数据予以返工，合格的数据方可入库。

(2) 数据入库的步骤

① 根据《城镇地籍数据库标准》的要求，建立数据字典和图幅索引；

② 建立元数据库，其内容和格式符号要符合要求；

③ 将检查合格的矢量、属性、栅格等数据转入应用数据库；

④ 根据软件功能进行系统运行测试，验收合格后由技术负责人签字认可。

(3) 数据质量检查分析

① 将建库成果与原始资料进行对比检查，分析数据库质量；

② 将数据库生成的界址点成果与原始坐标表对比，分析界址点输入精度；

③ 将数据库计算的宗地面积与原始资料中的宗地面积进行对比，分析宗地面积精度；

④ 将数据库中的统计汇总与原始统计汇总表进行对比，分析建库汇总数据的准确性；

⑤ 将输出的地籍图与经过校正的扫描图像、原始地籍图进行叠加检查，分析地籍图数字化的整体精度。

# 第七章 房产测绘

## 第一节 房产要素测量案例

### 一、背景材料

某测绘生产单位受某公司的委托,承接其 A 区房产测绘工程,共有建筑 28 栋,规划建筑面积约 $9.67\times10^4 m^2$,涉及独栋、双拼、联排、住宅、多功能综合楼等多种建筑形式,目的主要是进行产权登记测绘。

该项目位于××市绿园区,其东起东一路,西至西二路,北临北二街,南至南三街。周边新建小区,四周均为市政道路,周边权属简单清晰。地势平坦,交通方便,控制点分布均匀,密度适中。

A 区 28 栋建筑约 $9.67\times10^4 m^2$ 的测绘任务,包括房产平面控制测量、房产调查、房产要素测量、房产图绘制、房产面积测算、房产分户以及成果资料的检查与验收。

已有资料情况:
① 测区范围内已有控制成果资料;
② 本项目的房屋用地文件;
③ 各建筑的规划审批、验收文件;
④ 各建筑的设计文件(含施工图电子文档);
⑤ 各建筑的房屋预售文件;
⑥ 建设工程竣工测量成果报告及其控制导线资料。

### 二、考点剖析

房产要素测量主要包括房产测量的精度要求、房产平面控制测量和房产要素测量等。

1. *房产测量的精度要求*

(1) 房产平面控制测量的精度要求

房产平面控制网要求最末一级的房产平面控制网中,相邻控制点间的相对点位中误差不大于0.025m,最大误差不大于0.05m。

(2) 房产界址点的精度要求

房产界址点的精度分三级,各界址点相对于邻近控制点的点位误差和间距50m的相邻界址点的间距误差不超过表7-1的规定。

表7-1　　　　　　　　　　　房产界址点的精度要求

| 界址点等级 | 界址点相对于邻近控制点的点位误差和相邻界址点间的间距误差 ||
|:---:|:---:|:---:|
| | 限差/m | 中误差/m |
| 一 | ±0.04 | ±0.02 |
| 二 | ±0.10 | ±0.05 |
| 三 | ±0.20 | ±0.10 |

间距未超过50m的界址点间的间距误差限差不应超过式(7-1)计算结果(单位m):

$$D = \pm(m_j + 0.02\ m_j d) \tag{7-1}$$

式中:$m_j$——相应等级界址点的点位中误差;

$D$——相邻界址点间的距离;

$d$——界址点坐标计算的边长与实量边长较差的限差。

需要测定房角点的坐标时,房角点坐标的精度等级和限差执行与界址点相同的标准。

(3) 房产分幅平面图与房产要素测量的精度

① 模拟方法测绘的房产分幅平面图上的地物点,相对于邻近控制点的点位中误差不超过图上±0.5mm。

② 利用已有的地籍图、地形图编绘房产分幅图时,地物点相对于邻近控制点的点位中误差不超过图上±0.6mm。

③ 对全野外采集数据或野外解析测量等方法所测的房地产要素点和地物点,相对于邻近控制点的点位中误差不超过±0.05m。

④ 采用已有坐标或已有图件,展绘成房产分幅图时,展绘中误差不超过图上±0.1mm。

(4) 房产面积的精度要求

房产面积的精度分为三级,各级面积的限差和中误差不超过表7-2计算的结果。

表 7-2　　　　　　　　　　　　　房产面积的精度要求

| 房产面积的精度等级 | 限差 | 中误差 |
| --- | --- | --- |
| 一 | $0.02S^{1/2} + 0.0006S$ | $0.01S^{1/2} + 0.0003S$ |
| 二 | $0.04S^{1/2} + 0.002S$ | $0.02S^{1/2} + 0.001S$ |
| 三 | $0.08S^{1/2} + 0.006S$ | $0.04S^{1/2} + 0.003S$ |

注：$S$ 为房产面积，$m^2$。

对新建商品房一般采用第二等级精度要求，对其他房产建筑面积测算采用第三等级精度要求，其余有特殊要求的用户和城市商业中心黄金地段的房产可采用一级精度要求。

本工程按二级房产面积测量精度执行，它的适用范围在大城市的市区、中小城市的中心区的商品房、其他上市房屋。本工程房产测绘精度要求见表7-3。

表 7-3　　　　　　　　　　　　本工程房产测绘精度要求

| 精度类别 | 等级 | 限差 | 中误差 |
| --- | --- | --- | --- |
| 界址点精度/m | 二 | ±0.10 | ±0.05 |
| 房产面积精度/m | 二 | $\pm(0.04S^{1/2} + 0.002S)$ | $\pm(0.02^{1/2} + 0.002S)$ |

**2. 房产平面控制测量**

房产平面控制点的布设，应遵循从整体到局部、从高级到低级、分级布网的原则，也可以越级布网。房产平面控制点包括二、三、四等平面控制点和一、二、三级平面控制点。房产平面控制点均应埋设固定标志。目前，房产平面控制测量的主要方法是采用 GPS 测量技术和导线测量技术。

（1）GPS 测量技术

① GPS 网点与原有控制网的高级点重合应不少于三个。当重合不足三个时，应与原控制网的高级点进行联测，重合点与联测点的总数不得少于三个。

② GPS 网应布设成三角网形或导线网形，或构成其他独立检核条件可以检核的图形。

③ 各等级 GPS 相对定位测量的技术指标见表7-4。

（2）导线测量技术

① 导线应尽量布设成直伸导线，并构成网形。

② 导线布成节点网时，节点与节点，节点与高级点向的附合导线长度，不超过规定的附合导线长度的 0.7 倍。

表 7-4　　各等级 GPS 相对定位测量的技术指标

| 等级 | 卫星高度角（°） | 有效观测卫星总数 | 时段中任一卫星有效观测时间（min） | 观测时段数 | 观测时段长度（min） | 数据采样间隔（s） | 点位几何图形强度因子 PDOP |
|---|---|---|---|---|---|---|---|
| 二等 | ≥15 | ≥6 | ≥20 | ≥2 | ≥90 | 15~60 | ≤6 |
| 三等 | ≥15 | ≥4 | ≥5 | ≥2 | ≥10 | 15~60 | ≤6 |
| 四等 | ≥15 | ≥4 | ≥5 | ≥2 | ≥10 | 15~60 | ≤8 |
| 一级 | ≥15 | ≥4 | | ≥1 | | 15~60 | ≤8 |
| 二级 | ≥15 | ≥4 | | ≥1 | | 15~60 | ≤8 |
| 三级 | ≥15 | ≥4 | | ≥1 | | 15~60 | ≤8 |

③ 当附合导线长度短于规定长度的 1/2 时，导线全长的闭合差可放宽至不超过 0.12m。

④ 各等级测距导线的技术指标见表 7-5。

表 7-5　　各等级测距导线的技术指标

| 等级 | 平均边长（km） | 附合导线长度（km） | 每边长测距中误差（mm） | 测角中误差（″） | 导线全长相对闭合差 | 水平角观测的测回数 DJ1 | 水平角观测的测回数 DJ2 | 水平角观测的测回数 DJ6 | 方位角闭合差（″） |
|---|---|---|---|---|---|---|---|---|---|
| 三等 | 3.0 | 15 | ±18 | ±1.5 | 1/60 000 | 8 | 12 | | ±3$n^{1/2}$ |
| 四等 | 1.6 | 10 | ±18 | ±2.5 | 1/40 000 | 4 | 6 | | ±5$n^{1/2}$ |
| 一级 | 0.3 | 3.6 | ±15 | ±5.0 | 1/14 000 | | 2 | 6 | ±10$n^{1/2}$ |
| 二级 | 0.2 | 2.4 | ±12 | ±8.0 | 1/10 000 | | 1 | 3 | ±16$n^{1/2}$ |
| 三级 | 0.1 | 1.5 | ±12 | ±12.0 | 1/6 000 | | 1 | 3 | ±24$n^{1/2}$ |

注：$n$ 为导线转折角的个数。

**3. 房产要素测量**

房产要素测量的主要内容：界址测量、境界测量、房屋及其附属设施测量、陆地交通、水域测量以及其他相关地物测量。

（1）界址测量

界址测量分为界址点测量和丘界线测量。

① 界址点测量：从邻近基本控制点或高级界址点起算，以极坐标法、支导线法或正交法等野外解析法测定，也可在全野外数据采集时和其他房地产要素同时测定。

② 丘界线测量：需要测定丘界线边长时，用预检过的钢尺丈量其边长，丘界线

丈量精度应符合规范规定，也可由相邻界址点的解析坐标计算丘界线长度。对不规则的弧形丘界线，可按折线分段丈量，测量结果应标示在分丘图上作为计算丘面积及复丈检测的依据。

③ 界标地物测量：应根据设立的界标类别、权属界址位置（内、中、外）选用各种测量方法测定，其测量精度应符合规范规定，测量结果应标示在分丘图上。界标与邻近较永久性的地物宜进行联测。

（2）境界测量

行政境界，包括国界线以及国内各级行政区划界。测绘国界时，应根据边界条约或有关边界的正式文件精确测定，国界线上的界桩点应按坐标值展绘，注出编号，并尽量注出高程。国内各级行政区划界应根据勘界协议、有关文件准确测绘，各级行政区划界上的界桩、界碑按其坐标值展绘。

（3）房屋及其附属设施测量

① 房屋应逐幢测绘：不同产别、不同建筑结构、不同层数的房屋应分别测量，独立成幢房屋，以房屋四面墙体外侧为界测量。毗连房屋四面墙体，在房屋所有人指界下，区分自有、共有或借墙，以墙体所有权范围为界测量。每幢房屋除按规范要求的精度测定其平面位置外，应分幢分户丈量作图。丈量房屋以勒脚以上墙角为准，测绘房屋以外墙水平投影为准。

② 房屋附属设施测量：柱廊以柱外围为准；檐廊以外轮廓投影、架空通廊以外轮廓水平投影为准；门廊以柱或围护物外围为准，独立柱的门廊以顶盖投影为准；挑廊以外轮廓投影为准；准阳台以底板投影为准；门墩以墩外围为准；门顶以顶盖投影为准；室外楼梯和台阶以外围水平投影为准。独立地物的测量，应根据地物的几何图形测定其定位点。亭以柱外围为准；塔、烟囱、罐以底部外围轮廓为准；水井以中心为准。构筑物按需要测量。

（4）陆地交通、水域测量

① 陆地交通测量是指铁路、道路桥梁测量。铁路以轨距外缘为准；道路以路缘为准；桥梁以桥头和桥身外围为准测量。

② 水域测量是指河流、湖泊、水库、沟渠、水塘测量。河流、湖泊、水库等水域以岸边线为准；沟渠、池塘以坡顶为准测量。

（5）其他相关地物测量

① 其他相关地物是指天桥、站台、阶梯路、游泳池、消火栓、检阅台、碑以及地下构筑物等。

② 消火栓、碑不测其外围轮廓，以符号中心定位。天桥、阶梯路均依比例绘出，取其水平投影位置。站台、游泳池均依边线测绘，内加简注。地下铁道过街地道等不测出其地下物的位置，只表示出入口位置。

# 第二节　房产面积计算案例

## 一、背景材料

某房产测绘单位受某公司委托，承接了某小区的房产测绘任务，该项目中有一栋7层带夹层的房屋，外墙水平投影面积的一半为 $4.86m^2$，每层层高都为 $3.0m$，如图7-1 所示。

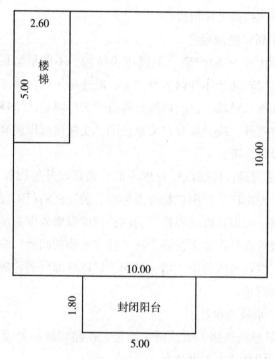

图 7-1　一层、夹层、二至七层平面图

测绘任务主要有：房产平面控制测量、房产调查、房产要素测量、房产图绘制、房产面积测算以及成果资料的检查与验收。

房产面积测算精度按《房产测量规范》二级要求。

仪器设备：全站仪、手持测距仪、钢卷尺、数码照相机、记录设备等。

作业依据：

①《房产测量规范》；

②《房产测绘管理办法》；

③ 国家和相关部门发布的政策文件等。

## 二、考点剖析

房产面积计算主要包括房产面积测算的内容，房屋建筑面积测算的方法，成套房屋的建筑面积和共有共用面积分摊计算方法。

1. 房产面积测算的内容

房产面积测算是指水平投影面积测算，分为房屋面积和房屋用地面积测算两类。其中，房屋面积测算包括房屋建筑面积、共有共用建筑面积、产权面积、使用面积等。

（1）房屋的建筑面积

房屋外墙（柱）勒脚以上各层的外围水平投影面积，包括阳台、挑廊、地下室、室外楼梯等，且具备有上盖，结构牢固，层高 2.20m 以上（含 2.20m）的永久性建筑。

（2）房屋的使用面积

房屋户内全部可供使用的空间面积，按房屋的内墙面水平投影计算。

（3）房屋的产权面积

产权主依法拥有房屋所有权的房屋建筑面积。房屋产权面积由直辖市、市、县房地产行政主管部门登记确权认定。

（4）房屋的共有建筑面积

各产权主共同占有或共同使用的建筑面积。

（5）面积测算的要求

各类面积测算必须独立测算两次，其较差应在规定的限差以内，取中数作为最后结果。量距应使用经检定合格的卷尺或其他能达到相应精度的仪器和工具，面积以平方米为单位。

本项目中 1 栋 7 层带夹层的房屋的总建筑面积计算过程如下：

① 一至七层的面积：
$$10\times10+5\times1.8+4.86=113.86 \text{m}^2;$$

② 夹层面积：
$$113.86-5\times2.6=100.86 \text{m}^2;$$

③ 总建筑面积：
$$113.86\times7+100.86=897.88 \text{m}^2。$$

某套房屋独立测算两次，建筑面积分别为 $100.25\text{m}^2$ 和 $99.75\text{m}^2$，问该套房屋建筑面积为多少？精度是否符合要求。

根据表 7-3，面积限差为
$$0.04S^{1/2}+0.002S=0.04\times\sqrt{100}+0.002\times100=0.6\text{m}^2$$

两次测算之差

$$100.25 - 99.75 = 0.5 \mathrm{m}^2,$$

因为

$$0.5 \mathrm{m}^2 < 0.6 \mathrm{m}^2$$

所以小于限差，精度符合要求。

取两次测算结果的中数作为最后结果，该套房屋建筑面积为：

$$\frac{100.25+99.75}{2}=100\mathrm{m}^2$$

**2. 房屋建筑面积测算**

（1）按全部建筑面积计算的建筑

① 永久性结构的单层房屋，按一层计算建筑面积；多层房屋按各层建筑面积的总和计算。

② 房屋内的夹层、插层、技术层及其梯间、电梯间等其高度在2.20m以上部位计算建筑面积。

③ 穿过房屋的通道，房屋内的门厅、大厅，均按一层计算面积。门厅、大厅内的回廊部分，层高在2.20m以上的，按其水平投影面积计算。

④ 楼梯间、电梯（观光梯）井、提物井、垃圾道、管道井等均按房屋自然层计算面积。

⑤ 房屋天面上，属永久性建筑，层高在2.20m以上的楼梯间、水箱间、电梯机房及斜面结构屋顶高度在2.20m以上的部位，按其外围水平投影面积计算。

⑥ 挑楼、全封闭的阳台按其外围水平投影面积计算。

⑦ 属永久性结构有上盖的室外楼梯，按各层水平投影面积计算。

⑧ 与房屋相连的有柱走廊，两房屋间有上盖和柱的走廊，均按其柱的外围水平投影面积计算。

⑨ 房屋间永久性的封闭的架空通廊，按外围水平投影面积计算。

⑩ 地下室、半地下室及其相应出入口，层高在2.20m以上的，按其外墙（不包括采光井、防潮层及保护墙）外围水平投影面积计算。

⑪ 有柱或有围护结构的门廊、门斗，按其柱或围护结构的外围水平投影面积计算。

⑫ 玻璃幕墙等作为房屋外墙的，按其外围水平投影面积计算。

⑬ 属永久性建筑有柱的车棚、货棚等按柱的外围水平投影面积计算。

⑭ 依坡地建筑的房屋，利用吊脚做架空层，有围护结构的，按其高度在2.20m以上部位的外围水平面积计算。

⑮ 有伸缩缝的房屋，若其与室内相通的，伸缩缝计算建筑面积。

（2）按一半建筑面积计算的建筑

① 与房屋相连有上盖无柱的走廊、檐廊，按其围护结构外围水平投影面积的一

半计算。

② 独立柱、单排柱的门廊、车棚、货棚等属永久性建筑的，按其上盖水平投影面积的一半计算。

③ 未封闭的阳台、挑廊，按其围护结构外围水平投影面积的一半计算。

④ 无顶盖的室外楼梯按各层水平投影面积的一半计算。

⑤ 有顶盖不封闭的永久性的架空通廊，按外围水平投影面积的一半计算。

（3）不计算建筑面积的建筑

① 层高小于2.20m以下的夹层、插层、技术层和层高小于2.20m的地下室和半地下室。

② 突出房屋墙面的构件、配件、装饰柱、装饰性的玻璃幕墙、垛、勒脚、台阶、无柱雨篷等。

③ 房屋之间无上盖的架空通廊。

④ 房屋的天面、挑台、天面上的花园、泳池。

⑤ 建筑物内的操作平台、上料平台及利用建筑物的空间安置箱、罐的平台。

⑥ 骑楼、过街楼的底层用作道路街巷通行的部分。

⑦ 利用引桥、高架路、高架桥、路面作为顶盖建造的房屋。

⑧ 活动房屋、临时房屋、简易房屋。

⑨ 独立烟囱、亭、塔、罐、池、地下人防干、支线。

⑩ 与房屋室内不相通的房屋间伸缩缝。

3. 成套房屋建筑面积的计算方法

成套房屋的建筑面积由套内房屋的使用面积、套内墙体面积、套内阳台建筑面积三部分组成。

（1）套内房屋使用面积

套内房屋使用面积为套内房屋使用空间的面积，以水平投影面积按以下规定计算：

① 套内使用面积为套内卧室、起居室、过厅、过道、厨房、卫生间、厕所、储藏室、壁柜等空间面积的总和。

② 套内楼梯按自然层数的面积总和计入使用面积。

③ 不包括在结构面积内的套内烟囱、通风道、管道井均计入使用面积。

④ 内墙面装饰厚度计入使用面积。

（2）套内墙体面积

套内使用空间周围的维护或承重墙体或其他承重支撑体所占的面积，其中各套之间的分隔墙和套与公共建筑空间的分隔以及外墙（包括山墙）等共有墙，均按水平投影面积的一半计入套内墙体面积。套内自有墙体按水平投影面积全部计入套内墙体面积。

（3）套内阳台建筑面积

套内阳台建筑面积均按阳台外围与房屋外墙之间的水平投影面积计算。其中,封闭的阳台按水平投影全部计算建筑面积,未封闭的阳台按水平投影的一半计算建筑面积。

**4. 成套房屋建筑面积的计算**

某栋31层高层住宅,规划面积约 $2.1×10^4m^2$,占地面积约 $3\,333.5m^2$。分层分户平面图如图7-2所示。

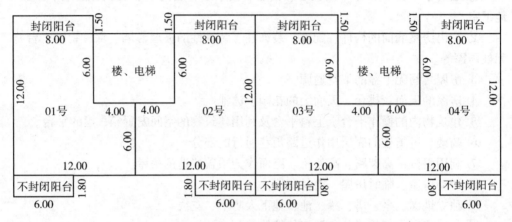

外墙(包括山墙)水平投影面积的一半为:$12.04m^2$

图7-2 一层至三十一层分层分户平面图

该栋房屋分摊系数、01号的建筑面积、整栋房屋总建筑面积,以及容积率计算如下:

01号套内面积:

$$12×12-4×6+1.5×8+6×1.8×0.5 = 137.4m^2$$

同理,02、03、04号套内面积:$137.4m^2$;

每层楼、电梯面积

$$6×8×2=96m^2;$$

每层外墙(包括山墙)水平投影面积的一半:$12.04m^2$;

公摊系数为:

$$\frac{(96+12.04)×31}{137.4×4×31}=0.196\,579;$$

01号公摊面积为:

$$0.196\,579×137.4=27.01m^2;$$

01号建筑面积为:

$$137.4+27.01=164.41m^2;$$

整栋房屋总建筑面积为:

$$164.41 \times 4 \times 31 = 20\ 386.84 \text{m}^2;$$

容积率为：

$$\frac{20\ 386.84}{5 \times 666.7} = 6.12。$$

**5. 房产测绘成果验收与归档**

（1）成果检查、验收的制度

房产测量成果实行二级检查一级验收制。一级检查为过程检查，在全面自检、互查的基础上，由作业组的专职或兼职检查人员承担。二级检查由施测单位的质量检查机构和专职检查人员在一级检查的基础上进行。检查验收工作应在二级检查合格后由房产测绘单位的主管机关实施。产品成果最终验收工作由任务的委托单位组织实施。

项目验收应完整，不能有遗漏情况，如该项目对面积测算成果资料的检查与验收时，要检查、验收的项目及内容主要有：

① 房产面积的计算方法是否正确，精度是否符合要求；
② 用地面积的测算是否正确，精度是否符合要求；
③ 共有与共用面积的测定和分摊计算是否合理。

（2）上交成果资料内容

① 房产测绘技术设计书；
② 成果资料索引及说明；
③ 控制测量成果资料；
④ 房屋及房屋用地调查表、界址点坐标成果表；
⑤ 图形数据成果和房产原因；
⑥ 技术总结；
⑦ 检查验收报告。

# 第八章 海洋测绘

## 第一节 水下地形测量案例

### 一、背景材料

为满足某港区 $10×10^4$ t 级进港航道工程初步设计需要，进行 1∶2 000 水下地形测量工作。根据委托方要求，采用单波束测深仪进行水下地形测量，同时选择典型区段用多波束测深系统进行同步水下地形测量。

该港区位于某市近岸沿海，作业区在 A 港口以南、入海口以北，区内有 B、C、D 港口。港区总规划面积 $210km^2$，其中陆上面积 $150km^2$。区内交通便捷，内连运河，外接深水航道，海上运输极为方便。陆上交通也十分便捷，多个交通要道穿境而过。

测区沿海滩涂属于自然沉积地貌，潮间带宽度达 5~8km，浅滩面积大。海滩盛产文蛤、紫菜、对虾、泥螺等，渔业养殖发达。测区为北亚热带湿润气候，四季分明，光照充足，雨水充沛，年均降水量 1 031mm，年均温 14.9℃。测区风力具有很强的季节性，夏季盛吹东南风，冬季则强冷空气频发。该项目在岸边设立水尺进行验潮，水尺零点在深度基准面下 2m 处。测量时间正值严冬季节，冷空气是制造恶劣海况的主要动力，将影响外业测量的工作进度。

现已收集的资料情况主要有：

(1) 已有地形图资料

2010 年 11 月实测的 1∶10 000《××港区建港条件与规划方案研究水下地形测量图》，可供本次测量踏勘、布置计划线和作水下地形对比分析检查用。

(2) 控制成果资料

测区附近的 4 个江苏省 C 级 GPS 控制网点，属 1954 年北京坐标系，作为首级平面控制的起算点。××港区沿海 4 个二等高程控制点作为首级高程控制的起算点。

测区附近还有 4 个高程校核点，属 1985 国家高程基准，可作为临时潮位站的校核水准点。

## 二、考点剖析

水下地形测量主要包括准备工作、测量过程、数据处理、质量评估、图形绘制、成果提交，资料整理、汇编和提交等技术环节。

1. 准备工作

测量前准备工作应注意以下几点：
（1）仪器测试

仪器测试包括 GNSS 稳定性试验、测深仪稳定性试验、系统安装校准和其他仪器测试。

（2）测线布设

测线布设包括单波束测线、多波束主测线、单波束检查线等布设间距和方向。

1）测线和测深线分类

测线分为计划测线和实际测线，测深线分为主测深线和检查线。

2）测深线布置

主测深线方向应垂直等深线的总方向；对狭窄航道，测深线方向可与等深线成 45°角。在下列情况下，布设测深线的要求为：

① 沙嘴、岬角、石坡延伸处，一般应布设辐射线，如布设辐射线还难以查明其延伸范围时，则应适当布设平行其轮廓线的测深线；

② 重要海区的礁石与小岛周围应布设螺旋形测深线；

③ 锯齿形海岸，测深线应与岸线总方向成 45°角；

④ 用于导航的叠标，一般应在叠标线上及其左右各布设一条测深线，间隔为图上 3~5mm；

⑤ 应从码头壁外 1~2m 开始，每隔图上 2mm 平行码头壁布设 2~3 条测深线；

⑥ 在测深过程中，应根据海底地貌的实际情况，对计划测深线进行适当调整；

⑦ 使用多波束测深仪时，测深线的布设宜平行于等深线的走向。

⑧ 测深线间隔的确定应顾及海区的重要性、海底地貌特征和水深等因素；原则上主测深线间隔为图上 1cm；对于需要详细探测的重要海区和海底地貌复杂的海区，测深线间隔应适当缩小，或进行放大比例尺测量。

⑨ 多波速测线一般要求至少有 20% 的重叠。

3）测深线、检查线布置要求

① 检查线的方向应尽量与主测深线垂直；
② 分布均匀；
③ 布设在较平坦处；
④ 能普遍检查主测深线；
⑤ 检查线总长应不少于主测深线总长的 5%，如图 8-1 所示。

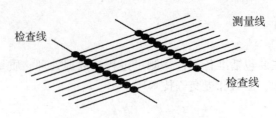

图 8-1 测深线与检查线布置

（3）导航延时测定

通过对各断面往返测量数据的处理，测定导航延时量。采用多波束测深时，多波束参数校正顺序通常是导航延时、横摇、纵摇和艏偏校正。

① 导航延迟校准测试：根据特征地物，往返测量距离、速度，计算延迟。

② 横摇校准测试：根据平坦地形，往返测量，地形相交，计算交叉角。

③ 纵摇校准测试：根据斜坡海床，往返测量同一地物偏移量，根据偏移量和水深计算偏角。

④ 艏偏校正：选择孤立点，两侧布设平行测线，50%公共覆盖区，根据两次测量的孤立点位移及孤立点到测线距离计算艏偏角。

（4）动吃水测量

动吃水采用水准仪施测或 GNSS RTK 施测。

2．测量过程

（1）潮位站布设

根据测区情况，本项目应布置 4 个临时潮位站。

潮位站布设密度应能控制全部测区的水位变化。相邻潮位站之间的距离应满足最大潮高差不大于 1m，最大潮时差不大于 2 h，潮汐性质基本相同。对于潮高差、潮时差变化较大的水域，可在湾顶、河口外、水道口和无潮点附近增设临时水位站。

其中，潮位站站址选择应遵循下列原则：

① 水尺前方应无沙滩阻隔，海水可自由流通，低潮不干出，能充分反映当地海区潮汐情况的地方；

② 水尺能牢固设立，受风浪、急流冲击和船只碰撞等影响较小的地方，如有可能尽量在固定码头壁上安装水尺；

③ 水尺应设在岸滩坡度较大的地方；

④ 适当考虑验潮人员的安全、生活和交通方便，在保证水位观测精度的前提下，尽可能把验潮站选在居民点附近；

⑤ 海上定点验潮站的站址，要求海底平坦、泥沙底质、风浪和海流较小的地方；

⑥ 对水准标石已破坏的旧验潮站，需重新设站时应尽量与旧站地址重合。

（2）潮位观测

临时潮位站的潮位观测采用人工结合潮位自记仪的方式。

潮位观测间隔应至少 30min 观测一次（于整点和半点记录），高、低潮平潮及前后 1h 和水位异常变化时，每隔 10min 观测一次，并读至厘米，时间读到整分；水位观测误差不应大于 2cm；顾及测区潮时差影响，当采用双站或多站改正水位时，潮位观测时间长度应比水深测量作业时间提前并推后各 1 h。

若本项目在测区 A 地到 B 地的海岸带设立验潮站，验潮站 A 与 B 间距 10km，经同步验潮资料分析，其最高潮差为 0.3m，假设测区水深不大于 10m，测深精度为 ±10cm，请问 A 与 B 间需要分带改正吗？若需要分带，需要分几带？

根据《海道测量规范》规定两个验潮站之间的分带数，应按下式计算

$$k = \frac{2\Delta h}{\sigma}$$

式中：$k$——分带数；

$\Delta h$——两验潮站深度基准面重叠时，由水位曲线图上量得的或统计比较计算得到的同一瞬时两验潮站间的最大水位差，单位为 m；

$\sigma$——测深精度，单位为 m。

将已知数据代入上式，得

$$k = \frac{2\Delta h}{\sigma} = 2 \times \frac{0.3}{0.1} = 6(带)$$

所以，A 与 B 站间需要分带改正，需要分 6 带。

（3）声速测量

声速测量采用声速剖面仪施测。

（4）定位与深度测量

采用 GNSS RTK 定位，多波束进行水深测量。

① 海洋定位：利用两条以上的位置线，通过图上交会或解析计算的方法确定海上某点位置。其中海上位置线分为方位、角度、距离、距离差位置线。

② 海洋定位常用的方法有：

a. 光学定位（前方交会、后方交会、侧方交会、极坐标法）；

b. 无线电定位（测距法（圆-圆定位）、测距差（双曲线法））；

c. 卫星定位（码相位和载波相位观测法）；

d. 水声定位（船台设备和水下声学应答器基阵）。

③ 水深测量方法主要有：单波束测深（单频、双频）——点测量、多波束测深——面测量、机载激光测深——面测量。

单波束测深是通过安装在测量船下的发射机换能器，垂直向水下发射一定频率的声波脉冲，以声速 $C$ 在水中传播到水底，经反射或散射返回，被接收机换能器所接收测定水深深度的一种方法。

设经历时间为 $t$，换能器的吃水深度 $D$，则换能器表面至水底的距离（水深）$H$：

$$H = 1/2Ct + D$$

为了求得实际正确的水深而对回声测深仪实测的深度数据施加的改正数称为回声测深仪总改正数。回声测深仪总改正数的求取方法主要有校对法和水文资料法。

校对法适用于小于20m的水深测量，为综合改正。水文资料法适用于水深大于20m的水深测量，包括：吃水改正、换能器基线改正、转速改正、声速改正。

多波束测深系统（面扫侧系统）是在单波束系统发展起来的全覆盖、面扫侧系统，由多个子系统（多波束声学系统、多波束数据采集系统、数据处理系统和外围辅助传感器）组成的综合系统。

其中，换能器为多波束的声学系统，负责波束的发射和接收；而多波束数据采集系统，负责波束的形成、将接收到的声波信号转换为数字信号，反算其测量距离或记录其往返程时间等。数据处理系统，以工作站为代表，综合实现测量船瞬时位置、姿态、航向的测定以及海水中声速传播特性的测定，计算波束脚印的坐标和深度，并绘制海底平面或三维图。

④ 深度基准的确定。潮位站的水位应归化到深度基准面（理论最低潮面）上。长期站深度基准面可沿用已有的深度基准，由相邻的高程控制点进行水准引测，也可以利用连续1年以上水位观测资料通过调和分析取13个主分潮采用弗拉基米尔法计算。短潮验潮站和临时验潮站深度基准可以采用几何水准测量法、潮差比法、最小二乘曲线拟合法、4个主分潮与$L$比值法，由临近长期验潮站或具有深度基准面数值的短期验潮站传算。当测区有2个或2个以上长期验潮站时取距离加权平均结果。

⑤ 基于深度基准面的海底深度计算公式：
$$D(x, y) = h(x, y, t) - T(x, y, t) + 改正数$$
即
$$海底深度 = 瞬时测深 - 瞬时海面高 + 改正数$$

本项目假设在测量船上安装单波束测深仪，若经过测试，测深仪的总改正数为3m。航道某点$E$处，测深仪的瞬时读数为18.6m，验潮站的水尺读数为5.3m，此时航道$E$点的水深值为
$$D_E = 18.6 - (5.3 - 2) + 3 = 18.3\text{m}。$$

(5) 质量控制

各工序、各环节、各步骤均实施质量控制。

1) 测量成果检验

采用分级检查进行，主要有自查和三级检查（过程检查、最终检查、验收）。

2) 海洋测量成果质量检验

检验内容主要有：仪器设备检校、平面控制检查、高程和潮位控制（岸边水位站观测误差±2cm，海上定点站误差±5cm）、定位（定位中心与测深中心应一致，对大于1:1万测图，两者水平距离最大不得超过2m；小于1:1万不得超过5m，否则应将定位中心归算到测深中心）、测深（单波速测深线漏测超图上3mm补测、水深改正-吃水/姿态/声速/水位改正等质检）。

3) 水深测量成图比对检查

主、检测深线比对（检查线总长度不少于主测深线的 5%）、图幅拼接对比、成图比对质量问题处理。

3. 水位改正的方法

（1）单站水位改正法

当测区处于一个验潮站的有效控制范围内的，可用该站的水位资料来进行改正。

（2）线性内插法

当测区位于两验潮站之间，且超出两个单站的有效控制范围时，对测区内各点的任意时刻水位改正方法一般有两种：一是在测区设计时增加验潮站的数量；二是在一定条件下根据两站的观测资料对控制不到的区域进行线性内插。线性内插的假设前提是两站之间的瞬时海面为直线型态，其也适用于三站的情况。

（3）水位分带改正法（分带法）

分带条件是当测区有潮波图时，可以通过判断主要分潮的潮波传播是否均匀来确定分带与否。当测区无潮波图时，可根据测区自然地理条件，以及潮流等因素加以分析。一般而言，潮波经过岛屿、海角等地区，变形较大，分带应特别注意。如无把握，则应设立潮位站。当然，实际潮波在沿岸地区很难达到真正传播均匀，只是相对而言。当两站距离较近，当地的地理条件对潮波自由传播影响不大时，可以认为潮波传播均匀；否则，应设站检验。

分带的基本原则为分带的界线方向与潮波传播方向垂直；分带数根据测深期间两站之间的最大潮差和测深精度确定。

（4）时差法

时差法是水位分带改正法的合理化改进和补充，所依赖的假设条件与水位分带改正法假设条件相同，即两验潮站之间的潮波传播均匀，潮高和潮时的变化与其距离成比例。

时差法利用数字信号处理技术中互相关函数的变化特性，将两个潮位站的水位视作信号，这样就将研究水位站的曲线问题转化为研究信号的波形问题，通过对两信号波形的研究求得两信号之间的时差，进而求得两验潮站的潮时差，以及待求点相对于验潮站的时差，并通过时间归化，最后求出待求点的水位改正值。

（5）最小二乘法

设为 $A$、$B$ 两站从各自基准面起算的水位，则两站在同步观测时段内的水位站信息之间的关系可以描述为：

$$T_B(t) = \gamma T_A(T + \delta) + \tau$$

式中：$\gamma$ 为潮差比（或潮高比）；$\delta$ 为潮时差；$\tau$ 为垂直基准面偏差；三者统称为潮汐比较参数。

水位改正中，水位改正值的空间内插是由潮差比、潮时差与基准面偏差的空间内插而实现的。

4. 测量数据处理

① 定位、姿态、航向、潮位、声速等原始数据检查和粗差剔除。
② 水深校对。水深计算前需将单波束计算机记录水深与测深仪记录纸模拟记录水深值进行 100%对比检查。
③ 潮位数据整理。将各站潮位绘制相应的潮位过程线，比较分析它们的合理性。
④ 多波束测深滤波、虚假信号剔除。
⑤ 多波束数据编辑定位、姿态、航向、潮位、声速等各项合并和改正。

a. 定位数据合并：将 GPS 接收机获得的 WGS-84 坐标系定位数据实时转换为 CGCS 2000 坐标，再合并到每一个水深点上。

b. 姿态改正：将姿态传感器实测的船舶姿态和航向进行船姿改正。船体纵摇角、横摇角采用惯性测量系统测定，船艏向方位角采用 GPS 或电罗经测定。

c. 吃水改正：对实测水深进行动态、静态吃水改正。
静态吃水改正——按几何关系求解；
动态吃水改正——因航行造成的船体吃水变化，受船只负载、船型、航速、航向、海况及水深综合影响。

d. 声速改正：对实测水深进行剖面改正，可根据声速剖面进行分带改正。
单波束测深——利用已知水深比对实际声速进行改正；
多波束测深——进行声速后处理；

e. 潮位改正：利于实测或推算潮位数据，采用单站、多站分带推算潮位等方法对水深数据改正。

f. 安装校准参数改正：根据安装和测试的结果配置船坐标文件，进行实测数据改正。

5. 质量控制

(1) 地形测量定位精度检核
水下测点定位 GPS 设置需要的七参数由 C 级网点计算取得，并进行检核。
在测量软件参数设置完毕后，在已知控制点上进行检验和比对，比测时间不少于 20 分钟。比对精度应满足要求后方能进行测量，否则应检查原因并进行改进，直至精度满足要求。

(2) 测深仪比测
水深测量除了满足每天的仪器校验、回声仪设置检查与比测板检查、现场记录表检查等以外，还要求做到以下内容：
第一，测量精度应满足：
① 深点点位中误差应不大于图上±1.0mm；
② 测深点深度误差：当水深（$H$）小于 20m 时，不应大于±0.2m；当水深（$H$）超过 20m 时，不应大于±1%$H$。

③ 深度比对互差：当水深（$H$）在 20m 以下时，其互差应小于 0.4m，当水深（$H$）大于 20m 时，其互差应小于 $2\%H$。

第二，施测检查线，总长度为主测线总长度的 5%，以检查水深测量及数据改算处理的综合精度。

(3) 水尺比测

在每天不同观测时段进行相邻水尺间的比测，以确定水尺零点高程没有发生变动，一旦发现变动，要求及时重新接测，以便进行改正。

(4) 地形外业测量质量控制

每次测深前量取水温查表求得声速，正确设置测深仪的声速、吃水深，调整测深仪的走纸速度、灵敏度和增益，测深仪记录纸的走纸速度应与测量船的船速相宜，记录纸的回波信号应清晰地反映水底的地貌变化，水深变化时及时换挡；测深应在风浪比较小的情况下进行，一般情况下，当风浪达到 0.6m 时应停止作业。

综合考虑 GPS 时延影响等因素，船速应保持在 9 节以下。

保证各仪器电源可靠、工作电压在正常范围内。在通电前做相应的检查，并做好野外手簿的观测记录，包括比测记录。

(5) 内业质量控制

对定位点数据进行检查，对同一条测线上的粗差点予以删除或改正。

理论最低潮面推求、潮位分带计算，根据相应的"规范"及系统要求进行。

6. 图形绘制

(1) 地形图绘制

对测点平面坐标、水深进行转换，获得图形绘制要求的坐标系和垂直基准下的成果，用于水下地形图绘制；根据比例尺设计图幅，进行水下地形图绘制。

(2) 资料检查

① 数学基础，包括纵图廓长、横图廓长、对角线长、经纬网直线比例尺是否正确；

② 坐标系基准面是否合理、资料整理是否完善正确；

③ 综合取舍是否适当，相互关系是否合理、有无错漏；

④ 各种注记包括英文、汉语拼音注记、汉字是否正确，说明文及图面配置内容是否合理、正确；

⑤ 地理调查报告的系统性、完整性、准确性和整体水平。

7. 成果提交

资料归档和提交成果包括：

① 测量任务书、技术设计书；

② 仪器设备检定和检验资料；

③ 外业观测记录手簿、数据采集原始资料；

④ 内业数据处理、计算校核、质量统计分析资料；
⑤ 所测绘的各类图纸及成果表；
⑥ 技术总结、检查报告；
⑦ 测量过程记录；
⑧ 其他测量资料。

## 第二节　海图制图案例

### 一、背景材料

由于某区填海造地工程所在海域缺少详细的海图资料，为了给该工程提供可靠的测量数据，以满足围海造地的设计需求，需要制作一幅1∶1万海图。本工程所在位置为某市某新区跨海大桥两侧，制图区域为东经121°34′00″~122°09′00″，北纬40°04′45″~40°23′30″，面积约41km²，工期约30工作日。

测区位于该市区东北方向，濒临黄海，属具有海洋性特点的暖温带大陆性季风气候。冬无严寒，夏无酷暑，四季分明，年平均气温10.5 ℃。测区潮水属不正规半日潮，涨潮流向北，落潮流向南，流速2节左右。近岸有滩涂，落潮时可干出水线。

1. 主要技术指标及规格

（1）编图依据
①《中国航海图编绘规范》（GB 12320—1998）；
②《中国海图图式》（GB 12319—1998）。

（2）设计要求
① 投影设计要求：采用墨卡托投影，基准纬线选取本图中纬，取至整分。
② 图幅尺寸要求：全开图，内图廓尺寸一般要求为980mm×680mm左右，最大不超过1020mm×700mm。

2. 已有资料情况

测区附近最新的1∶1万、1∶5 000地形图资料、航空摄影测量资料、水深资料、海底底质资料、助航标准资料、测区基准面资料以及相关文字资料。

### 二、考点剖析

海图制图主要包括海图编辑设计、制图综合、制作流程、质量检查及成果提交等技术环节。

1. *海图总体设计*

总体设计主要包括确定海图的基本规格、内容及表示方法等内容。

（1）海图图幅设计

以海洋及其毗邻的陆地为描绘对象的地图称为海图。

根据制图区域范围，确定海图图幅规格、图幅数量和对海图的分幅，以及每一幅海图的标题、图号及图面配置；海图一般根据制图区域情况采取自由分幅，陆域面积不宜大于图幅总面积的1/3；图面配置一般包括标题内容和位置、各种图表、说明文字以及方位圈配置的位置等。

（2）确定海图的数学基础

数学基础主要包括海图比例尺、投影、坐标系统及深度、高程基准；海图一般除比例尺不同以外，其他数学基础都有明确的规定。

① 坐标系：我国 CGCS2000，国际 WGS-84。

② 地图投影：采用墨卡托投影，大于 1:20 000 比例尺可使用高斯投影。制图区域60%的纬度高于75°时采用日晷投影。

③ 海图的基准纬度：海图的基准纬度取制图区域的中纬并四舍五入至整分。本项目的制图区域为东经 121°34′00″~122°09′00″，北纬 40°04′45″~40°23′30″，海图的基准纬度为

$$\frac{40°04′45″+40°23′30″}{2}=40°14′$$

（3）确定海图内容及表示方法

包括海图内容的选择，确定地理要素的制图综合原则和指标、设计和选择表示方法，确定地名的采用原则。

2. *海图制图资料收集*

① 控制测量资料：各类控制点的成果。
② 海测资料：各种实测水深、海岸地形成果及障碍物探测资料等。
③ 成图资料：各种地图、海图、地图集、海图集等。
④ 遥感图像资料：航空摄影测量资料数据和卫星遥感资料数据。
⑤ 其他资料：与海图有关的各种文字、数字资料和图片资料等。

资料分析的重点是资料的完备性、地理适应性、现势性、精确性和复制可能性等。根据使用情况和作用分为基本资料、补充资料和参考资料。

3. *海图制图综合*

海图内容的压缩、化简和图形关系处理的制图技术，称为制图综合，其任务是在海图用途比例尺、制图资料和制图区域地理特点等条件下按照特定的原则和方法解决海图内容的详细性与清晰性、几何精确性与地理适应性的对立统一问题，实现海图符

号和图形的有效建立。制图综合的基本原则是表示主要的、典型的、本质的信息，舍去、缩小或不突出表示次要的信息。

制图综合的方法，主要有选取、化简、概括和移位，而对于实地制图现象向图形转换，还包括对实地物标的分类分级、建立符号系统。

（1）内容的选取

海图内容的选取，就是根据海图的用途、比例尺和区域特点，选取主要的要素，舍弃次要的要素。

为了正确地选取海图内容，编图时一般都规定各类要素的选取标准，即确定要素的数量指标及质量指标。确定数量和质量指标的方法，主要有资格法、定额法及平方根定律法等。

① 资格法：资格法是根据所规定应达到的数量或质量标准来选取海图内容。如在编制1∶5万比例尺的港湾图时，规定图上长于10cm的树木岸、芦苇岸、丛草岸应表示，长期固定的验潮站应表示。前者是数量标准，后者是质量标准，据此选取海图内容，均属资格法。

② 定额法：定额法是以适当的海图载负量为基础，规定一定面积内海图内容的选取指标。海图的载负量即海图的容量，相当于海图图廓内所有符号和注记的总和。当符号和注记的大小确定后，海图载负量的大小同海图内容的多少成正比。

③ 平方根定律法：海图内容按平方根定律选取。

（2）海图要素综合原则

① 海岸线：海岸线形状的化简应遵循"扩大陆地、缩小海域"的原则。

② 等深线：等深线的综合一般遵循"扩浅缩深"的原则。

③ 水深：水深注记的选取一般遵循"舍深取浅"的原则。

④ 干出滩：干出滩的制图综合包括干出滩的取舍、轮廓形状的化简、质量特征的概括以及干出水深的选取四个方面。孤立的干出滩不得舍去，成群分布的可以相互合并。干出滩形状的化简遵循扩大干出滩的原则。

⑤ 海底底质：海底底质的综合包括底质的取舍和质量的概括。海底底质的选取，首先要保障航行安全和便于选择锚地，其次反映底质的分布特点和规律。一般采取"取硬舍软"与"软硬兼顾"的原则，"取异舍同"，优先选取海底地貌特征点处的底质。

⑥ 航行障碍物：孤立的障碍物必须选取，成片的障碍物根据其危险程度选取，取高舍低、取外围舍中间、取近航道舍近岸、取稀疏处舍密集处。

⑦ 助航标志：航标的选取按照其重要程度、地理位置等由高级向低级、由重要向次要的顺序选取。

4. 海图制作流程

制作海图一般都采用计算机辅助制图，其制作流程主要分为四个阶段：编辑准备阶段、数据输入阶段、数据处理阶段和图形输出阶段。

(1) 编辑准备阶段

海图的编图资料数据收集和总体设计。

(2) 数据输入阶段

将编图使所用的图形资料、数字数据资料、文字资料输入计算机的过程。

(3) 数据处理阶段

对地图数据的加工，得到新编海图的过程。包括两个方面，一是数据预处理，包括投影、制图坐标系与比例尺的变换，高程基准面和深度基准面的改算，以及不同数据资料的格式转换；二是获取新编海图的数据处理，包括新编海图数学基础的建立、对编图数据的制图综合、图形处理与符号化以及拓扑关系的处理等。

(4) 图形输出阶段

① 直接在计算机屏幕上显示海图；

② 将海图数据传输给打印机，喷绘彩色海图；

③ 海图数据传输到激光照排机，输出供制版印刷用的四色（cymk）菲林片；

④ 海图数据传送到数字式直接制版机（computer-to-plate，CTP），制成直接上机印刷的印刷版；

⑤ 海图数据输入数字式直接印刷机可直接输出彩色海图。

5. 海底地形图制作

(1) 海底地形图类型

按制图区域分可为海岸带地形图、大陆架地形图和大洋地形图。

(2) 海底地形图数学基础

① 坐标系采用 2000 国家大地坐标系或世界大地坐标系（WGS-84）。

② 比例尺：海底地形图的基本比例尺为 1∶5 万、1∶25 万、1∶100 万。

③ 地图投影：1∶25 万及更小比例尺图采用墨卡托投影；大于 1∶25 万比例尺图采用兰勃特等角圆锥投影。

④ 深度基准：中国沿海地区采用理论最低潮面，远海及外国海区均采用原资料的深度基准。

⑤ 高程基准：中国沿海一般采用 1985 国家高程基准。

(3) 海底地形图分幅

各种比例尺的海底地形图均采用经纬线分幅，基本比例尺图以 1∶100 万图为基础分幅。

6. 海图质量检查

海图质量检查过程有编辑检查、自检、三级审校（作业部门审校、制图单位审校、上级主管部门验收）、印刷成图检验。

验收主要参考依据：GB/T 24356—2009《测绘成果质量检查与验收》；GB 12320—1998《中国航海图编绘规范》；GB 12319—1998《中国海图图式》。

其中，印刷成图检验即是海图制印结束后，印制部门对印制的成图进行逐张检验的工作。检验的主要内容有：

① 印刷色彩是否符合规定的色标，色彩是否均匀，印迹是否清晰实在，图面是否清洁，成套挂图各幅图之间色调是否一致。

② 同线划有无印双色或漏印现象，各种颜色线划要素同向套合差是否超限（0.4mm），普染要素套合差是否超限（0.6mm）；

③ 各种注记和图廓外整饰有无未印上的内容。

# 第九章 在线地理信息服务

## 第一节 在线地理信息数据集生产案例

### 一、背景材料

根据国家测绘地理信息局与某省测绘地理信息局要求,准备建设"某省地理信息公共服务平台公众版(天地图·某省)",其中主要任务之一是以某省现有基础地理信息数据为基础,提取、编辑、加工公共地理框架数据,基于互联网向政府、专业部门、公众提供服务。

利用某省测绘地理信息局的现有数据资源,按照地理信息公共服务平台相关数据规范,加工省级公共地理框架数据集,为"天地图·某省"生产在线地理信息数据集。

基于最新某省省级地理信息数据资源(如交通、区划、地名、街区、房屋、水系等)、优于2.5m(0.2~2.5m)分辨率的卫星或航空影像数据,生产某省省域范围内的省级地理实体数据、地名地址数据,以及15~17级线划电子地图数据、影像电子地图数据。采用2000国家大地坐标系,以度、分、秒为单位。

应尽可能融合第三方数据资源,增加本地兴趣点(POI)、三维建筑物模型、街景,以及相关的社会、经济、人文、交通、行政、旅游等信息。

地理实体与地名地址数据应符合《地理信息公共服务平台地理实体与地名地址数据规范》(CH/Z 9010—2011)要求,矢量电子地图与影像电子地图应符合《地理信息公共服务平台电子地图数据规范》(CH/Z 9011—2011)要求。其中,道路数据的几何表达与拓扑关系表达应尽可能遵循《导航地理数据模型与交换格式》(GB/T 19711—2005)与《车载导航地理数据采集处理技术规程》(GB/T 20268—2006)要求。

所有数据须依据国家有关规定过滤,删除涉密信息内容,降低空间精度,降低影像分辨率,形成可在非涉密网环境中使用的公开数据集,并应经过地图审核。

现有数据资源情况:

①1∶1万地形图数据。

② DEM5m 分辨率。

③ 影像数据，全省 1m 分辨率 DOM；地级及县级市主要建成区范围 0.6m QuickBird 卫星影像；局部区域 0.5m 航空影像。

④ 地名地址数据：全省建制村及以上行政名称、自然村名称、自然地理名称、单位名称等；地级及县级市主要建成区 POI 点。

⑤ 交通专题数据：全省公路局 2016 年 GPS 数据，含道路网、收费站、服务区和出入口等信息。

⑥ 旅游专题数据：包括星级旅游点、主题旅游点、国家级和省级自然保护区、国家级和省级森林公园等。

## 二、考点剖析

在线地理信息数据集生产主要包括地理实体数据设计、地名地址数据设计、地理实体数据处理和电子地图数据设计等。

1. 地理实体数据设计

地理实体数据是根据相关社会经济、自然资源信息空间化挂接的需求，对基础地理信息数据进行内容提取与分层细化、模型对象化重构、统计分析等处理而形成的。地理实体数据采用实体化数据模型，以地理要素为空间数据表达与分类分层组织的基本单元。每个要素均赋以唯一性的要素标识、实体标识、分类标识与生命周期标识。通过这些标识信息能够实现地理要素相关社会经济、自然资源信息的挂接，还能够灵活地进行信息内容分类分级与组合，并实现地理要素的增量更新。

地理实体数据包括基本地理实体和扩展地理实体两类。其中，基本地理实体包括境界与政区实体、道路实体、铁路实体、河流实体、房屋院落实体等。扩展地理实体是指在基本地理实体的基础上，根据具体数据源及应用情况而定义的地理实体，扩展的实体必须遵循《地理信息公共服务平台地理实体与地名地址数据规范》（CH/Z 9010—2011）中定义的概念数据模型。

各类实体的最小粒度应与相应基础地理信息数据所采集的最小单元相同，如 1：5 万比例尺政区与境界实体的最小粒度应至三级行政区（市辖区、县级市、县、旗、特区、林区）及相应界线。

1：2 000 及大比例尺的境界与政区实体的最小粒度应至四级行政区（区公所、镇、乡、苏木、街道）及相应界线。

(1) 境界与政区实体

境界与政区实体包括行政境界及其所围区域。行政区域实体按不同级别行政单元划分，包括国家、省（直辖市、自治区、特别行政区）、地区（地级市、自治州、盟）、县（市辖区、县级市、自治县、旗、自治旗、特区、林区）、乡（区公所、镇、苏木、民族乡、民族苏木、街道）等；行政境界是行政区域的边界，每个行政境界实体由相邻行政区域单元定义。

(2) 道路实体

道路实体按道路名称划分，以道路中心线表达。将具有同一名称的道路的中心线定义为表示该道路的实体；所有道路实体构成连通的道路网；不同尺度数据集中的所有道路都需以中心线表达，并构成连通的网络；对于源数据中没有名称的道路，按其中心线的最小弧段定义实体。

(3) 铁路实体

铁路实体按铁路名称或专业编号划分，以铁路中心线表达。将具有同一名称或专业代码的铁路中心线定义为表示该铁路的实体；所有的铁路实体构成连通的铁路网；不同尺度数据集中的所有铁路都须以中心线表达，并构成连通的网络；对于源数据中没有名称或专业代码的铁路，按其中心线的最小弧段定义实体。

(4) 河流实体

河流实体按河流名称划分，以河流骨架表达。将具有同一名称的河流的骨架线定义为表示该河流的实体；所有河流实体构成连通的水网；不同尺度数据集中的所有河流都须以中心线表达，并构成连通的网络；对于源数据中没有名称的河流，按其骨架线的最小弧段定义实体。

(5) 房屋院落实体

房屋实体定义为表示能够独立标识的房屋外轮廓的封闭多边形；院落实体定义为表示单位、小区等院落外轮廓的封闭多边形。

2. 地理实体数据处理方案设计

地理实体数据是对数据源进行内容提取、模型重构、规范化处理、脱密处理、一致性处理后形成的，如图 9-1 所示。

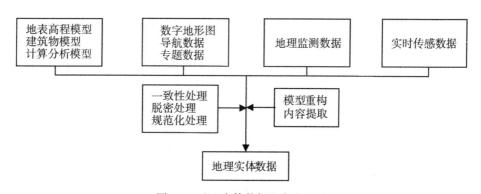

图 9-1 地理实体数据生产流程图

在地理实体数据生产过程中，需要特别注意的是数据建模、数据组织和属性赋值等。

(1) 地理实体数据建模

地理实体的概念模型由图元与实体两个层次构成。图元为地理实体的构成单元，用点、线、面表达，以图元标识码（Elem ID））唯一标识。实体由一个或多个图元构成，用图元或图元的组合表达，以实体标识码（Enti ID）进行标识。

在进行地理实体数据建模时，以线表达的水系、交通等要素应保证线段的连续，以面表达的政区、院落、房屋等要素应保证面的封闭，要保证要素间空间关系的合理与逻辑一致。

同一地理实体在不同尺度的数据集中表达的形式可有不同，一般情况下地理实体表达的最小粒度应与对应源数据的比例尺相适应。

(2) 地理实体数据组织

地理实体数据以空间无缝、内容分层的方式组织，由图元表和实体表构成，两表间通过图元标识码建立关联。数据生产时，可以将实体表合并到图元表中。具体做法是在图元表中添加"地理实体标识码"字段，如果出现一个图元同属两个或两个以上实体，可通过顺序增加"地理实体标识码"字段的方式解决这一问题。为使字段不重名，在增加的字段后添加顺序号。

(3) 地理实体数据的基本属性项

地理实体的基本属性项包括地理实体标识码、图元标识码、信息分类码、地理实体名称等，前三者为必填属性。

3. 地名地址数据设计

(1) 地名地址数据内容设计

地名地址数据以坐标点位的方式描述某一特定空间位置上自然或人文地理实体的专有名称和属性，是实现地理编码必不可少的数据，是专业或社会经济信息与地理空间信息挂接的媒介与桥梁。

地名地址信息以地址位置标识点要素来表达。现实世界任一地理实体均可以利用地名地址信息（地址位置标识点）来实现其地理定位。通过地址匹配，与某一地理实体相关的自然与社会经济信息（如法人机构、POI、户籍等）可以挂接到地址位置标识点上，也可以通过地址位置标识点的地理实体标识码实现与相关地理实体的关联。同一地理实体如果可以抽象为不同类型的多个要素，其均应继承该地理实体的地名地址信息。

地名地址数据必须包含标准地址（地理实体所在地理位置的结构化描述）、地址代码、地址位置、地址时态等信息，还需包括与其相关的地理实体的标准名称（根据国家有关法规经标准化处理，并由有关政府机构按法定的程序和权限批准予以公布使用的地名）以及地理实体标识码等信息。

(2) 地名地址数据处理方案设计

地名地址数据是对数据源进行内容提取、模型重构、规范化处理、脱密处理、一致性处理后形成的，如图9-2所示。地名地址数据遵循的技术标准主要是《地理信息公共服务平台地理实体与地名地址数据规范》（CH/Z 9010—2011）。

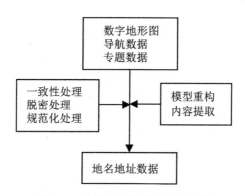

图 9-2 地名地址数据生产流程图

在地名地址数据生产过程中，需要特别注意数据建模、数据组织、属性赋值等。
① 地名地址数据建模
地名地址以地理位置标识点来表达。地理位置标识点的定义规则如下：
区域实体地名的地理位置标识：包括行政区划的政治、经济、文化中心所在地的点位，行政区划内标志性建设物的点位，面状区域的重心点点位。
线状实体地名的地理位置标识：包括线状实体中心点的点位，线状实体中心线系列点的点位，线状地物（河流、山脉等）的标志点。
局部点的地理位置标识：包括门（楼）址标牌位置或建筑物任意内点的点位，标志物中心点的点位，兴趣点门面中心点或特征点的点位，自然地物的中心点或标志点。
② 地名地址数据组织
地名地址数据以地名地址数据表来表达。
③ 地名地址数据基本属性
地名地址的基本属性项包括结构化地名地址描述、地名地址坐标、地名地址代码、地理实体名称、地名地址分类等，前两者为必填属性。

4. 电子地图数据设计

（1）电子地图数据内容设计
电子地图数据是针对在线浏览和标注的需求，以各类数据源为基础，经过内容选取组合、符号化表达、图面整饰后形成的各类视屏显示地图。电子地图的表达内容一般需依据服务对象和信息负载量而设定，可采取不同维度的线划图、影像地图、地形晕渲图等多种形式。

（2）电子地图数据处理方案设计
大多数在线地理信息数据在进行网络发布之前均需经过内容提取、模型重构、规范化处理、一致性处理、脱密处理、符号化表达、地图整饰、地图瓦片生产等处理，如图 9-3 所示。

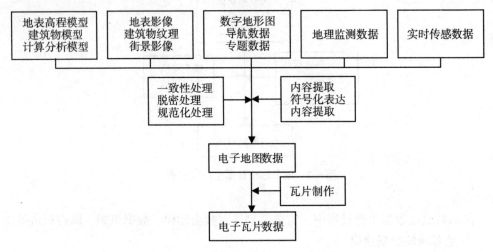

图 9-3 电子地图数据生产流程图

在电子地图数据生产过程中，需要特别注意的是地图分级、地图表达以及地图瓦片规格与命名等。

1）地图分级

按照显示比例尺或地面分辨率一般将地图分为 20 级。制作电子地图时，每级要素内容选取应遵循以下原则：

① 在每级地图的地图负载量与对应显示比例尺相适应的前提下，尽可能完整保留数据源的信息。

② 下一级别的要素内容不应少于上一级别，即随着显示比例尺的不断增大，要素内容不断增多。

③ 要素选取时应保证跨级数据调用的平滑过渡，即相邻两级的地图负载量变化相对平缓。影像数据应根据影像分辨率的不同，按照相应层级的地面分辨率进行分级对应。

2）地图瓦片

地图瓦片分块的起始点从西经 180°，北纬 90°开始，向东向南行列递增。瓦片分块大小为 256 像素×256 像素，采用 PNG 或 JPG 格式。地图瓦片文件数据按树状结构进行组织和命名。

3）地图表达

不同显示比例下符号与注记的规格、颜色和样式，以及电子地图配图应按《地理信息公共服务平台电子地图数据规范》（CH/Z 9011—2011）进行。如遇未涵盖要素，可自行扩展符号或注记，但样式风格应协调一致。

5. 公众版在线地理信息数据脱密处理

公众版在线地理信息数据脱密处理主要包括数据内容与表示、空间位置精度和影像地面分辨率等。

数据内容与表示需符合《基础地理信息公开表示内容的规定（试行）》（国测成发〔2010〕8号）、《公开地图内容表示若干规定》（国测法字〔2003〕1号）和《公开地图内容表示补充规定（试行）》（国测图字〔2009〕2号）要求。

空间位置精度需符合《公开地图内容表示补充规定（试行）》要求，即位置精度不高于50m，等高距不小于50m，数字高程模型格网不小于100m。

影像数据应符合《遥感影像公开使用管理规定（试行）》（国测成发〔2011〕9号）要求，即空间位置精度不得高于50m，影像地面分辨率不得优于0.5m，不标注涉密信息，不处理建筑物、构筑物等固定设施。

6. 数据源利用处理分析

某区域内含两个城市，现有数据资源情况如下：
① 覆盖全区域的1:1万数字地形图数据，现势性为2011年；
② 覆盖A市建成区的1:1 000数字地形图数据，现势性为2014年；
③ 覆盖B市建成区的1:500数字地形图数据，现势性为2013年；
④ 覆盖A、B两市郊区的1:5 000数字地形图数据，现势性为2015年；
⑤ 覆盖全区域的道路骨干网数据、POI数据，现势性为2016年。
请根据上述数据资源情况做出该区域在线地理信息数据生产数据源利用方案。

首先，利用道路骨干网数据和POI数据对全区域1:1万、A市和B市郊区1:5 000、A市1:1 000、B市1:500数字地形图进行更新，使所有数据集中的道路骨干网、POI的现势性都达到2016年。

然后，利用更新后的数字地形图数据进行15~20级电子地图数据生产。其中，A市建成区使用更新后A市1:1 000数据，B市建成区使用更新后B市1:500数据，A市和B市郊区使用更新后1:5 000数据，其余区域使用更新后1:1万数据。

## 第二节　在线地理信息服务发布软件建设案例

### 一、背景材料

根据国家测绘地理信息局与某省测绘地理信息局要求，计划建设"某省地理信息公共服务平台公众版（天地图·某省）"，其中主要任务之一是建立在线地理信息服务系统，重点是组织建设在线地理信息服务发布软件系统。

遵照"天地图·某省"建设相关技术标准与规范，建设"天地图·某省"节点的在线地理数据信息服务发布软件，包括在线服务基础系统、门户网站系统、应用程序编程接口与控件库、在线数据管理系统等。在线服务基础系统具备正确响应通过网络发出的符合开放地理信息系统论坛（OGC）相关互操作规范的调用指令的能力，支持地理信息资源元数据（目录）服务、地理信息浏览服务、数据存取服务和数据分析处理服务的实现。其中，元数据服务须符合 OGCCSW 规范，以及《地理信息网络分发服务元数据内容规范》、《地理信息网络分发服务元数据服务接口规范》；二维地图浏览必须支持 OGCWMTS、OGCWMS 规范，并可以根据需要选择或制定基于 SOAP 和 REST 的接口；三维地图服务应支持直接读取通过 WMTS 或 WMS 接口发布地图服务；数据存取服务可实现数据操作、地理编码等，必须支持 OGC 的 WFS、WCS 规范，也可根据实际需要选择其他通用 IT 标准；数据分析处理服务须遵循 OGCWPS 规范；地名地址服务须遵循 OGC WFS—G 规范。门户网站系统应提供地理信息浏览、地名地址查找定位等基本服务，还可提供信息标绘、路径规划、数据提取与下载、空间信息查询分析等扩展服务，并能够接入或集成各类相关网站专题服务。门户网站必须标注审图号，提供必要的使用条款、用户意见反馈、服务运行状态等信息。还应尽可能详细地提供平台使用帮助信息，如各类服务的接口规范、应用程序编程接口（API）文本以及开发模板、代码片段和相关技术文档资料等。应用程序编程接口与控制库为专业用户提供调用各类服务的应用程序编程接口（API）与控件，实现对"天地图"各类服务资源和功能的调用。在线数据管理系统可实现在线服务数据入库、管理、发布、更新、备份。

在整体性能上，须满足提供 7×24 小时不间断高质量服务的要求。同时应能实时检测和抵御黑客攻击，满足国家计算机信息系统等级保护第三级建设的要求。

## 二、考点剖析

1. 在线地理信息服务发布软件的构成

在线地理信息服务发布软件的构成如图 9-4 所示。

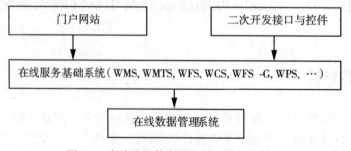

图 9-4 在线地理信息服务发布软件的构成

**2. 在线地理信息服务发布软件功能设计**

(1) 在线服务基础系统

地理信息资源元数据（目录）服务：又称为目录服务，实现包括地理信息数据服务以及其他相关资源的元数据采集、注册、汇集，在此基础上提供地理信息资源的查询、发现，以及对服务资源的聚合或组合。要求符合 OGCCSW 规范，以及《地理信息网络分发服务元数据内容规范》、《地理信息网络分发服务元数据服务接口规范》。

二维地理信息浏览服务：提供对预先编制的线划图、影像地图的浏览服务。必须支持 OGCWMTS、OGCWMS 规范，并可以根据需要选择或制定基于 SOAP 和 REST 的接口，为开发用户提供更多的选择。

三维地理信息浏览服务：提供由遥感影像、DEM 构建的三维地形场景浏览，以及城市范围内以三维建筑物模型和纹理构建的三维城市景观、城市立面街景浏览。必要时可开发专门的客户端软件。三维地图服务应支持直接读取通过 WMTS 或 WMS 接口发布的地图服务。

地名地址查询服务：提供对规范化地名、地址的查询与定位。地名地址服务须遵循 OGC WFS—G 规范。

数据存取服务：提供数据操作、地理编码等直接访问平台数据的服务。数据操作支持对经共享授权的数据进行直接远程操作，包括数据查询、数据库同步、数据复制、数据提取等。

必须支持 OGC 的 WFS、WCS 规范，也可根据实际需要选择其他通用 IT 标准。地理编码可以把包括地名、通信地址、邮政编码、电话号码、车牌号码、网络地址属性的信息定位到地图上，并要求支持 OGC 的相关规范。

数据分析处理服务：包括常用公共空间分析方法，如缓冲区分析、叠加分析等，也包括统计数据制图服务、空间查询统计、空间数据对比、统计分析与图表、地形分析等面向应用领域的一些常用功能并要求必须遵循 OGC WPS 规范。

(2) 门户网站系统

① 提供地理信息浏览、地名地址查找定位等基本服务；

② 提供信息标绘、路径规划、数据提取与下载、空间信息查询分析等扩展服务；

③ 提供接入或集成各类相关网站专题服务；

④ 提供必使用条款、用户意见反馈、服务运行状态等信息以及使用帮助信息，如各类服务的接口规范、应用开发接口（API）文本以及开发模板、代码片段和相关技术文档资料等。

(3) 二次开发接口

提供调用各类服务的浏览器端二次开发接口与控件。

(4) 在线数据管理系统

实现在线服务数据入库、管理、发布、更新、备份。

### 3. 在线地理信息服务发布软件平台选择

互联网地理信息服务系统主要是基于 SOA 架构实现互操作，其特点就是松耦合，即服务与数据之间、服务与软件之间、服务与软硬件支撑环境之间非紧密绑定，主要服务规范性服务接口与协议实现互操作，具有极强的灵活性。为此任何一种软件，只要支持相关的互操作协议，能够提供规范的接口，发布标准服务，即可支持互联网地理信息服务。

与此同时，互联网地理信息服务需要提供 7×24 小时不间断服务，需要实现分布式多源服务聚合，能够应对来自网络用户的高强度访问与应用，并抵抗网络环境中各类攻击。因此，在线地理信息服务发布软件平台的选型应重点考虑技术先进性、开放性、成熟度、商业化服务响应能力等。

## 第三节　运行支持系统建设案例

### 一、背景材料

根据国家测绘地理信息局与某省测绘地理信息局要求，计划建设"某省地理信息公共服务平台公众版（天地图·某省）"，其中主要任务之一是建立运行支持系统。

遵照"天地图·某省"建设需求，设计"天地图·某省"运行支持系统建设初步方案，明确运行支持系统建设内容与基本要求，为设备采购与详细部署方案的编制提供依据。

### 二、考点剖析

运行支持系统主要包括互联网接入系统、服务器集群系统、存储备份系统、计算机安全保密系统等。

#### 1. 互联网接入系统功能设计

"天地图·某省"通过互联网接入路由器就近接入相应网络汇聚节点，实现节点间及节点与用户间的互联互通。须申请互联网域名，并根据需要租用内容发布网络（CDN）服务来提升用户访问速度。每个节点内部规划 3 个网络分区：对外服务区（DMZ）、数据存储管理区（DMZ）和数据生产加工区。对外服务区内主要部署 Web 服务器和应用服务器系统，数据存储管理区主要部署数据库服务器系统，数据生产加工区主要部署数据检查、处理、建库计算机软硬件设备。

2. 服务器集群功能设计

服务器集群须部署满足高可用性和负载均衡服务要求的 Web 应用服务器集群、数据库服务器集群，并部署支持并发工作方式、高可用及负载均衡集群、主流厂商的计算机硬件的数据库管理软件。必要时可配置镜像服务器集群或热备系统，提供负载均衡和灾难情况下的服务快速迁移。

3. 存储备份系统功能设计

存储备份系统须构建存储区域网（SAN）以实现海量地理信息的存储备份。主要包括光纤交换机、磁盘阵列、磁带库、管理服务器等设备，以及数据库管理和地理信息等系统软件。必要时配置异地存储备份系统。

4. 计算机安全保密系统功能设计

计算机安全保密系统要按照公安部有关重要计算机信息系统等级保护第三级的标准、规定和文件精神要求，部署企业级的身份鉴别、访问授权、防火墙、网络行为审计、入侵防御、漏洞扫描、计算机病毒防治、安全管理等公安部验证通过的安全产品，能够抵御互联网环境下面临的黑客攻击、网络病毒、各种安全漏洞以及内部非授权访问导致的安全威胁。同时，编写并落实等级保护系统管理制度。

# 第二部分 试题解析

# （一）2011年注册测绘师案例分析试卷与参考答案

## 第一题（18分）：

某市的基础控制网，因受城市建设、自然环境、人为活动等因素的影响，测量标志不断破坏、减少。为了保证基础控制网的功能，该市决定对基础控制网进行维护，主要工作内容包括控制点的普查、补测、观测、计算及成果的坐标转换等。

（1）已有资料情况：

该市基础控制网的观测数据及成果：联测国家高等级三角点5个，基本均匀覆盖整个城市区域，各三角点均有1980西安坐标系成果；城市及周边地区的GPS连续运行参考站观测数据及精确坐标；城市及周边地区近期布设的国家GPS点及成果。

（2）控制网测量精度指标要求：

控制网采用三等GPS网，主要技术指标见表1。

表1

| 等级 | $a$(mm) | $b$($1\times10^{-6}$) | 最弱边相对中误差 |
|---|---|---|---|
| 三等 | ≤10 | ≤5 | 1/80 000 |

（3）外业资料的检验：

使用随接收机配备的商用软件对观测数据进行解算，对同步环闭合数、独立闭合环闭合差、重复基线较差进行检核，各项指标应满足精度要求：

① 同步环各坐标分量闭合差（$W_X$、$W_Y$、$W_Z$）：

$$W_X \leq \frac{\sqrt{3}\sigma}{5}, W_Y \leq \frac{\sqrt{3}\sigma}{5}, W_Z \leq \frac{\sqrt{3}\sigma}{5},$$

$\sigma = \pm\sqrt{a^2 + (b\times d)^2}$，其中$\sigma$为基线测量误差。

② 独立闭合坐标闭合差$W_s$和各坐标分量闭合差$\frac{3}{5}\sigma$：

$$W_X \leq 2\sqrt{n}\sigma, W_Y \leq 2\sqrt{n}\sigma, W_Z \leq 2\sqrt{n}\sigma, W_s \leq 2\sqrt{3n}\sigma。$$

式中，$\sigma$的含义同上，$n$表示闭合环边数。

③ 重复基线的长度较差$d_s$应满足规范要求。

项目实施中，测得某一基线长度约10 km，重复基线的长度较差95.5mm，某一由6条边（平均边长约5 km）组成的独立闭合环，其$X$、$Y$、$Z$坐标分量的闭合差分别为60.4mm、160.3mm、90.5mm。

（4）GPS控制网平差解算：

包括三维无约束平差和三维约束平差。

（5）坐标转换：

该市基于2000国家大地坐标系建立了城市独立坐标系，该独立坐标系使用中央子午线为东经×××°××′××″，任意带高斯平面直角坐标。通过平差与严密换算获得城市基础控制网2000国家大地坐标系与独立坐标系成果后，利用联测的5个高等级三角点成果，采用平面二维四参数转换模型，获得了该基础控制网1954北京坐标系与1980西安坐标系成果。

## 问 题

1. 计算该重复基线长度较差的最大允许值，并判定其是否超限。
2. 计算该独立闭合环坐标与坐标分量闭合差的限差值，并判定闭合差是否超限。
3. 简述该项目GPS数据处理的基本流程。
4. 简述该项目1980西安坐标系与独立坐标系转换关系建立方法及步骤。（上述计算：计算过程保留小数点后2位，结果保留小数点后1位）

## 参考答案

1. 计算该重复基线长度较差的最大允许值，并判定其是否超限。

**解法一：** 可以将最弱边相对中误差理解为边长相对误差的极限值，即

$mS_{\lim}/S = (2 \times m_s/S) = 1/80\,000$（$m_s$为边长相对中误差，$S$为边长）

题中指定边的误差的极限值$mS_{\lim} = 2 \times m_s = 10\,000\,000\text{mm} \times 1/80\,000 = 125\text{mm}$。可以算得$m_s = 62.5\text{mm}$。因为边长测量值$S = (s_1+s_2)/2$（$s_1$、$s_2$分别为往返测量值）；往返测较差$d_s = s_1-s_2$，根据误差传播率，则有：

$(m_s)^2 = (m_1/2)^2 + (m_2/2)^2$（$m_1$、$m_2$分别为往返测量中误差）；

$(m_{ds})^2 = (m_1)^2 + (m_2)^2$，假定往返测量精度相同，即$m_1 = m_2 = m$；

可推得：$m_s = m/\sqrt{2}$，$m = m_s\sqrt{2}$；$m_{ds} = \sqrt{2}m = 2m_s$；如果取2倍中误差作为极限误差，则较差极限值（允许值）$= 2 \times m_{ds} = 4m_s = 250\text{mm}$。题中往返较差为95.5mm < 250mm，故不超限。

**解法二：** 根据题意要求，重复基线的长度较差$d_s$应满足规范要求。现行规范要求重复基线的长度较差应满足下式的要求：$d_s \leq 2\sqrt{2}\sigma$。

其中，$\sigma = \sqrt{a^2 + (b \times d)^2}$，$d$为基线边长。将相关数据代入上式：

$\sigma = \sqrt{10^2 + (5 \times 10^{-6} \times 10 \times 10^6)} = \sqrt{2600} = 50.99\text{mm}$，

$d_s \leq 2\sqrt{2}\sigma = 2 \times \sqrt{2} \times 50.99\text{mm}$。

题中往返较差为 95.5mm<144.2mm，故不超限。

2. 计算该独立闭合环坐标与坐标分量闭合差的限差值，并判定闭合差是否超限。

首先计算基线测量误差 $\sqrt{a^2+(bd)^2}=\sqrt{10^2+(5\times5)^2}=26.9$mm；

独立环坐标闭合差 $W=2\sqrt{3n}\sigma=228.3$mm；

独立环坐标分量闭合差 $W_X=W_Y=W_Z=2\sqrt{n}\sigma=131.8$mm；

实测得 $W_X=60.4$，$W_Y=160.3$，$W_Z=90.5$。

实测独立环坐标闭合差：

$$W=\sqrt{W_X^2+W_Y^2+W_Z^2}=193.7\text{mm}<228.3\text{mm}。$$

因此，独立环坐标闭合差不超限。该独立环坐标分量闭合差 $W_X$、$W_Z$ 不超限；$W_Y$ 超限。

3. 简述该项目 GPS 数据处理的基本流程。

基本流程如下：

① 数据准备；包括输入必要数据（如测站名称、仪器高），将全部数据文件转换成数据处理软件认可的格式等。

② 将全部数据文件导入处理软件。

③ 已知数据导入（5 个高等级三角点的 1980 西安坐标系坐标）。

④ 基线解算：包括对基线精度、同步环、独立环和重复基线闭合差、较差情况的考察、分析和处理，必要时对某些测站进行重测。

⑤ WGS-84 坐标系下三维平差（无约束平差）及其精度分析并决定处理办法。

⑥ 1980 西安坐标系下二维平差（利用 5 个高等级三角点 1980 西安坐标系坐标作为约束条件的约束平差）及其精度分析并决定处理办法。

⑦ 输出平差结果。

4. 简述该项目 1980 西安坐标系与独立坐标系转换关系建立方法及步骤。（上述计算：计算过程保留小数点后 2 位，结果保留小数点后 1 位）

坐标系转换关系建立方法及步骤如下：

① 采用 GPS 静态测量方式将 5 个（少 1 个点也可，但最少不得少于 2 个）高等级三角点与城市独立控制网联测，得到 5 个高等级三角点的城市独立坐标系坐标 $(A,B)$；

② 将 5 个高等级三角点的 1980 西安坐标系坐标通过换带计算转换为中央子午线与城市独立坐标系中央子午线相同的任意带坐标 $(X,Y)$；

③ 将 5 个高等级三角点转换后的 1980 西安坐标系坐标 $(X,Y)$、城市独立坐标系坐标 $(A,B)$ 利用坐标系转换公式：

$$A=p+k\times\cos\alpha\times X-k\times\sin\alpha\times Y$$
$$B=q+k\times\sin\alpha\times X+k\times\cos\alpha\times Y$$

根据最小二乘法原理，即可求出 $p$、$q$、$k$、$\alpha$ 等转换参数。至此，1980 西安坐标系与城市独立坐标系之间转换关系建立完成。

## 第二题（12分）：

某化工厂全部建设完成后，某测绘单位承担 1∶500 数字地形图测绘项目，厂区面积 1.5 km²。

项目要求严格执行国家有关技术标准，主要包括《1∶500　1∶1 000　1∶2 000 外业数字测图技术规程》（GB/T 14912—2005），《国家基本比例尺地图图式第 1 部分：1∶500　1∶1 000　1∶2 000 地形图图式》（GB/T 20257.1—2007）。

地形图图幅按矩形分幅，规格为 50cm×50cm。

在测区首级控制完成后，按 3 个作业组测图进行了测区划分，作业组按野外全要素进行了外业数据采集、编辑处理、测区接边等工作，最终提交的成果资料包括：① 测图控制点展点图、水准路线图、埋石点点之记；② 地形图数据文件、元数据文件等各种数据文件；③ 输出的地形图；④ 产品检查报告等内容。

### 问题

1. 计算该厂区面积折合满幅 1∶500 地形图图幅数量。
2. 简述测区划分的原则。
3. 补充完善提交的成果资料中所缺少的内容。

### 参考答案

1. 计算该厂区面积折合满幅 1∶500 地形图图幅数量。

地形图折合整幅数 = 1.5/0.062 5 = 24（幅）。

2. 简述测区划分的原则。

测区划分原则：分界线两侧相互联系的地物最少（如厂区道路），3 个组工作量基本相同（兼顾面积大小、难易程度和交通耗时），同一组的范围尽量相邻或相近不要太零碎，各分区之间的数据尽可能的独立。

3. 补充完善提交的成果资料中所缺少的内容。

提交资料还应包括：
① 测量技术设计书；
② 测量技术总结（含控制点成果表）；
③ 控制测量平差计算资料（视委托方要求）；
④ 仪器检验报告（复印件）；
⑤ 测绘资质证书（复印件）；
⑥ 含所有资料的数据光盘；
⑦ 委托方要求而国家法律法规又允许提供的其他材料。

# 第三题 (18 分):

某测绘项目采用航空摄影测量方法生产某测区 1∶2 000 比例尺的数字地形图。

测区面积约 5 000 km$^2$，东西长约 100 km，南北长约 60 km，测区内陆地最低点高程为 20m，最高点高程为 200m。

原始影像采用真彩色胶片航空摄影获取，摄影像机型号为 RC-30，像幅为 230mm×230mm，焦距为 152mm，摄影比例尺为 1∶8 000，航片的航向重叠度为 65%，旁向重叠度为 35%，影像扫描分辨率为 20um。

航摄公司完成测区摄影后，向项目承担单位提交了下列资料：
① 测区航摄底片、晒印的像片；
② 成果质量检查记录；
③ 各种登记表和提交资料清单。

项目承担单位认为航摄公司提交的资料不全，要求航摄公司补齐有关资料。

项目承担单位在完成整个测区外业控制点布设、测量及验收工作后，进行解析空中三角测量内业加密，平面坐标采用 2000 国家大地坐标系，高程采用 1985 国家高程基准。

在野外调绘工作完成后，进行内业立体测量，然后对立体测图数据成果进行了点位精度、属性精度、逻辑一致性和附件质量等方面的质量检查。

## 问 题

1. 航摄公司应补交哪些资料？
2. 以框图形式表示本项目立体测图的工作流程。
3. 简述解析空中三角测量内业加密的主要工作流程。
4. 该项目立体测图数据成果检查内容是否全面；若不全面，予以补全。

## 参考答案

1. 航摄公司应补交哪些资料？

航摄公司需要补交：
① 像片缩略（索引）图及数据文件各 1 份；
② 航摄相机检定表文本及数据文件各 1 份；
③ 航摄技术设计书文本及数据文件各 1 份；
④ 航摄技术报告书文本及数据文件各 1 份。

2. 以框图形式表示本项目立体测图的工作流程。

本项目立体测图的工作流程如图 1 所示。

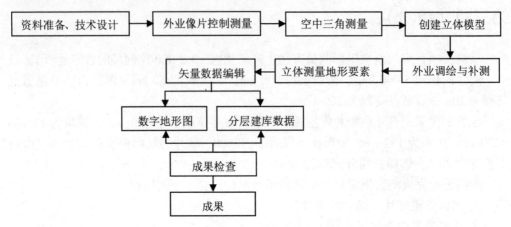

图 1　本项目立体测图工作流程图

3. 简述解析空中三角测量内业加密的主要工作流程。

解析空中三角测量内业加密的主要工作流程：

① 资料准备；

② 野外像控点的转刺；

③ 内业加密点的选点观测；

④ 相对定向；

⑤ 平差计算；

⑥ 区域网接边；

⑦ 质量检查；

⑧ 成果整理与提交。

通过内定向、相对定向、绝对定向，最终获取框标点量测坐标、像点量测坐标、空三加密点大地坐标以及像片的外方位元素。

4. 该项目立体测图数据成果检查内容是否全面；若不全面，予以补全。

该项目立体测图数据成果检查内容不全面。还应进行以下检查：

① 空间参照系的检查；

② 完整性检查；

③ 表征质量检查。

# 第四题（18 分）：

某测绘单位为某省编制一幅综合经济挂图。该省东西方向宽约 400 km，南北方向长约 550 km。

挂图采用数字制图技术进行编绘，地理地图要素需从收集的资料中选择一种基本资料或数据进行编绘,按照中小比例尺专题地图编绘要求表示要素和进行制图综合,包括要素取舍、分类合并及图形概括等,制作形成符合四色印刷的印前数据,印前应进行严格的质量检查,确保挂图内容正确,要素的详细程度适中,各要素制图综合及图层关系处理合理,叠置顺序无误,地图设色、符号及注记配置和地图整饰美观。

1. 具体要求:

① 挂图比例尺为1:60万,选用等角圆锥地图投影,幅面根据实际情况选择全开(1 024mm×787mm)或对开(787mm×546mm);

② 挂图的地理底图应表示主要基础地理要素,包括县级(含)以上境界、铁路、乡级(含)以上公路、乡镇(含)以上居民地,以及主要河流、湖泊、大型水库等;

③ 专题要素表示全省各县(市)的人均生产总值,各县(市)第一、第二、第三产业的比例构成等。

④ 境界、公路及居民地名称的现势性应达到2009年年底。

⑤ 需公开出版发行,同时提交印前数据。

2. 收集的资料:

① 2007年更新生产的公开版1:25万地图数据,内容与1:25万地形图基本一致;

② 全省行政区划简册,资料截至2009年年底;

③ 2010年发布的经济统计数据,含各县(市)人口数、生产总值,以及各县(市)第一、第二、第三产业的总值,资料截至2009年年底;

④ 全省旅游交通图,比例尺1:90万,2010年初出版。

## 问 题

1. 说明该挂图选择的幅面尺寸及理由。
2. 说明编图中如何使用所收集的各种资料。
3. 简述如何编绘居民地和水系等地理底图要素。
4. 简述如何用饼图和柱状图方法表示专题要素,以及如何配置符号。

## 参考答案

1. 说明该挂图选择的幅面尺寸及理由。

挂图东西方向图廓长度约为:

400 km÷600 000 = 666.67mm,

666.67mm < 787mm;

挂图南北方向图廓长度约为:

550 km÷600 000 = 916.67mm,

916.67mm < 1 024mm。

因此，挂图应选择全开幅面（1 024mm ×787mm）。

2. 说明编图中如何使用所收集的各种资料。

编图中对于收集的各种资料使用方法如下：

① 2007年更新生产的公开版1∶25万地图数据，作为经济挂图的地理底图的编图数据源；

② 全省行政区划简册，作为编图时对境界及居民地名称进行更新资料；

③ 2010年发布的经济统计数据，作为经济挂图的编图时专题要素的数据；

④ 全省旅游交通图，作为编图时对道路、旅游景点和居民地的更新资料。

3. 简述如何编绘居民地和水系等地理底图要素。

（1）居民地要素的编绘：

选取图上全部乡镇（含）以上居民地，对乡镇（含）以上的居民地的平面图形进行化简，化简的方法包括：居民地外部轮廓形状化简、居民地内部结构的化简。不能用平面图形表示的居民地改用圈形符号表示，且要处理好居民地与其他要素的关系（相接、相切和相离）。

（2）水系要素的编绘：

选取主要河流、湖泊、大型水库等。选取时要正确反映河系的形状和类型特征；对双线河流进行图形化简；宽度小于0.4mm双线河改用单线表示，并注意正确反映河流的主支流关系。对选取的湖泊、大型水库图形轮廓进行图形化简。

4. 简述如何用饼图和柱状图方法表示专题要素，以及如何配置符号。

用饼图方法表示各县（市）第一、第二、第三产业的比例构成，第一、第二、第三产业采用不同颜色表示；用柱状图方法表示各县（市）的人均生产总值；饼图和柱状图符号要尽量配置在各县（市）区域的中心；饼图和柱状图符号要尽量不压盖重要的居民地及注记。

# 第五题（18分）：

某市拟建设市政设施管理与更新信息系统，项目内容包括建设全市市政设施数据库，开发数据库管理与服务系统。

1. 已有数据：

（1）基础地理信息数据。

由基础地理信息服务平台提供地图服务，包括全市0.5m彩色正射影像，以及1∶500、1∶2 000地形图数据等，采用城市独立坐标系，高斯-克吕格投影。

（2）市政设施数据。

道路和桥梁要素：根据1∶500地形图按图幅采集存储，以多边形表示道路和桥梁的路面范围，同时采集道路和桥梁的中心线；属性信息包括其分类编号、宽度、路面材料、名称等。

路灯要素：利用GPS采集道路和桥梁沿线路路灯的定位点数据，为WGS-84坐标系；属性信息包括其分类编码，所在道路和桥梁的编号及名称，按照片区存储；其他路灯暂不采集。

燃气管线、燃气井要素：根据1：500地形图按图幅采集，燃气管线的属性信息包括分类编号、管径、管材等；燃气井采集点位及类型等属性。

供水、排水、电力、通信等要素的采集和存储参照燃气设施数据方式进行。

2. 全市市政设施数据库要求：

对数据进行分层组织，具有相同几何特征的道路、桥梁、路灯、燃气、供水、排水、电力、通信等设施要素划分为相同层；全市范围连续无缝，要素对象应进行接边和保持唯一；数据库坐标系与1：500地图数据一致，利用WGS-84坐标系与城市独立坐标系之间的转换参数对路灯数据进行转换；入库数据必须经过严格的质量检查，包括内业数据检查和野外抽查核实。

3. 数据库管理与服务系统开发：

包括数据采集与更新，数据库管理与服务2个子系统，在互联网环境中运行，并可调用已运行的基础地理信息服务平台。

数据采集更新子系统，在掌上电脑（PDA）上开发，利用无线网络与互联网连接，要求利用携带的GPS实地采集更新市政设施数据，并自动转换到城市独立坐标系；通视可调用基础地理信息服务平台的地图和影像数据服务为背景，实地调绘对市政设施数据进行更新。

数据库管理与服务子系统的主要功能包括数据建库、管理、更新，以及对外数据目录发布，信息查询、数据编辑处理、数据提取、地图服务等。

基础地理信息服务平台可以提供网络地图服务和有关功能服务接口。

## 问题

1. 设计该市政设施数据库的要素分层方案。
2. 简述将采集的市政设施数据整理入库的主要工作步骤及内容。
3. 设计数据采集更新子系统的主要功能。
4. 简述检查数据质量时，如何将位置偏离道路5m的路灯点检查显示出来。

## 参考答案

1. 设计该市政设施数据库的要素分层方案。

该市政设施数据库的要素分层方案为：

① 道路、桥梁要素层；
② 路灯要素层；
③ 燃气管线、燃气井要素层；
④ 供水、排水要素层；

⑤ 电力、通信要素层。

2. 简述将采集的市政设施数据整理入库的主要工作步骤及内容。

数据整理入库的主要工作步骤及内容为：

(1) 生产数据入库检查：

入库检查从全局范围，把握一些重大的质量问题，注重检查和处理生产的数据之间、不同区域的数据之间、不同图幅数据之间的不完整、不一致等问题，以及要素之间的关系协调等。包括内业数据检查和野外抽查核实。

(2) 数据整理：

由于数据库坐标系采用城市独立坐标系统、高斯-克吕格投影，而利用 GPS 采集的路灯数据，为 WGS-84 坐标系，需要利用 WGS-84 坐标系与城市独立坐标系之间的转换参数对路灯数据进行转换。

(3) 数据的预入库：

按照数据库整体结构的设计，将生产数据按照数据的存储要求入库到相应的数据层，这期间数据不做任何处理，产生的临时数据库供下一步的数据处理。

(4) 数据处理与修改：

对于线要素要将要素在图幅分割处进行连接使其连续；对于面要素要将由于图幅分割成多个目标进行合并生成一个目标。对于公路网、铁路网、行政区域等要将对应的原始数据进行重新整合生成。要求在全市范围连续无缝，各要素对象应进行接边处理和保持唯一。

(5) 元数据整理：

生产数据是按图幅为单位以文件方式组织的，需要将元数据进行汇总整理，并将文本格式转换为关系表格形式，以利于元数据的入库。

(6) 数据正式入库：

把经过整理、符合数据库设计要求的数据进行正式入库，形成正式的数据库成果。

3. 设计数据采集更新子系统的主要功能。

设计数据采集更新子系统的主要功能包括：利用无线网络与互联网连接，利用携带的 GPS 实地采集更新市政设施数据，并自动转换到城市独立坐标系；通视可调用基础地理信息服务平台的地图和影像数据服务为背景，实地调绘对市政设施数据进行更新。

4. 简述检查数据质量时，如何将位置偏离道路 5m 的路灯点检查显示出来。

检查数据质量时，以道路为中轴线，以 5m 加上二分之一道路宽度的和为缓冲距离，生成道路的缓冲区；将路灯专题数据叠置到道路的缓冲区图层上，做点与面的叠置；最后将落在道路的缓冲区之外的路灯图形元素检索出来即可。

## 第六题（18分）：

某市某区按照国家第二次土地调查的技术规定和要求，完成了全区域的土地调查项目，调查范围涉及区政府所在地、乡政府所在地、各类开发区、园区的调查面积约 36 km²。

项目的主要内容包括：权属调查、地籍控制测量、界址点测量、1∶500 地籍测绘、宗地图测绘、面积计算、城镇地籍数据库及管理系统建设等。

该市第二次土地调查领导小组办公室组织成立了验收组，依据《第二次土地调查成果检查验收办法》，对城镇地籍调查成果进行验收，在验收城镇地籍成果时，对数据库、元数据、地籍图、宗地图、统计表格、文字报告进行了检查；在验收地籍调查成果时，内业抽取50%，外业抽取5%进行了检查，其中地籍控制内业检查了：

① 平面坐标系统选择是否合理，长度变形是否超限；
② 观测记录是否齐全、规范；
③ 高程基准选择是否正确，高程施测精度是否满足相关技术设计；
④ 资料是否齐全，内容是否完整规范等。

在细部测量外业检查时，验收组实地采集了10个地物特征点进行检查并评定了精度。

### 问 题

1. 简述在城镇地籍数据库验收中，地籍图和宗地图检查的内容。
2. 补充完善地籍控制测量成果内业检查的内容。
3. 细部测量外业检查的方法和内容是否合理？若不合理，说明正确的方法和内容。

### 参考答案

1. 简述在城镇地籍数据库验收中，地籍图和宗地图检查的内容。

城镇地籍数据库验收中，地籍图和宗地图应检查的内容包括：

（1）地籍图应检查的内容：

图内要素：

① 地籍要素，包括行政界线、界址点线、街坊界、地籍号、地类、面积、使用者名称、土地等级注记。

② 数学要素，包括图廓线、坐标格网、坐标注记、测量控制网、测量控制点及其注记。

③ 地物要素，包括建筑物及构筑物、楼层、门牌号等，围墙、栅栏、道路、水

系等线状要素。独立地物、地形地貌注记、高程注记、等高线要素、其他注记等。

图外要素：图种名、图名、图号；图幅接合表；坐标系及高程系；成图比例尺；制图单位全称；说明注记（含调绘时间、制图时间）；辅助说明；图例。

（2）宗地图应检查的内容：

① 图内要素：图幅号、地籍号、本宗地号地类号、门牌号、面积及宗地使用者名称、界址点、界址点号、界址线及边长、本宗地内建、构筑物，邻宗地址界址线（示意）。相邻道路、街巷及名称，指北针。

② 图外要素：图种名，宗地面积，绘图员签名、审检员签名等，制图时间，其他说明注记。

2. 补充完善地籍控制测量成果内业检查的内容。

地籍控制测量成果内业检查的内容：

① 平面坐标系统选择是否合理，长度变形是否超限（椭球、中央子午线、投影面的选择是否得当）；

② 高程基准选择是否正确；

③ 控制点编号是否符合编号规则；

④ 各项观测数据是否齐全、规范（包括签名、注记），平差前各项闭合差是否符合规范要求；

⑤ 选择的数据处理和平差软件是否得当；

⑥ 平差后各项精度指标如点位中误差、边长中误差、高程中误差等是否符合精度要求；

⑦ 输出的控制点成果资料是否齐全、规范，包括各项注记如计算者、检查者、日期等是否齐全；

⑧ 仪器检验证书是否齐全、有效等。

其中，③、⑤、⑥、⑧是补充完善的。

3. 细部测量外业检查的方法和内容是否合理？若不合理，说明正确的方法和内容。

细部测量外业检查的方法和内容均不太合理，理由是抽样太少、检查方法太单一。

正确检查方法和内容应该是：抽样数量（以图幅计）约为总量（折合整图幅）的10%，随机抽取；每幅抽检的图中需检查20~50个明显的特征点，其中用全站仪实测点位（带高程）约占1/2，用钢带尺量边检查相邻地物点间距约占1/2；以图幅为单位（或以批次为单位）评定测量精度。

# 第七题（18分）：

某测绘单位承担大厦建设过程中的变形监测任务。该大厦位于城市的中部，设计楼层80层（含地下4层），楼高约360m，总建筑面积约250 000m$^2$，为该地区地标性建筑物。

已有资料情况：

① 建筑物总平面图、施工设计图及相关说明文档；
② 施工首级 GPS 控制网资料（城市独立坐标系）；
③ 周边地区一、二等水准点资料（1985 国家高程基准）。
④ 其他相关资料。

投入的主要测量设备：

① 0.5″级全站仪 1 台套；
② 双频 GPS 接收机 5 台套；
③ 精度为 1/10 万的激光垂准仪 1 台套；
④ $DS_{0.5}$ 型水准仪 1 台套；
⑤ 50m 钢卷尺 1 个。

测绘单位按规范要求在建筑物基坑周边外埋设 2 个垂直位移监测工作基点，4 个水平位移监测工作基点。垂直位移监测工作基点为钢管标；水平位移监测基点为带有强制对中装置的观测墩，其中 2 个建于周边 10 层楼的楼顶，两个在地面上。

变形监测的内容包括基坑支护边坡顶部水平位移及垂直位移；基坑回弹基础沉降监测及主体工程倾斜测量、基坑周边 50m 范围内建筑物的沉降监测等。

变形监测要求提交符合规范要求的以图和表形式表达的成果。

## 问 题

1. 为测定垂直位移监测工作基点的高程，应布设垂直位移监测基准点，基准点布设的位置和数量要求以及垂直位移监测的等级要求。

2. 在投入的主要测量设备中，选择一种最适合用于监测水平位移监测工作的稳定性的设备，并说明观测时的注意事项。

3. 简述变形监测成果中图和表的主要内容。

## 参考答案

1. 为测定垂直位移监测工作基点的高程，应布设垂直位移监测基准点，基准点布设的位置和数量要求以及垂直位移监测的等级要求。

① 根据变形监测工程需要和现有仪器设备所能达到的精度，建议采用"变形测量二级"精度标准施测，即沉降监测：观测点测站高差中误差为±0.5mm；位移监测：观测点坐标中误差为±3.0mm。

② 高程基准点设置 4 个，位置设在基坑四周，距离基坑上边缘 100m 以外，可以设在稳定的建筑物墙面、地面以上 0.3~0.5m 处（墙上水准点），或者设在适合接收卫星信号的路边地面上，埋设足够深度的砼标桩，以便兼作位移基准点使用。高程基

准点位置选择要考虑基础稳定、便于使用、不易被破坏等因素。

2. 在投入的主要测量设备中，选择一种最适合用于监测水平位移监测工作的稳定性的设备，并说明观测时的注意事项。

① 水平工作基点的稳定性监测采用双频 GPS 接收机较为合适，它具有精度高、操作方便、数据处理简便、劳动强度低等优点，尤其是基准点选择困难不得不远离工作基点时，优点更为突出。

② 观测时应注意仪器架设正确、稳定，做好现场记录如测站点号、时段号、起止时间、仪器高等，测量人员不能远离仪器，做好突发事件的应急方案。

3. 简述变形监测成果中图和表的主要内容。

变形测量成果中图和表的主要内容：

① 变形测量成果图、表应按不同对象、不同内容（垂直、水平、倾斜）分别提供。

② 图表应包括：观测点位置布设图、形变曲线图、变形量计算表、变形量统计表等。

③ 变形量计算表应包括观测日期与时间、初始观测值、上次观测值、本次观测值、本周期变形量、本周期平均变形量、本周期最大变形量、总变形量、平均总变形量、最大总变形量、意见与建议、观测对象相关记录等。

④ 变形量统计表应包括各次观测的日期、各周期的变形量、平均变形量、最大变形量，总的变形量、平均总变形量、最大总变形量，意见与建议、观测对象相关记录等。

⑤ 统计图是根据统计表中相关记录绘制的，包括时间-载荷-沉降曲线图、等沉降曲线图/水平位移曲线图等。

⑥ 计算、统计、绘图等人员的签名、日期。

# （二）2012年注册测绘师案例分析试卷与参考答案

## 第一题（18分）：

某测绘单位采用全野外数字测图方法完成了某铁路枢纽1∶500全要素数字地形图测绘项目。

测区地势平坦，分布有居民地、铁路、公路、农田、林地、沙地和河流等要素。

测图作业中，基本控制点采用一级GPS网和四等水准路线联测；图根点采用图根导线和图根水准联测；地形图数据采用全站仪极坐标法野外采集，由内业编辑处理生成1∶500地形图数据，要素包括测量控制点、居民地及设施、管线、境界、地貌、注记等九类；地形图的平面和高程精度采用高于数据采集精度的方法实地检测；项目成果按规范要求整理提交。

成果质量检验时，对火车站候车室所在图幅进行平面精度检测，获得了明显地物点的图上点位较差 $\Delta_1 \sim \Delta_{30}$（单位：mm），计算得到点位较差的平方和 $[\Delta\Delta] = 4.8 mm^2$。

**问题**

1. 以框图形式绘制本项目外业生产开始后的测图作业流程图。
2. 根据测区情况，指出题中未列出的三类1∶500数字地形图要素。
3. 计算火车站候车室所在图幅地物点的图上点位中误差（计算结果保留2位小数）。

**参考答案**

1. 以框图形式绘制本项目外业生产开始后的测图作业流程图。

外业生产开始后的测图作业流程如图2所示。

2. 根据测区情况，指出题中未列出的三类1∶500数字地形图要素。

未列出的地形图要素包括：
① 水系及附属设施；
② 交通及附属设施；
③ 植被与土质。

3. 计算火车站候车室所在图幅地物点的图上点位中误差（计算结果保留2位

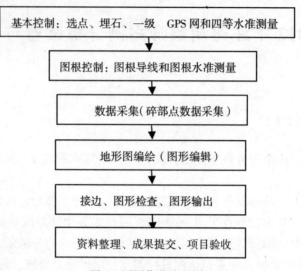

图 2 测图作业流程图

小数)。

因为地形图的平面和高程精度采用高于数据采集的精度的方法实地检测。所以,火车站候车室所在图幅地物点的图上点位中误差应按如下方法计算:

设图上点位中误差为 $m_p$,则

$$m_p = \pm \sqrt{\frac{[\Delta\Delta]}{n}}$$

根据题意,有

$$[\Delta\Delta] = 4.80 \text{mm}^2, \ n = 30$$

所以图上点位中误差

$$m_p = \pm \sqrt{\frac{4.80}{30}} = \pm 0.40 \text{ mm}$$

## 第二题(15分):

某测绘单位承建了某办公楼建设项目的规划监督测量任务。该办公楼为4层楼,长方形结构,楼顶为平顶。

办公楼相邻环境:东侧为办公大厦,南侧为小区市政道路,西侧为住宅楼,北侧为绿地。

竣工后的办公楼外周边地坪为水平。测量区域周边可用的控制点齐全。测量执行《城市测量规范》(CJJ/T 8—2011)。

测绘单位在实施规划监督测量过程中,分别进行了办公楼灰线验线测量、±0层地坪高程测量、办公楼高度测量、竣工地形图测量、地下管线测量、办公楼建筑面积测量，检测了周边建筑物的条件点。

其中，办公楼高度采用电磁波测距三角高程测量法，如图3所示测量了设站A仪器到楼顶C点的距离（SD）和天顶距$Z_A$；采用水准测量方法实测了室外地坪高程和设站点A的地面高程。一次观测得到如下测量数据：

$H_A$（设站地面高）= 47.000m；

$H_B$（室外地坪高）= 48.500m；

$i$（仪器高）= 1.600m；

$SD$ = 37.000m；

天顶距 $Z_A$ = 60°00′00″（$\sin60° = \dfrac{\sqrt{3}}{2}$，$\cos60° = \dfrac{1}{2}$）。

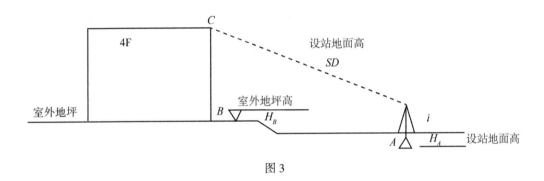

图3

## 问 题

1. 测绘单位实施的测量内容中，哪些属于验收测量？

2. 竣工地形图测量中，应测量办公楼周边的哪些要素，其中建筑物的条件点应采用什么方法进行测量？

3. 根据一次观测数据，计算办公楼的高度。（计算结果保留2位小数）

## 参考答案

1. 测绘单位实施的测量内容中，哪些属于验收测量？

验收测量包括：

① 办公楼高度测量；

② 竣工地形图测量；

③ 地下管线测量；

④ 办公楼建筑面积测量。

2. 竣工地形图测量中，应测量办公楼周边的哪些要素，其中建筑物的条件点应采用什么方法进行测量？

竣工地形图测量中，应测量办公楼周边的建构筑物、管线、交通等及其相应附属设施、独立性地物、房屋、街巷等。其中，街区单元的出入口及建筑物的重点部位，应测注高程点；主要道路中心在图上每隔 5cm 处和交叉、转折、起伏变换处，应测注高程点；各种管线的检修井，电力线路、通信线路的杆（塔），架空管线的固定支架，应测出位置并适当测注高程点。

建筑物的条件点测量可采用双极坐标法、前方交会法、导线联测法和 GPS-RTK 法等。

3. 根据一次观测数据，计算办公楼的高度。（计算结果保留 2 位小数）

（1）求解楼顶 C 点的高程

因

$H_A$（设地面高）= 47.00m，$i$（仪器高）= 1.600m，$SD$ = 37.000m

则

$H_C = H_A + i + SD \cos60° = 47.000 + 1.600 + 37.000 \times \cos60° = 67.100$m

（2）计算办公楼的高度

设办公楼的高度为 $h$，根据题意有

$h = H_C - H_B = 67.100 - 48.5 = 18.600$m。

# 第三题（18 分）：

某地区为海岛综合开发建设，利用现有二等大地控制网成果，布设了覆盖沿海岛屿的 C 级 GPS 网，并与验潮站网进行了水准联测。

测区条件：该地区海岛地理环境复杂，陆岛交通困难，个别海岛验潮站位于地势陡峭的岸边，有些验潮站临近码头的大型作业设施或高压输电线。因顾及 GPS 点尽量靠近验潮站水准点，给 GPS 点位的选择造成一定的困难。

执行规范：《全球定位系统（GPS）测量规范》（GB/T 18314—2009）等。

外业观测与数据处理：新测 C 级 GPS 点若干个。外业利用双频大地型 GPS 接收机（标称精度 5mm+1 ppm）进行了同步环观测。基线结算之后，对所有三边同步环的坐标闭合差 $W_S$ 和各坐标分量闭合差 $W_X$、$W_Y$、$W_Z$ 进行了检核。

$$W_S = \sqrt{W_X^2 + W_Y^2 + W_Z^2}$$

限差为 $\frac{3}{5}\sigma$（$\sigma$ 为基线测量中误差，按实际平均边长计算，固定误差和比例误差系数采用 GPS 接收机标称精度）。

其中某三边同步环的坐标闭合差 $W_S$ 限差为 6mm。

利用本地区已经建立的覆盖沿海岛屿的高精度区域似大地水准面模型，将国家高程基准传递到海岛上，以得到海岛上 GPS 点的国家高程基准的高程；将 GPS 点与验潮站水准点联测，可同时得到基于当地深度基准面的高程。

其中，某海岛验潮站附近 GPS 点 A 基于国家高程基准的高程为 1.986m，基于当地深度基准面的高程为 4.434m，该区域高程异常 0.776m。该海岛验潮站附近海中有一暗礁 B，海图上标注的最浅水深为 1.2m。

## 问题

1. 在海岛验潮站附近选择 GPS 点点位应注意哪些事项？

2. 计算该三边同步环的平均边长（结果取至 0.01 km）及各坐标分量闭合差 $W_X$、$W_Y$、$W_Z$ 的限差（结果取至 0.1mm）。

3. 计算暗礁 B 的大地高和基于国家高程基准的高程（列出计算步骤，结果取至 0.001m）。

## 参考答案

1. 在海岛验潮站附近选择 GPS 点点位应注意哪些事项？

在海岛验潮站附近选择 GPS 点点位应注意的事项包括：

① 利用 GPS 手段进行高程测量时，应对测区的高程异常进行分析。困难地区，如海岛验潮站附近，水准点分布合理的情况下不少于 3 个，解算出的未知点高程在满足规范要求时可作为相应等级的水准高程（外推点除外）使用。

② 点位选定，除考虑通视、角度和能长期保存外，尚应注意便于水深、海岸地形测量的充分利用。点位离开公路、铁路不得小于 50m，离开高压电线不得小于 120m。视线应尽量避免从斜坡、陡岸边通过。当视线通过稻田、沼泽、湖泊、大片森林、较大城市及工业区时，应增加视线高度，并考虑不同季节农作物的生长情况。

③ 还应注意点位周围地平仰角，GPS 海控级点周围 15°以上应无障碍物，距点位 1 km 内无强功率的电台、微波中继台等电辐射源。点位应尽量避开大型金属物体、大面积水域和其他易反射电磁波物体等，以免产生多路径效应误差。

④ GPS 点间至少应有一个方向通视，受条件限制无法通视时，应在 GPS 点附近设立方位点，方位点与 GPS 点间的距离一般不小于 300m，其观测精度与 GPS 点相同。

2. 计算该三边同步环的平均边长（结果取至 0.01 km）及各坐标分量闭合差 $W_X$、$W_Y$、$W_Z$ 的限差（结果取至 0.1mm）。

（1）三边同步环的平均边长计算。

由于 $W_S$ 的限差为 $\frac{3}{5}\sigma$，按照设计要求限差为 6mm，这样计算出来基线测量中误差为 $\sigma \leq 10$；而 $\sigma = \sqrt{5^2 + (1 \times l)^2}$（$l$ 为基线长度，单位为 km）。这样，$\sigma = \sqrt{5^2 + (1 \times l)^2} \leq 10$，计算出来 $l$ 最大长度为 8.66 km。

（2）各坐标分量闭合差的计算。

按照规范要求，C 级 GPS 点三边同步环坐标分量闭合差为：

$$W_X \leq \frac{\sqrt{3}}{5}\sigma, \ W_Y \leq \frac{\sqrt{3}}{5}\sigma, \ W_Z \leq \frac{\sqrt{3}}{5}\sigma,$$

将 $\sigma \leq 10$ 代入，可得到

$$W_X \leq 2 \times 1.73 = 3.46 \approx 3.5 \text{mm}, \ W_Y \leq 3.5 \text{mm}, \ W_Z \leq 3.5 \text{mm}。$$

3. 计算暗礁 $B$ 的大地高和基于国家高程基准的高程（列出计算步骤，结果取至 0.001m）。

据题意，有海岛验潮站附件 GPS 点 $A$ 基于国家高程基准的高程为 1.986m，基于当地深度基准面的高程为 4.434m，该区域高程异常 0.776m，该海岛验潮站附件海中有一处暗礁 $B$，海图上标注的最浅水深为 1.2m。

设大地高为 $H$，正常高为 $h_{正常高}$，高程异常为 $\zeta$，则有

$$H = h_{正常高} + \zeta$$

暗礁 $B$ 基于国家高程基准的高程为：

$$h_{B正常高} = 1.986 - 4.434 - 1.200 = -3.648 \text{m}。$$

暗礁 $B$ 的大地高为：

$$H_{B正常高} = h_{B正常高} + \zeta = -3.648 + 0.776 = -2.872 \text{m}$$

注：深度基准面、平均海水面、海图及海图上水深之间的关系如图 4 所示。

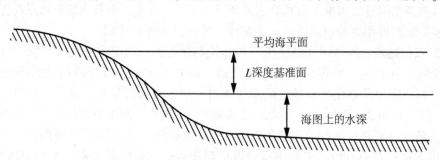

图 4 深度基准面、平均海水面、海图及海图上水深之间的关系

# 第四题（18 分）：

某测绘单位承接了某省 1∶1 万基础地理信息数据更新与建库项目。

已收集和获取的资料：

① 全省 2012 年 6 月底 0.5m 分辨率航摄数据。

② 全省 2008 年测绘生产的 1∶1 万全要素地形图数据（DLG）。其中，等高线的基本等高距为 5m，居民地、道路、政区及地名等要素变化较大，而水系、地貌、土质植被和其他要素基本上无变化。

③ 全省导航电子地图数据。其道路、政区和地名等信息内容详细,现势性好,但平面定位精度不确定。

需要完成的更新与建库工作:

获取必要的像控资料,利用航摄资料,生产制作 0.5m 分辨率正射影像数据成果(DOM),要求达到 1∶1 万地形图精度,经质量检查合格后,建立全省 DOM 数据库。

对 1∶1 万 DLG 数据进行更新,使其现势性达到 2012 年 6 月。重点对居民地、道路、政区及地名等要素进行更新,经数据整理、质量检查和数据入库,建立更新后的全省 1∶1 万 DLG 数据库。

利用 1∶1 万 DLG 数据中的等高线、高程点以及一些地形特征要素等,内插生成 5m 格网间距的数字高程模型(DEM)数据成果,经质量检查合格后,建立全省 1∶1 万 DEM 数据库。

## 问 题

1. 指出本项目中可用于全省 1∶1 万 DLG 数据更新的数据资料或成果,并说明它们的用途。

2. 说明全省 5m 格网间距 DEM 数据的生产技术方法和主要流程。

## 参考答案

1. 指出本项目中可用于全省 1∶1 万 DLG 数据更新的数据资料或成果,并说明它们的用途。

已收集和获取的资料都可以用于全省 1∶1 万 DLG 数据更新:

(1) 全省 2012 年 6 月底 0.5m 分辨率航摄数据

可以用来进行 1∶1 万 DLG 数据中变化较快的居民地和道路要素数据更新。

(2) 全省 1∶1 万 2008 年生产的 DLG 数据

水系、地貌、土质植被和其他要素基本无变化可以直接用来更新本项目中要生产的 1∶1 万 DLG 数据,其他要素数据可作为生产全省 1∶1 万 DLG 数据更新的基础资料。

(3) 全省导航电子地图数据

其道路、政区和地名等信息内容详细,现势性好,但平面定位精度不确定。可用于居民地名称、道路名称、政区及地名等要素的更新。

2. 说明全省 5m 格网间距 DEM 数据的生产技术方法和主要流程。

利用 1∶1 万 DLG 数据中的等高线、高程点以及一些地形特征要素等,内插生成 5m 格网间距的数字高程模型(DEM)数据成果,经质量检查合格后,建立全省 1∶1 万 DEM 数据库。生产技术方法和主要流程如下:

① 采集特征点线;对平山头或凹地、狭长而坡缓的沟底、脊以及鞍部等处适当

采集特征点线。

② 构建 TIN。

③ 内插 DEM。

④ DEM 数据编辑：真实表现地表形态，对 DEM 进行编辑。

⑤ DEM 数据接边：测区内相邻图幅 DEM 接边不应出现漏洞。相同地形类别 DEM 格网点接边限差为该地形类别 DEM 格网点中误差的 2 倍。不同地形类别 DEM 接边限差为两种地形类别 DEM 格网点接边限差之和。超过限差时应查明原因，不得盲目取中数。图幅之间相同 DEM 格网点高程应一致。对出现粗差点的 DEM 数据进行接边修测后重新接边。

⑥ DEM 数据镶嵌与裁切：若测区范围内所有单模型 DEM 数据的接边较差都符合规定要求，则可以进行 DEM 镶嵌；镶嵌时对参与接边的所有同名格网点的高程取其平均值，作为各自格网点的高程值，同时形成各条边的接边精度报告。

DEM 镶嵌完成后，按照相关规定或技术要求规定的起止格网点坐标进行矩形裁切时，根据具体技术要求可以外扩一排或多排 DEM 格网。

⑦ DEM 质量检查：LDEM 质量检查主要包括空间参考系、高程精度、逻辑一致性和附件质量的检查。

⑧ 成果整理与提交。应提交成果：DEM 数据文件；原始特征点、线数据文件；元数据文件；DEM 数据文件接合表；质量检查记录；质量检查（验收）报告；技术总结报告。

# 第五题（18 分）：

某待建隧道长约 10 km，设计单位向施工单位提供的前期测绘成果和设计资料包括：

进出洞口各 4 个 C 级精度的 GPS 控制点，基准采用 2000 国家大地坐标系（CGCS 2000），中央子午线为×××°50′00″，投影面正常高为 500m；

进出洞口各 2 个二等水准点，采用 1985 国家高程基准；

隧道的设计坐标、高程、里程桩；

……

由于现场地形条件的限制，该隧道未设计斜井，拟采用双向开挖施工，贯通面位于隧道的中部。隧道主体为南北偏西走向的直线隧道，隧道坡度一致。施工区中央子午线为×××°10′00″，纬度为 40°，进口施工面正常高为 750m，出口施工面正常高为 850m。

施工单位在施工前对已有成果进行了复测，并进行了中央子午线平移和施工坐标系建立等工作。施工坐标系的 $X$ 轴为进出洞口中线点连线的水平投影方向，并重新选择投影面。

洞内平面控制采用双导线分期布设，全站仪的测角精度不低于 1″，导线边长控制在 200~600m 之间，角度观测 6 测回，导线在隧道内向前每推进 2 km 加测一条高精度陀螺定向边，高程控制按二等水准测量的精度要求施测。

## 问题

1. 说明施工单位在隧道施工前应复测的内容及复测方法。
2. 说明建立施工坐标系时重新选择投影面的理由，并指出所选最佳投影面的正常高。
3. 说明隧道内加测高精度陀螺定向边的目的和基本作业步骤。

## 参考答案

1. 说明施工单位在隧道施工前应复测的内容及复测方法。

应复测的内容和采用的复测方法包括：

① 进出洞口各 4 个 C 级精度的 GPS 控制点；复测的内容包括 GPS 控制点的精度是否满足规范要求；通视性检查；GPS 控制网的边长应投影到测区的主施工高程面上，并进行复测检查。精度满足施工要求时，可作为场区控制网使用；否则，应重新建立场区控制网。采用的复测方法为 GPS 测量方法。

② 进出洞口各 2 个二等水准点复测；复测的内容包括水准点精度检查、水准点间距、通视等是否符合规范要求；采用水准测量方法进行复测。

③ 隧道的设计坐标、高程、里程桩检查；应将隧道进出口处的设计坐标、高程和里程桩及洞外控制点进行联测，可以采用极坐标法、拨角法、支距法或 GPS-RTK 法等。

2. 说明建立施工坐标系时重新选择投影面的理由，并指出所选最佳投影面的正常高。

为了使得平面控制网的坐标系统满足测区内投影长度变形不大于 2.5cm/km 的要求，一般选择采用统一的高斯正形投影 3°带平面直角坐标系统。当采用高斯正形投影 3°带，投影面为测区抵偿高程面或测区平均高程面的平面直角坐标系统。

针对本案例投影面选择，可选择平均高程面，这样使得施工测量中能满足精度要求。所以投影面的正常高为：

$$\frac{750+850}{2}=800\text{m}$$

3. 说明隧道内加测高精度陀螺定向边的目的和基本作业步骤。

隧道测量中，由于受巷道条件限制，隧道平面控制均以导线形式沿巷道布设，一般来说减少导线终点误差是用提高测角精度和量边精度来实现的。加测陀螺定向边不仅可以控制测角误差的积累，还可以极大地提高导线横向精度和贯通工程质量。

作业的基本步骤如下：

① 在已知边上测定仪器常数；
② 在待定边上测定陀螺方位角；
③ 在已知边上重新测定仪器常数，求算仪器常数最或是值，评定一次测定中误差；
④ 求算子午线收敛角；
⑤ 求算待定边的坐标方位角。

# 第六题（18分）：

某测绘单位采用数字摄影测量方法生产某测区 0.2m 地面分辨率的数字正射影像图和 1:2 000 数字线划图。测区为丘陵地区，经济发达，交通便捷，道路纵横交错。测区中心有一个大型城市，城市以高层建筑物为主，房屋密集。

项目前期已完成全测区的彩色数码航空摄影，区域网网外业控制点布设与测量、空中三角测量（空三加密）等工作，相关成果检查验收合格，可提供本项目作业使用。

航空摄影使用框幅式数码航摄仪，平均摄影比例尺为 1:14 000，平均航向重叠 65%，平均旁向重叠 35%。所用数码航摄仪主要参数如下：

主距 $f$：101.4mm；
像素大小：0.009mm；
影像大小：7 500×11 500 像素（航向×旁向）。

项目成果采用 1:2 000 地形图标准分幅。正射影像图生产采用数字微分纠正，以人机交互方式采集镶嵌线，镶嵌处应保持地物特征完整、影像清晰、色调均匀。数字线划图精度按规范要求为：地物点平面位置中误差不超过±1.2m，等高线高程中误差不超过±0.7m，注记点高程中误差不超过±0.5m。

提示：立体采集平面和高程中误差可分别按下列公式估算：

$$m_{xy} = \frac{H}{f} \times m \; ; \; m_h = \sqrt{2}\frac{H}{b} \times m$$

其中，$H$ 为平均相对航高，$b$ 为平均像片基线长，$m$ 为像点坐标测量中误差。

1. 列出本项目生产数字正射影像图的主要作业步骤。
2. 简述正射影像镶嵌线采集中遇到建筑物、独立树、露天停车场等地物时的作业方法。
3. 项目技术设计要求高程注记点和地物应分布采集，通过精度估算，说明分布采集的理由。
4. 列出本项目提交成果的主要内容。

### 参考答案

1. 列出本项目生产数字正射影像图的主要作业步骤。

本项目生产数字正射影像图的主要作业步骤包括：
① 准备控制点信息文件和参数文件；
② 技术路线设定；
③ 定向建模，空间后方交会内定向；
④ DEM 获取；
⑤ 数字微分纠正（基于 DEM）影像纠正；
⑥ 色调调整；
⑦ 数字影像镶嵌；
⑧ 影像裁切；
⑨ 质量检查，接边检查图廓整饰；
⑩ DOM 输出及成果提交。

2. 简述正射影像镶嵌线采集中遇到建筑物、独立树、露天停车场等地物时的作业方法。

为保证镶嵌处地物特征完整，影像清晰，色调均匀，要合理地采集镶嵌线，尽可能地做到无缝镶嵌。
① 尽量沿着线状地物，即使有明显的分界线也便于后期进行匀色、匀光处理。
② 镶嵌线要绕过建筑物，沿道路而走，需避让高大建筑物，并减少高大建筑物对其他地物遮挡。
③ 尽可能避开独立树、露天停车场等重要地物，以确保重要地物的完整性。
④ 镶嵌线尽量走直线，避免选取小角度折线，取近似直线的平滑曲线效果最佳。

3. 项目技术设计要求高程注记点和地物应分布采集，通过精度估算，说明分布采集的理由。

根据规范要求 DLG 的位置精度主要指平面位置精度、高程精度和接边精度。在本案例中，对地物点平面位置精度中误差要求不超过±1.2m，而注记点高程中误差不超过±0.5m。

根据设计要求的地物点平面位置精度，即
$$\left| m_{xy} = \left( \frac{H}{f} \cdot m \right) \right| \leq 1.2$$

而
$$\frac{H}{f} = 14\ 000$$

这样，计算出
$$|m| \leq 0.09 \text{mm}$$

即在进行 DLG 立体采集中，像点坐标测量中误差不超过±0.09mm。

根据设计要求的高程注记点精度，即

$$\left| m_h = \frac{\sqrt{2}H}{b} \cdot m \right| \leq 0.5$$

在该式中

$$\frac{f}{H} = 1/14\,000, \quad f = 101.4\text{mm}$$

这样

$$H = 1\,419.6\text{m}$$

而

$$b = 0.009 \times 7\,500 \times (1-65\%) = 23.625\text{mm}$$

这样，可以计算出

$$|m| \leq 0.006\text{mm},$$

即在进行 DLG 立体采集中，高程注记点像点坐标测量中误差不超过±0.006mm。

由于对于像点坐标测量中误差的要求不同，在进行立体采集中应分开进行。

4. 列出本项目提交成果的主要内容。

需要提交的成果包括两大部分：

（1）DOM 部分

DOM 数据文件；DOM 定位文件；DOM 数据文件接合表；元数据文件；质量检查记录；质量检查报告；技术总结报告。

（2）DLG 部分

DLG 数据文件；元数据文件、图历簿；DLG 数据文件接合表；回放地形图；质量检查记录、质量检查（验收）报告和技术总结报告。

# 第七题（18 分）：

某地图出版社拟编制出版一部全国地理图集，图集设计开本为标准 16 开（单页制图尺寸 195mm×265mm，展开页制图尺寸 390mm×265mm），其中包含一幅"中国人口密度及城市人口规模"专题图。

1. 为编绘该专题图收集的资料包括：

① 中国 1：100 万数字地图数据，现势性为 2005 年，包含县级（含）以上境界线、水系、居民地、公路、铁路、地貌（等高距 200m）、地名等要素。

② 中国地图出版社 2011 年出版的《中国地图集》（16 开本）电子版数据。

③《中华人民共和国行政区划地图集》（8 开本）电子版数据，已更新县级（含）以上行政区划、地名、水系、交通等要素截至 2011 年。

④ 2011 年全国分县人口统计资料。

⑤ 2011 年中国城市统计年鉴，包含全国县级市以上城市的人口统计数据。

2. 专题图设计要求如下：

按展开页设计，板式可以选择横式（南海诸岛作附图）或竖式（南海诸岛不作附图），但要求制图比例尺尽可能大一些（我国疆域东西方向最大距离约 5 200 km，南北方向最大距离约 5 500 km，从黑龙江到海南岛屿陆地南北方向最大距离约 4 000 km）。

### 问题

1. 该专题图宜选用哪种版式？简述理由。
2. 说明制作地貌晕渲需采用的资料数据，以及地貌晕渲数据制作的简要步骤。
3. 说明用何种专题图方法表示中国人口密度和城市人口规模2个要素。
4. 说明在本图集出版前，测绘行政相关机构对该专题图进行审查时，主要应审查哪些内容。

### 参考答案

1. 该专题图宜选用哪种版式？简述理由。

我国疆域东西方向最大距离约 5 200 km，南北方向最大距离约 5 500 km，从黑龙江到海南岛屿陆地南北方向最大距离约 4 000 km；展开页制图尺寸 390mm×265mm。

（1）横式（南海诸岛作附图）

东西方向比例尺分母：

$$5\ 200\ km = 5\ 200\ 000\ 000 mm$$

$$5\ 200\ 000\ 000 mm \div 390 mm = 13\ 333\ 333.3$$

南北方向比例尺分母

$$4\ 000\ km = 4\ 000\ 000\ 000 mm$$

$$4\ 000\ 000\ 000 mm \div 265 mm = 15\ 094\ 339.6$$

因为

$$15\ 094\ 339.6 > 13\ 333\ 333.3$$

所以制图比例尺为：1∶1 510 万。

（2）竖式（南海诸岛不作附图）

东西方向比例尺分母

$$5\ 200\ km = 5\ 200\ 000\ 000 mm$$

$$5\ 200\ 000\ 000 mm \div 265 mm = 19\ 622\ 641.5$$

南北方向比例尺分母

$$5\ 500\ km = 5\ 500\ 000\ 000 mm$$

$$5\ 500\ 000\ 000 mm \div 390 mm = 14\ 102\ 564.1$$

因为

$$19\ 622\ 641.5 > 14\ 102\ 564.1$$

所以制图比例尺为 1∶1 970 万。

横式制图比例尺 1∶1 510 万 > 竖式制图比例尺 1∶1 970 万。

所以"中国人口密度及城市人口规模"专题图宜采用横式（南海诸岛作附图）。

2. 说明制作地貌晕渲需采用的资料数据，以及地貌晕渲数据制作的简要步骤。

制作地貌晕渲需采用"中国 1∶100 万数字地图数据"中的地貌（等高距 200m）等资料数据。

制作地貌晕渲数据的步骤：

(1) 利用等高线和高程数据生成 DEM；

(2) 把 $N$ 个文件合并成一个文件；

(3) 转换 Atlas3D 格式 sdf 文件；

(4) 用 ArcGIS 进行投影变换，使 DEM 数据与地图集的地貌图投影一致；

(5) 在 Atlas3D 软件中生成地貌晕渲。其中有光源设置，颜色的设置，垂直和水平比例尺的设置。

3. 说明用何种专题图方法表示中国人口密度和城市人口规模 2 个要素。

人口密度以县级行政区为单位全国分级表示，因此中国人口密度在该专题图上宜用分级统计图法表达，利用同种色和类似色表示数量指标，根据人口密度大小调整其亮度和饱和度，人口密度越大，颜色越浓，越鲜艳，色阶过渡要自然；而对地级市以上城市人口规模，用定点符号法表达，人口规模大其符号尺寸大，城市人口规模相差过大时，可采用条件比率符号或分级符号表示。

4. 说明在本图集出版前，测绘行政相关机构对该专题图进行审查时，主要应审查哪些内容。

在本图集出版前，测绘行政相关机构对该专题图进行审查时，主要审查的内容包括：

① 保密审查：检查专题图内容是否涉密；

② 国界线、省、自治区、直辖市行政区域界线和特别行政区界线表达是否正确、准确；特别是国界，我国敏感岛屿归属一定要正确。

③ 重要地理要素及名称等内容审查；

④ 其他需要审查的地图内容。

## （三）2013年注册测绘师案例分析试卷与参考答案

## 第一题（18分）：

某测绘单位承建了某城市1∶500地形图测绘任务，测区范围为3 km×4 km，测量控制资料齐全，测图按50cm×50cm分幅。

依据的技术标准有《城市测量规范》（CJJ/T 8—2011），《1∶500 1∶1 000 1∶2 000外业数字测图技术规范》（GB/T 14912—2005），《数字测绘成果质量检查与验收》（GB/T 24356—2009）等。

外业测图采用全野外数字测图。其中某条图根导线边长测量时采用单向观测、一次读数。图根导线测量完成后发现边长测量方法不符合规范要求，及时进行重测。碎部点采集了房屋、道路、河流、桥梁、铁路、树木、池塘、高压线、绿地等要素。经对测量数据进行处理和编辑后成图。

作业中队检查员对成果进行了100%的检查，再送交所在单位质检部门进行检查，然后交甲方委托的省级质检站进行验收，抽样检查了15幅图。

### 问题

1. 上述图根导线边长测量方法为什么不符合规范要求？
2. 按照地形要素分类，说明外业采集的碎部点分别属于哪些大类要素？
3. 测量成果检查验收的流程和验收抽样比例是否符合规范要求？说明理由。

### 参考答案

1. 上述图根导线边长测量方法为什么不符合规范要求？

根据《1∶500 1∶1 000 1∶2 000 外业数字测图技术规范》（GB/T 14912—2005）要求可知，图根导线测量的边长采用测距仪单向施测一测回，一测回进行两次读数。而本项目的图根导线边长测量时采用单向观测、一次读数。显然，图根导线边长测量方法不符合规范要求。

2. 按照地形要素分类，说明外业采集的碎部点分别属于哪些大类要素？

由《基础地理信息要素分类与代码》（GB/T 13923—2006），地形图要素主要包括八大类：① 定位基础；② 水系；③ 居民地及设施；④ 交通；⑤ 管线；⑥ 境界与政区；⑦ 地貌；⑧ 植被与土质。

按照地形要素分类，上述外业采集的碎步点所属地类要素如下：

河流、池塘属于② 水系类；房屋属于③ 居民地及设施类；道路、铁路、桥梁属于④ 交通类；高压线属于⑤ 管线类；树木和绿地属于⑧植被与土质类。

3. 测量成果检查验收的流程和验收抽样比例是否符合规范要求？说明理由。

测量成果检查验收的流程：测绘成果通过二级检查一级验收的方式进行控制，即测绘成果应依次通过测绘单位作业部门的过程检查，测绘单位质量管理的最终检查和项目管理单位组织的验收或委托具有资质的质量检验机构进行质量验收。

测量成果检查验收的流程和验收抽样比例符合规范要求。因为过程检查和最终验收采用全数检查，验收一般采用抽样检查。抽样检查样本量按表2执行。

表2　　　　　　　　　　　批量与样本对照表

| 批 量 | 样 本 量 |
| --- | --- |
| 1~20 | 3 |
| 21~40 | 5 |
| 41~60 | 7 |
| 61~80 | 9 |
| 81~100 | 10 |
| 101~120 | 11 |
| 121~140 | 12 |
| 141~160 | 13 |
| 161~180 | 14 |
| 181~200 | 15 |
| ≥201 | 分批次提交，批次数应最小，各批次的批量应均匀 |

注：当样本量等于或大于批量时，应全数检查

由题可知，该项目图幅总共有192幅，按照表2可知，抽样检查样本量应为15幅。所以，测量成果检查验收的流程和验收抽样比例符合规范要求。

## 第二题（18分）：

某测绘单位用航空摄影测量方法生产某测区1∶2 000数字线划图（DLG）。测区概况：测区总面积约300 km²，为城乡综合地区，测区最低点高程为29m，最高点高程为61m；测区内分布有河流、湖泊、水库、公路、铁路、乡村道路、乡镇及农村居民地、工矿设施、水田、旱地、林地、草地、高压线等要素，南面有一块约2 km²的林区。

项目已于6个月前完成全部测区范围彩色数码航空摄影,航摄影焦距为120mm,摄影比例尺为1∶8 000,在航空摄影完成后,该测区新开工建设了一条高速公路和一些住宅小区。

已完成测区内像控点布设与测量、解析空中三角测量等工作,成果经检查合格,供DLG生产使用。DLG生产采用"先内后外"的成图方法,高程注记点采用全野外采集,其他要素在全数字摄影测量工作站上进行采集,并进行外业调绘、补测、数据整理和成图等工作。

## 问 题

1. 计算本测区的摄影基准面、相对航高、绝对航高。
2. 简述本项目解析空中三角测量加密时在林区的选点要求。
3. 列出DLG生产的作业流程。
4. 简述本项目外业补测的工作内容。

## 参考答案

1. 计算本测区的摄影基准面、相对航高、绝对航高。

本测区的摄影基准面、相对航高和绝对航高计算如下:

$$摄影基准面 = \frac{最高点高程+最低点高程}{2} = 45 \text{ (m)};$$

相对航高 $H$ = 航摄仪焦距×摄影比例尺分母 = 0.12×8 000 = 960 (m);

绝对航高 = 相对航高+摄影基准面高程 = 1 005 (m)。

2. 简述本项目解析空中三角测量加密时在林区的选点要求。

林区的点位应尽量选在林间空间的明显点上,如选不出来时,可选在相邻航线和左右立体像对都清晰的树顶上。

3. 列出DLG生产的作业流程。

本项目DLG生产流程主要包括资料准备、技术路线设定、外业像片控制测量、空中三角测量、定向建模(内定向、相对定向、绝对定向)、立体测量地形要素、野外补测和调绘、内业矢量数据编辑、数据质量检查、数据成果整理与提交等。DLG生产的作业流程如图5所示。

4. 简述本项目外业补测的工作内容。

DLG生产采用"先内后外"的成图方法,除了高程注记点外其他要素全部内业采集,而航空摄影完成后,测区新开工建设的一条高速公路和一些住宅小区,它们的要素无法利用DOM影像内业获取,因此外业补测的主要工作内容是:

(1)高程注记点;

(2)新修的一条高速公路及附属设施;

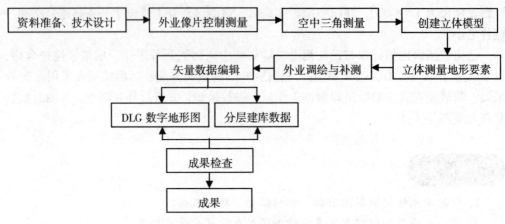

图 5　DLG 生产的作业流程图

（3）新建的一些住宅小区；
（4）内业中隐蔽地区地物和影像不清晰的地物需要补测。

# 第三题（18 分）：

某沿海港口在航道疏浚工程完成之后，委托某测绘单位实施航道水深测量，以检验疏浚是否达到 15m 的设计水深要求，有关情况如下：

1. 测量基准：平面采用 2000 国家大地坐标系，高程采用 1985 国家高程基准，深度基准面采用当地理论最低低潮面。

2. 测区概况：附近有若干三等、四等和等外控制点成果，分布在山丘、码头、建筑物顶部等处，港口建有无线电发射塔、灯塔等设施。

3. 定位：采用载波相位实时动态差分 GPS 定位。选择港口附近条件较好的控制点 A 作为基准台，测量船作为流动台，基准台通过无线电数据链向流动台发差分信息。测量开始前收集了 A 点高程 $h_A$ 和在 1980 西安坐标系中的平面坐标 $(x_A、y_A)$，以及 A 点基于 1980 西安坐标系参考椭球的高程异常值 $\zeta_A$。另外，还收集了 4 个均匀分布在港口周边地区的高等级控制点，同时具有 1980 西安坐标系和 2000 国家大地坐标系的三维大地坐标。通过坐标转换，得到 A 点 2000 国家大地坐标系的三维大地坐标 $(B_A、L_A、H_A)$。

4. 验潮：在岸边设立水尺进行验潮，水尺零点在深度基准面下 1m 处。

5. 测深：在测量船上安装单波束测深仪，经测试，测深仪总改正数 $\Delta Z$ 为 2m。在航道最浅点 B 处，测深仪的瞬时读数为 16.7m，此时验潮站水尺读数为 4.5m。

### 问 题

1. 简述 $A$ 点作为差分基准台应具备的条件。
2. 根据已知点成果资料，本项目最多可以计算得到几个坐标系转换参数？分别是什么参数？
3. 简述将 $A$ 点已知高程 $h_A$ 转换为 2000 国家大地坐标系大地高 $H_A$ 的主要工作步骤。
4. 计算航道最浅点 $B$ 处的水深值，并判断航道疏浚是否达到设计水深。

### 参考答案

1. 简述 $A$ 点作为差分基准台应具备的条件。

$A$ 点作为差分基准台应具备以下条件：

① 应便于安置接收设备和操作，视野开阔，应有 10°以上地平高度角的卫星通视条件且视场内障碍物的高度角不宜超过 15°；

② 远离大功率无线点发射源（如电视台、电台、微波站等），其距离不小于 200m；

③ 远离高压输电线和微波无线电信号传送通道，其距离不应小于 50m；

④ 附近不应有强烈反射卫星信号的物件（如大型建筑物等）；

⑤ 交通便利，并利于其他测量手段扩展和联测；

⑥ 地面基础稳定，避开易产生振动的地带，易于标石的长期保存；

⑦ 充分利用符合要求的已有控制点；

⑧ 选站时，应尽可能使测站附近的局部环境（地形、地貌、植被等）与周边环境保持一致，减少气象元素的代表性误差。

2. 根据已知点成果资料，本项目最多可以计算得到几个坐标系转换参数？分别是什么参数？

本项目最多可以计算 1980 西安大地坐标系和 2000 国家大地坐标系之间的变换参数，描述两个坐标系之间变换的参数一共有 9 个，分别是 3 个平移参数、3 个旋转参数、1 个尺度变化参数，还包括 2 个地球椭球元素变化参数 $da$、$db$。

3. 简述将 $A$ 点已知高程 $h_A$ 转换为 2000 国家大地坐标系大地高 $H_A$ 的主要工作步骤。

将 $A$ 点已知高程 $h_A$ 转换为 2000 国家大地坐标系大地高 $H_A$ 的主要工作步骤如下：

（1）通过 4 个高级控制点求解 1980 西安大地坐标系和 2000 国家大地坐标系之间的变换参数，建立从 1980 西安大地坐标系转换到 2000 国家大地坐标系之间的转换模型；

（2）由高斯投影反算公式，将 1980 西安坐标系下的 $A$ 点平面坐标 $(x, y)$ 计算得到 1980 西安坐标系下的 $A$ 点大地坐标 $(B, L)$；

（3）根据公式：$H_{大地高}=h_{正常高}+\zeta$，计算 A 点的大地高 $H_A=h_A+\zeta_A$，结合步骤（2）获得 A 点在 1980 西安大地坐标系下的大地坐标 $(B_A, L_A, H_A)$ 转换到 2000 国家大地坐标系下，从而完成任务。

4. 计算航道最浅点 B 处的水深值，并判断航道疏浚是否达到设计水深。

最浅点 B 的水深值＝瞬时测深值－（水尺读数－水尺零点高度）＋测深改正数
　　　　　　　＝16.7－（4.5－1）＋2
　　　　　　　＝15.2（m）。

航道最浅点 B 的水深值 15.2m>设计水深 15m，所以航道疏浚达到设计水深。

# 第四题（15 分）：

某市地理信息产业园从 2010 年 1 月份开始建设，2013 年 6 月底完成。现委托某测绘单位对工程建设状况进行监测，并同时对该产业园区内 1：2 000 地形图数据（DLG）进行更新。

产业园位于该市城乡结合部，地势比较平坦，开工前地面上的主要地形地物有湖泊、河渠、道路、房屋建筑、工矿设施、耕地、林地等。在建设过程中，除保留一些大型建筑物、重要工矿设施及主要道路外，对其他建筑物进行拆除，并按规划新建了道路、办公大楼、酒店、文化娱乐设施及公园绿地等。

测绘单位收集到工程区 2009 年底测绘的全要素 1：2 000 地形图数据（DLG），要素内容主要包括水系、居民地、道路、工矿、管线、境界（含村界）、地名、地貌、土质植被等；并与 2013 年 2 月对工程区实施了高分辨率航摄，生产制作了 0.2m 分辨率彩色正射影像数据（DOM），它与 1：2 000DLG 数据的坐标系统一致。

任务要求：首先采用内外业综合判调方法，利用已有的 0.2m 分辨率 DOM 数据，配合适量的外业调绘和补测，对 1：2 000DLG 数据更新，使其现势性达到 2013 年 6 月底；其次，从更新前后的 1：2 000DLG 数据中，分别提取相关的地理信息要素，应用空间分析与统计方法，监测分析出工程建设所拆除和保留的原有建筑物范围及面积、新建的房屋建筑物范围及面积，以及所占用耕地的范围及面积等，为工程管理提供依据。

## 问题

1. 简述本项目 1：2 000 DLG 数据更新的步骤。
2. 列出本项目在更新 1：2 000 DLG 数据时外业调绘和补测的主要工作及内容。
3. 简述空间分析统计获得每个村因建设所占用耕地范围和面积的方法和过程。

## （三）2013年注册测绘师案例分析试卷与参考答案

**参考答案**

1. 简述本项目1∶2 000 DLG数据更新的步骤。

本项目1∶2 000 DLG数据更新主要包括确定更新策略、变化信息获取、变化数据采集、现势数据生产、现势数据提供这五个步骤，具体更新步骤如下：

（1）确定更新策略：

更新内容：在建设过程中，对其他建筑物进行拆除，并按规划新建了道路、办公大楼、酒店、文化娱乐设施及公园绿地等。首先采用内外业综合判调方法，利用已有的0.2m分辨率DOM数据，配合适量的外业调绘和补测，对1∶2 000DLG数据更新，使其现势性达到2013年6月底。

（2）变化信息获取：

利用已有的0.2m分辨率DOM数据，配合适量的外业调绘和补测，获取变化的信息。

（3）变化数据采集：

对确定的变化信息进行数字化采集，采用数字摄影测量和全野外数字测量采集新建的道路、办公大楼、酒店、文化娱乐设施及公园绿地等变化信息。道路名、大楼名称、酒店名称和公园名称等属性变化信息采用野外调绘方法采集。

（4）现势数据生产：

将新增、消失、改变等变化信息进行相应的处理包括：

① 插入，将新增的地物信息添加到数据库中；

② 删除，将已消失的地物信息从数据库中删除；

形成新的集成现势数据。

（5）现势数据提供：

对1∶2 000DLG更新数据（其现势性达到2013年6月底）进行检查验收合格后，提供给用户使用。

2. 列出本项目在更新1∶2 000 DLG数据时外业调绘和补测的主要工作及内容。

外业调绘和补测的主要工作及内容：

① 在室内对0.2m的DOM进行影像解译，对不能够确认的地物要素用符号进行标记，然后到实地进行核实、补调和补测。

② 对2013年2月至6月新建的道路、办公大楼、酒店、文化娱乐设施及公园绿地进行补测。

③ 对所有新建的道路、办公大楼、酒店、文化娱乐设施及公园绿地的名称和注记进行调绘。

3. 简述空间分析统计获得每个村因建设所占用耕地范围和面积的方法和过程。

分别将2009年底测绘的全要素1∶2 000地形图数据（DLG）和2013年6月底更新1∶2 000DLG数据输入地理信息系统软件中，然后在两份DLG数据中提取耕地范围，利用空间叠置分析方法，提取更新前后发生变化的耕地范围，统计出每个村因建设所占用耕地范围、面积范围和面积。

# 第五题（18分）：

　　某城市建设一座50层的综合大楼，距离Ⅰ号运营地铁线的最近水平距离为40m，面对开挖基坑，综合大楼及相邻的地铁隧道进行变形监测，变形监测按照《工程测量规范》（GB 50026—2007）和《城市轨道交通工程测量规范》（GB 50308—2008）中变形监测Ⅱ等精度要求实施。

　　开挖基坑监测：基坑上边缘尺寸为100m×80m，开挖深度为25m，在基坑周边布设了4个工作基点A、B、C、D；变形监测点布设在基坑壁的顶部、中部和底部；监测内容包括水平位移、垂直位移和基坑回弹等；基坑开挖初期监测频率为1次/周，随着基坑开挖深度的增加，相应增加监测频率；监测从基坑开挖开始至基坑回填结束。监测到第12期时，发现由工作基点A测量的所有监测点整体向上位移，而由工作基点B、C、D测量的监测点整体下沉或不变。

　　综合大楼监测：大楼的监测点布设在顶部、中部和基础上，沿主墙角和立柱布设；监测内容包括基础沉降、基础倾斜和大楼倾斜等；监测频率为1次/周；监测从基础施工开始至大楼竣工后1年。

　　地铁隧道监测：监测范围为与综合大楼相邻的200m区段；监测内容包括隧道拱顶下沉、衬砌结构收敛变形及侧墙位移等；变形监测点按断面布设，断面间距为5m，每个断面上布设5个监测点，每个点上安装圆棱镜，采用2台高精度自动全站仪自动测量；监测频率为2次/天；隧道监测从基坑开挖前一个月至大楼竣工后1年。

　　监测数据采用SQL数据库进行管理，数据库表单包括周期表单、工程表单、原始数据表单、测量仪器表单、坐标与高程表单等。监测成果包括监测点坐标数据、变形过程线及成果分析等。

## 问题

　　1. 该段地铁隧道变形监测中，总共需布设多少个断面和监测点？对两台高精度自动全站仪的安置位置有什么要求？

　　2. 利用数据库生成监测点的变形工程线时，需要调用哪些表单？并说明理由。

　　3. 从测量角度判断由工作基点A测量的基坑监测点向上位移的原因，并提出验证方法。

## 参考答案

　　1. 该段地铁隧道变形监测中，总共需布设多少个断面和监测点？对两台高精度自动全站仪的安置位置有什么要求？

地铁隧道变形监测范围是 200m 区段，变形监测点按断面布设，断面间距 5m，每个断面布设 5 个点。

故总共需布设多少个断面数：

$$(200\div 5)+1=41（个）$$

总共需要布设的断面监测点数：

$$(200\div 5+1)\times 5=205（个）$$

两台高精度自动全站仪的安置位置要求设立在基准点或工作基点上，并采用具有强制对中装置的观测台或观测墩，本项目应设在隧道底板或辅道上；测站视野开阔无遮挡；周围应设立安全警示标志，应同时具有防水、防尘设施。

2. 利用数据库生成监测点的变形工程线时，需要调用哪些表单？并说明理由。

利用数据库生成监测点的变形过程线时，需要调用周期表单、工程表单、坐标与高程表单。

原因是监测点变形过程线反映的是监测点平面位置和高程随时间的变化。水平位移变形过程曲线绘制时，一般以时间周期为横轴，坐标为纵轴，荷载为辅助因素绘制，垂直位移变形一般以时间周期为横轴，高程为纵轴，荷载为辅助因素绘制，所以调用周期表单、工程表单、坐标与高程表单。

3. 从测量角度判断由工作基点 $A$ 测量的基坑监测点向上位移的原因，并提出验证方法。

由工作基点 $A$ 测量的基坑监测点向上位移是因为工作基点 $A$ 下沉造成的。

验证方法：利用变形区域外布设的基准点，采用水准测量方法观测工作基点 $A$、$B$、$C$ 和 $D$ 的高程变化，将测量得到的工作基准点点位与先前的高程值比较即可。

# 第六题（18 分）：

某省会城市为了提升测绘地理信息服务保障水平，委托某测绘单位编制一幅全市影像挂图，以最新的表现形式、形象直观的地图语言反映该市的基础地理信息现状。该市南北长约 17 km，东西宽约 30 km。

1. 为编制影像挂图收集资料如下：

① 2012 年全市正射卫星影像数据，分辨率为 1m。影像由于获取时间不一致，有色差，河流等水域颜色普遍比较灰暗；

② 2010 年更新的 1∶10 000 地形图数据（DLG）；

③ 2012 年出版的 1∶35 000 市交通旅游地图。

2. 影像挂图编制要求：

① 本着"突出影像，辅以矢量数据"的指导思想设计编制影像挂图；

② 影像挂图幅面为标准全开，内图廓尺寸 707mm×1 012mm，地图投影采用等角

圆锥投影；

③ 影像挂图采用数字地图制图技术方法制作。利用图像处理软件加工处理影像数据；在数字地图制图软件中处理地图矢量要素，并对矢量数据和影像数据进行融合得到影像地图数据，四色印刷成图。

## 问题

1. 影像挂图的比例尺宜是多少？挂图版式宜横式还是竖式？简述理由。
2. 简述收集的各种资料在编制影像挂图中的用途。
3. 简述影像数据处理的主要内容和方法。
4. 简述矢量数据编图处理的主要内容。

## 参考答案

1. 影像挂图的比例尺宜是多少？挂图版式宜横式还是竖式？简述理由。

制图范围：该市南北长约 17 km，东西宽约 30 km。

南北长方向比例尺分母：

$$17\ 000\ 000 \div 707 = 24\ 045；$$

东西宽方向比例尺分母：

$$30\ 000\ 000 \div 1\ 012 = 29\ 644；$$

因为

$$24\ 045 < 29\ 644$$

又

$$29\ 644 \approx 30\ 000，$$

所以，影像挂图比例尺宜为 1：30 000。

该市宽约 30 km>该市南北长约 17 km，挂图版式宜选用横式。

2. 简述收集的各种资料在编制影像挂图中的用途。

① 2012 年全市正射卫星影像数据作为影像挂图影像数据基本资料使用；

② 2010 年更新的 1：10 000 地形图数据（DLG）可作为影像挂图矢量数据基本资料使用；

③ 2012 年出版的 1：35 000 市交通旅游地图可作为更新交通网道路、水系、旅游景点使用。

3. 简述影像数据处理的主要内容和方法。

由于获取时间不一致导致影像之间存在的色差，且影像中的河流等水域颜色普遍比较灰暗，说明影像内部色彩分布不均衡，因此需要对影像进行色彩调整，色彩调整主要包括匀光处理和影像的匀色处理。利用的影像处理软件对影像数据加工处理，色彩进行统一调配、匀色，主区的影像颜色要明亮、鲜艳，这样矢量要素就突出、明显。需要将河流等水域颜色调整为蓝色，明亮、鲜艳。影像数据在保证印刷需要的分辨率情况下，进行适当的压缩。然后进行地图投影变换，根据图幅尺寸，将影像数据匹配到数字地图制图软件中。

4. 简述矢量数据编图处理的主要内容。

源数据 DLG 比例尺为 1∶10 000，而影像挂图比例尺为 1∶30 000，故在挂图制作过程中需要对源数据 DLG 进行制图综合。

① 由于新编影像挂图的矢量数据受到比例尺、图幅范围和载负量等的限制，导致挂图能反映的信息量有限，需要对地形图数据进行选取，选取后的矢量要素为：省界、地级市界、县界、铁路、高速公路、国道、省道、一般公路、河流、水库、水渠，以及所选要素名称注记。

② 由于地形图数据和新编影像挂图的矢量数据地图投影不一致，需要对地形图数据进行地图投影变换。

③ 地形图数据是以 Arc/Info Library 格式存储的，而新编影像挂图是在数字地图制图软件环境下进行编辑和符号化的，因此需将数据源的数据格式转换成数字地图制图软件所能接受的格式。

④ 经过地图数据比例尺的缩小，在影像挂图中各级道路难免会重叠在一起，这就需要对道路进行移位。对道路格网密度过大的区域，采取舍弃的方法。道路上的弯曲不能按比例尺表达时，要进行概括。河流与道路要素之间的关系处理，地图上如铁路、公路、河流等这些都有自己的固定位置，以符号的中心线在地图上定位。当其符号发生矛盾时，根据其固定程度确定移位次序，例如：道路与河流并行时，需保证河流的位置正确，移动道路的位置。有些道路的走向是沿着河流的流向。当它们发生冲突时，移位后道路的走向应与河流流向一致。河流与境界要素之间的关系处理，境界是以河流为分界线，需要对境界进行跳绘。

## 第七题（15 分）：

某测绘地理信息单位承接了某省级地理信息公共服务平台（天地图）建设项目，任务是生产在线地理信息数据，开发门户网站。

1. 现有数据源情况：

（1）覆盖全省域的数据：① 2010 年 1∶1 万全要素地形图数据，1980 西安坐标系；② 2012 年导航电子地图道路网数据，WGS-84 坐标系。

（2）覆盖省会城市的数据：① 2010 年 1∶5 000 全要素地形图数据，2000 国家大地坐标系；② 2012 年导航电子地图兴趣点数据，WGS-84 坐标系。

2. 在线地理信息数据生产要求：

（1）全省域线划电子地图数据：从现有数据源中选取适当的数据集和要素，经融合处理后形成一个覆盖全省域的线划电子地图数据集，同一区域有多种数据源时保留精度高、现势性好的数据集和要素；道路网要素保证全域拓扑连通；坐标系为

2000 国家大地坐标系。

（2）全省域地名地址数据：从适当数据源中提取地名地址数据和兴趣点数据，融合处理形成覆盖全省域的地名地址数据集。同一区域有多种数据源时保留精度高、内容全、现势性好的数据集；坐标系为 2000 国家大地坐标系。

（3）电子地图瓦片：对线划电子地图数据进行地图整饰处理，生产 15~17 级电子地图瓦片。

3. 门户网站建设要求：

提供地图浏览、地名地址查找定位等基本功能。

## 问题

1. 简述制作全省域线划电子地图数据时，对数据源的取舍利用方案。
2. 简述生产全省域线划电子地图数据（不含地名注记）工作步骤及内容。
3. 门户网站的地图浏览、地名地址查找定位功能分别需要调用上述哪些类数据？

## 参考答案

1. 简述制作全省域线划电子地图数据时，对数据源的取舍利用方案。

制作全省域线划电子地图数据时，对数据源的取舍利用方案如下：

① 2012 年导航电子地图道路网数据更新 1:10 000 全要素地形图的道路网数据，使得覆盖全省域的 1:10 000 全要素地形图的道路网数据的现势性达到 2012 年。

② 2012 年导航电子地图道路网和兴趣点数据更新 2010 年 1:5 000 全要素地形图道路网和兴趣点数据。使得覆盖省会城市的 1:5 000 全要素地形图的道路网和兴趣点数据达到 2012 年。

③ 制作省会城市的线划电子地图数据时，用更新后的 1:5 000 全要素地形图数据。

④ 制作全省其他域线划电子地图数据时，用更新后的 1:10 000 全要素地形图数据。

2. 简述生产全省域线划电子地图数据（不含地名注记）工作步骤及内容。

生产全省域线划电子地图数据的工作步骤及内容：

（1）数据源的坐标转换

将 2012 年导航电子地图道路网数据的 WGS-84 坐标系，2012 年导航电子地图兴趣点数据的 WGS-84 坐标系转换成为 2000 国家大地坐标系。

（2）数据源的利用

制作省会城市的线划电子地图数据时，用更新后的 1:5 000 全要素地形图数据。制作全省其他域线划电子地图数据时，用更新后的 1:10 000 全要素地形图数据。

（3）电子地图数据处理

全省域线划电子地图数据生产包括内容提取、模型重构、规范化处理、一致性处理、脱密处理、符号化表达、地图整饰、地图瓦片生产等处理。

电子地图数据处理基本要求：在电子地图数据生产过程中，需要特别注意的是地图分级、地图表达以及地图瓦片规格与命名等。

① 地图分级：

每级要素内容选取应遵循以下原则：每级地图的地图负载量与对应显示比例尺相适应的前提下，尽可能完整保留数据源的信息；下一级别的要素内容不应少于上一级别，即随着显示比例尺的不断增大，要素内容不断增多；要素选取时应保证跨级数据调用的平滑过渡，即相邻两级的地图负载量变化相对平缓。

② 地图瓦片：

地图瓦片分块的起始点从西经180°、北纬90°开始，向东向南行列递增。瓦片分块大小为256像素×256像素，采用PNG或JPG格式。地图瓦片文件数据按树状结构进行组织和命名。

③ 地图表达：

不同显示比例尺下符号与注记的规格、颜色和样式，以及电子地图配图应按《地理信息公共服务平台电子地图数据规范》（CH/Z 9011—2011）进行。如遇未涵盖要素，可自行扩展符号或注记，但样式风格应协调一致。

3. 门户网站的地图浏览、地名地址查找定位功能分别需要调用上述哪些类数据？

门户网站的地图浏览调用的是电子地图瓦片数据；地名地址查找定位功能还需要调用全省地名地址数据、兴趣点数据。

## (四) 2014年注册测绘师案例分析试卷与参考答案

### 第一题 (20分):

某单位拟在一山坡上开挖地基新建一住宅小区,范围内现有房屋、陡坎、小路、果园、河沟、水塘等。某测绘单位承接了该工程开挖土石方量的测算任务。外业测量设备使用一套测角精度为2″的全站仪。数据处理及土石方量计算采用商用软件。

(1) 距山脚约500m处有一个等级水准点。在山顶布测了一条闭合导线,精度要求为1/2 000。其中,导线测量的水平角观测结果见表3。

表3

| 测站 | 观测点 | 水平角 (° ′ ″) |
|------|--------|----------------|
| DX01 | DX05 | 100 32 15 |
| | DX02 | |
| DX02 | DX01 | 112 10 24 |
| | DX03 | |
| DX03 | DX02 | 89 10 17 |
| | DX04 | |
| DX04 | DX03 | 130 05 04 |
| | DX05 | |
| DX05 | DX04 | 108 02 14 |
| | DX01 | |

(2) 在山坡上确定了建设开挖的范围,并测定了各个拐点的平面坐标 $(x, y)$,要求开挖后的地基为水平面 (高程为 $h$),周围坡面垂直于地基。

(3) 采集山坡上的地形特征点和碎部点的位置及高程。为保证土石方量计算精度,采集各种地形特征点和碎部点,碎部点的采集间距小于20m。

(4) 数据采集完成后,对数据进行一系列处理,然后采用方格网法计算出土石方量,最终经质检无误后上交成果。

## 问题

1. 列式计算本项目中导线测量的方位角闭合差。
2. 本项目中哪些位置的地形特征点必须采集?
3. 简述采用方格网法计算开挖土石方量的步骤。
4. 简述影响本项目土石方量测算精度的因素。

## 参考答案

1. 角度闭合差计算过程如图6所示。

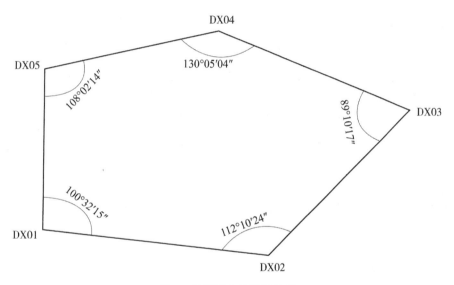

图6 角度闭合差计算过程

多边形内角之和的理论值为：

$$\sum \beta_{理} = (n-2) \times 180°，即 \sum \beta_{理} = (5-2) \times 180° = 540°。$$

实测内角和为：

$$\sum \beta_{测} = n_1 + n_2 + n_3 + n_4 + n_5；$$

$\sum \beta_{测} = 100°32'15'' + 112°10'24'' + 89°10'17'' + 130°05'04'' + 108°02'14''$
$= 540°00'14''$。

闭合导线角度闭合差 $f_\beta$：

$$f_\beta = \sum \beta_{测} - \sum \beta_{理} = 540°00'14'' - 540°00'00'' = 14''。$$

2. 本项目中哪些位置的地形特征点必须采集?
本项目中应采集的地形特征点有：

（1）水池、塘、稻田、旱田等应采集泥面高程及其周边坎的高程；
（2）地形特征线，坎上、坎下高程；
（3）碎部点间距不宜大于计算要求的网格间距，地形变化处应加密碎部点；
（4）建（构）筑物应采集其周边高程及地坪高程；
（5）其他影响土石方量的地形、地物应采用碎部点控制其范围和高程。

3. 简述采用方格网法计算开挖土石方量的步骤。

方格网法计算开挖土石方量的步骤：
（1）确定开挖范围，测定拐点平面坐标；
（2）采集地形特征点和碎部点，要求碎部点间距小于20m；
（3）采用商用软件进行格网化处理，间距为20m或者更小；
① 确定方格网间距，绘制方格网。
② 内插确定方格网点高程。
（4）转换至地基水平面（设计高程、零线），计算地基水平面与自然地面高程差。差值"+"为填方，"-"为挖方；
（5）根据格网方法计算土方量，首先计算每个格网土方量：

$$v_i = \frac{a^2}{4}(h_1 + h_2 + h_3 + h_4)$$

式中，$h_{i=1,2,3,4}$ 为方格4个角总挖或填的高度，$a$ 为方格网边长。

然后计算出总土方量 $V = \sum_{1}^{n} v_i$。

（6）精度检核，成果提交并存档。

4. 简述影响本项目土石方量测算精度的因素。

影响本项目土石方量测算精度的因素有：
（1）仪器观测精度；
（2）人员操作选区的特征点和碎部点分布情况；
（3）格网化方法及精度，或者采用的商用软件（不同格网化方法）内插精度。

# 第二题（20分）：

某测绘单位承担了某县地理国情普查项目，需要生产该县0.5m分辨率的数字正射影像图（DOM）。

1. 测区地理概况

该县位于平原与丘陵接壤区，城镇多位于平原区域，近年来经济发展迅速，该地变化较大。

2. 已收集的数据资料

（1）已获取该县2013年7月的0.5m高分辨率全色卫星影像数据和多光谱影像数据（红、绿、蓝、近红外）。

(2) 收集到该县航空摄影数据，摄影时间为2011年11月，摄影比例尺为1∶25 000，分辨率为1m。

(3) 收集到该县2012年5月完成的该航摄数据的空三加密成果，成果为2000国家大地坐标系，1985国家高程基准。

3. 生产要求

(1) 全县范围真彩色数字正射影像图（DOM）；

(2) 影像需采用数字高程模型（DEM）进行正射纠正，所需数字高程模型（DEM）由本项目生产。

(3) 按1∶1万分幅，2000国家大地坐标系，1985国家高程基准。

(4) 根据有关规范要求，对生产的数字正射影像图进行了质量检查，主要有空间参考系、位置精度、影像质量、附件质量等。

## 问题

1. 指出本项目中生产数字高程模型使用了哪两项资料？
2. 简述制作真彩色数字正射影像图（DOM）影像的基本过程。
3. 简述本案例中空间参考系和影像质量检查的内容。

## 参考答案

1. 指出本项目中生产数字高程模型使用了哪两项资料？

本项目中生产数字高程模型使用：

(1) 该县航空摄影数据，摄影时间为2011年11月，摄影比例尺为1∶25 000，分辨率为1m。

(2) 该县2012年5月完成的该航摄数据的空三加密成果，成果为2000国家大地坐标系，1985国家高程基准。

利用航空摄影数据和空三加密成果建立像对模型，然后进行地貌特征点、线数据采集，匹配编辑，构造TIN，内插生成DEM数据。

2. 简述制作真彩色数字正射影像图（DOM）影像的基本过程。

制作真彩色数字正射影像图（DOM）影像的基本过程如下：资料准备、技术路线设定、定向建模、影像纠正、色彩调整、影像融合、影像镶嵌、图幅裁切、质量检查及成果提交等过程。

3. 简述本案例中空间参考系和影像质量检查的内容。

本案例中空间参考系和影像质量检查的内容如下：

(1) 空间参考系：包括大地基准、高程基准和地图投影等方面。大地基准主要检查平面坐标系统是否符合要求；高程基准主要检查高程基准是否使用正确；地图投影主要检查地图投影参数是否正确；DOM分幅和内图廓信息是否正确和完整；比例尺是否正确。

(2) 影像质量：检查 DOM 地面分辨率、DOM 图幅裁切范围、色彩质量、影像噪声、影像信息丢失等。整幅图影像清晰，色调均衡一致，视觉效果良好。图面整饰应完整、正确无误。

## 第三题（20分）：

某测绘单位承担了某测区基础控制测量工作，测区面积约 1 800 km²，地势平坦，无 CORS 网络覆盖。工作内容包括 10 个 GPS C 级点 GPS 联测，三等水准联测及建立测区高程异常拟合模型，测量基准采用 2000 国家大地坐标系（CGCS 2000）及 1985 国家高程基准。

测区已有资料情况：测区周边均匀分布有 3 个国家 GPS B 级框架点，一条二等水准线路经过测区。

观测设备采用经检验合格的双频 GPS 接收机（5mm+1 ppm）3 台套，DS1 水准仪一套。

技术要求：GPS C 级网按同步环边连接式布网观测；按照三等水准联测 GPS C 级点；采用函数 $f(x, y) = a_0 + a_1 x + a_2 y + a_3 x^2 + a_4 y^2 + a_5 xy$ 计算测区高程异常拟合模型。

经 GPS 观测、水准联测及数据平差处理，获取了各 GPS C 级点的 CGCS 2000 坐标及 1985 高程成果。某 GPS 三边同步环各坐标分量情况统计见表 4。

表4

| 基线 \ 分量 | $\Delta X$ (m) | $\Delta Y$ (m) | $\Delta Z$ (m) |
| --- | --- | --- | --- |
| 1 | 14 876.383 | 2 631.812 | 8 104.319 |
| 2 | −7 285.821 | 14 546.403 | −15 378.581 |
| 3 | −7 590.560 | −17 178.218 | 7 274.257 |

拟合方法：利用 GPS C 级点成果计算测区高程异常拟合模型。经检验，拟合精度为±0.5cm。

### 问题

1. 本案例中，采用边连接布网时的同步环最少个数为多少？独立基线数为多少？
2. 计算案例中 GPS 三边同步环各坐标分量闭合差（$W_X$、$W_Y$、$W_Z$）以及独立环闭合差。

3. 结合水准测量,简述建立测区高程异常拟合模型的基本步骤。

### 参考答案

1. 本案例中,采用边连接布网时的同步环最少个数为多少?独立基线数为多少?
(1) 同步环计算
最少同步图形数=1+INT(n-N)/(N-相邻同步图共点数)
设 $C$ 为观测时段数, $n$ 为网点数; $m$ 为每点的平均设站次数; $N$ 为接收机数。
同步环个数计算:
对于此题相邻同步图共点数为2,所以
最少同步图形数=1+INT(13-3)/(3-2)=11
(2) 独立基线数计算
首先确定时段数,同步图形数11,3台仪器观测11个时段,
重复设站数=11×3/13=2.54>2,所以观测时段数为11。
独立基线数为 $J_{独} = C \cdot (N-1) = 11 \times (3-1) = 22$

2. 计算案例中GPS三边同步环各坐标分量闭合差($W_X$、$W_Y$、$W_Z$)以及独立环闭合差。
分量坐标闭合计算如下:

$$W_X = \sum \Delta X = 14\,876.383 - 7\,285.821 - 7\,590.560 = 2 \text{ mm};$$

$$W_Y = \sum \Delta Y = 2\,631.812 + 14\,546.403 - 17\,178.218 = -3 \text{ mm};$$

$$W_Z = \sum \Delta Z = 8\,104.319 - 15\,378.581 + 7\,274.257 = -5 \text{ mm};$$

独立环闭合差计算如下:

$$W_s = \sqrt{W_X^2 + W_Y^2 + W_Z^2} = \sqrt{4 + 9 + 25} \approx 6.2 \text{ mm}。$$

3. 结合水准测量,简述建立测区高程异常拟合模型的基本步骤。
根据题意,建立测区高程异常拟合模型的基本步骤:
① 将测区内C级点与GPS国家B级点联测得到各GPS点的坐标和大地高;
② 将测区内的GPS点与二等水准点联测,得到GPS点的1985高程值;
③ 计算公共点(同时具有二等水准高程 $h$ 和GPS大地高 $H$ 的点)高程异常;

$$\xi_i = H_i - h_i$$

④ 选取 $n$ 个($n$ 一般要求大于待估参数的个数)在测区内分布合适的公共点建立误差方程:

$$v_i = a_0 + a_1 x_i + a_2 y_i + a_3 x_i^2 + a_4 y_i^2 + a_5 x_i y_1 - \xi_i$$

根据最小二乘原理,求得参数的最佳估值 $\hat{a}_i (i = 0, 1, \cdots 5)$。
⑤ 建立拟合模型,测区待定点 $k$ 的高程异常按公式计算

$$\xi_i = \hat{a}_0 + \hat{a}_1 x_i + \hat{a}_2 y_i + \hat{a}_3 x_i^2 + \hat{a}_4 y_i^2 + \hat{a}_5 x_i y_i$$

拟合的水准高程为：$h_i = H_i - \xi_i$

⑥ 按高程异常模型计算各检验点高程异常 $\xi_i$，与其实测值 $\tilde{\xi}_i$ 比较，得到不符值 $\Delta_i = \tilde{\xi}_i - \xi_i$，计算高程异常不符值中误差，作出模型精度评价。

## 第四题（20分）：

某水电站大坝长约500m、坝高约85m。在大坝相应位置安置了相关的仪器设备，主要包括引张线、正垂线/倒垂线、静力水准仪和测量机器人等四类设备，以便于对大坝进行变形监测，保证大坝运行安全。

设备的安置情况如下：
① 在大坝不同高程的廊道内布设了若干条引张线；
② 在坝段不同位置布设了若干个正垂线和倒垂线；
③ 在坝段不同位置安置了若干台静力水准仪；
④ 现场安置了一套测量机器人自动监测系统。

在坝体下游400m处的左右两岸各有一已知坐标的基岩GPS控制点，控制点上有强制对中盘，在左岸基岩GPS控制点A上架设一台测量机器人（测角精度0.5″，测距精度0.5mm+1 ppm，单棱镜测程1 km），在右岸基岩GPS控制点B上安置一圆棱镜。为了使用测量机器人自动监测大坝变形，在大坝下游一侧的坝体不同高程面上安置了一批圆棱镜作为变形监测的观测目标。系统自动监测前首先进行学习测量，然后按设定的周期自动观测，并实时将测量结果传输到变形监测管理系统。在每个周期测量中，各测回都首先自动照准B点，并获取距离、水平度盘和垂直度盘读数。

### 问题

1. 安置于大坝上的四类设备的观测结果分别是什么？
2. 在每个周期测量中，各测回为什么都要首先自动照准B点，并获取距离、水平度盘和垂直度盘读数？
3. 测量机器人学习测量的目的是什么？说明学习测量的详细步骤。

### 参考答案

1. 安置于大坝上的四类设备的观测结果分别是什么？
根据案例中测量设备的安装情况可知：
① 引张线测量的结果是大坝目标点水平位移观测值（位移观测）。
② 正垂线/倒垂线测量的结果是坝体不同位置的水平位移观测值，正垂线测量的是相对水平位移，倒垂线测量的是绝对水平位移，用以计算坝体水平或者竖直方向的

弯曲度（挠度观测）。

③ 静力水准仪测量的结果是大坝目标点的垂直位移观测值（沉降观测）。

④ 测量机器人自动监测系统的测量结果是获得大坝目标点的观测角度、距离、三维坐标以及相关影像信息等。

2. 在每个周期测量中，各测回为什么都要首先自动照准 $B$ 点，并获取距离、水平度盘和垂直度盘读数？

在每个周期测量中，各测回都要首先自动照准 $B$ 点，其理由是：照准 $B$ 点用来作为各期监测的初始角度、高程定向；获取的距离用来与 $A$、$B$ 两点的理论距离相比较，用以判断和评价基准的稳定性；获取水平度盘读数是用以计算各监测目标圆棱镜至仪器中心连接线的方位角，借助水平距离即可按极坐标法计算点平面坐标；获取垂直度盘读数是用来计算 $A$、$B$ 两点的高差，与初始高差相比较，可以评价和判断 $A$、$B$ 两点在高程方向上的相对稳定性。

3. 测量机器人学习测量的目的是什么？说明学习测量的详细步骤。

通过初始的半测回学习，学习测量获取目标概略空间位置信息，以便在每个目标概略位置一定的视场范围内，计算机能控制测量机器人自动搜寻目标，顺利完成自动测量。

具体学习步骤如下：首先进行测量机器人的检校，主要有 $2C$ 互差、指标差和自动目标识别照准差的校正等；进行测站控制限差的设置，如归零差、$2C$ 互差、方向值较差等，校正和设置好参数后，按下列步骤操作。

① 单击"学习测量"按钮，启动仪器测量监测点数据。

② 输入监测点基本信息，如点名、备注等（输入任意两点）。

③ 单击"保存结果"按钮将监测点初始测量数据保存。

完成限差、测站设置并定向后，即可进行自动测量。

# 第五题（20 分）：

某单位在紧邻其围墙的旁边征用了一块土地，新建了一幢 3 层办公楼及附属设施，改建了单位内部道路、绿地等。建设完工后，因土地权属变更登记和新建房屋产权登记的需要，某测绘单位承接了有关的变更地籍测量和房产测量任务。

已有的测绘资料：城市高精度 GPS 平面控制网及 CORS 服务系统，高程控制网及似大地水准面模型。

执行的相关标准有：

①《地籍调查规程》（TD 1001—2012）；

②《房产测量规范 第 1 单元：房产测量规定》（GB/T 17986.1—2000）；

③《城市测量规范》（CJJ T8—2011）。

测绘单位现有测量仪器设备：GPS 接收机、全站仪、手持测距仪、自动安平水准仪等。

变更地籍测量进行了权属调查、界址点测量、地籍图测量等工作。其中，地籍图测量采集了地籍要素和地形要素等内容；界址点测量采用全野外测量方法，现场可直接进行角度观测和距离测量。

房产测量实测了新建成办公楼的有关数据，包括隔层的外墙尺寸、一层的大厅尺寸、二层大厅挑空尺寸和三层阳台的外围尺寸，所有尺寸不考虑墙厚，详见图7（单位：m）。

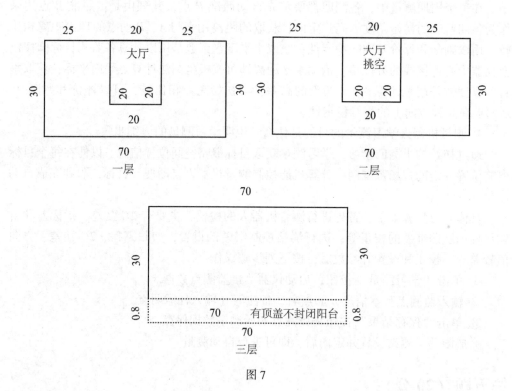

图7

### 问题

1. 简述该项目界址点测量可采用的测量方法和使用的仪器设备。
2. 简述该项目变更地籍测量中地籍要素和地形要素的主要内容。
3. 根据图中所给尺寸计算办公楼的建筑面积。（列出计算过程，结果取位至 $0.01m^2$）

### 参考答案

1. 简述该项目界址点测量可采用的测量方法和使用的仪器设备。

根据案例所给条件，本项目界址点测量宜采用解析法测量方法，地籍图根控制点及以上等级的控制点均可作为界址点坐标的起算点。可采用极坐标法、正交法、截距法、距离交会法等方法实测界址点与控制点或界址点与界址点之间的几何关系元素，按相应的数学公式求得界址点坐标。所使用的主体测量仪器可以是手持测距仪、全站型仪、GPS 接收机等。

2. 简述该项目变更地籍测量中地籍要素和地形要素的主要内容。

本项目变更地籍测量中的地籍要素和地形要素如下：

（1）地籍要素

地籍区与地籍子区界；宗地界址点与界址线；地籍号注记；宗地坐落；门牌；结构；产权；土地利用分类代码注记；土地权属主名称；土地等级。

（2）地形要素

各级行政境界；围墙；办公楼及其附属设施；内部道路；绿地等。

3. 根据图中所给尺寸计算办公楼的建筑面积。（列出计算过程，结果取位至 $0.01 m^2$）

办公楼的建筑面积计算过程如下：

一层建筑面积：$30×70 = 2\ 100$（$m^2$）；

二层建筑面积：$30×70-(20×20) = 1\ 700$（$m^2$）；

三层建筑面积：$30×70+1/2\ (70×0.8) = 2\ 128$（$m^2$）；

办公楼的建筑面积为：

$30×70+30×70-(20×20)+30×70+1/2×(70×0.8) = 5\ 928.00$（$m^2$）。

# 第六题（20 分）：

某地级市决定编制一幅全市地理挂图，要求充分利用现有最新的测绘地理信息数据成果，以普通地图表现形式，反映自然和社会经济要素的基本特征及分布。某测绘单位承接了该任务。该市地处东经 120°50′~124°00′，北纬 28°45′~30°30′，中心城区东西宽 12 km，南北长 8 km。近年新建了一些高铁、公路、市政道路及工业区，同时进行了旧城改造。

1. 收集到的资料如下：

① 2013 年全市范围的航空正射影像数据，分辨率为 0.5m；

② 2010 年更新的 1:5 万数字线划图，包括水系、居民地及设施、交通、地貌、境界与政区等要素及相关属性；

③ 2011 年更新的中心城区 96 km² 的 1:1 万数字线划图，包括水系、居民地及设施、交通、境界与政区、植被与土质等要素及相关属性；

④ 2013 年采集的全市范围地名及兴趣点数据，包括政府机关、企事业单位、住宅小区、旅游点等；

⑤ 2009 年至 2013 年 12 月期间行政区划及地名等变更文件。

2. 编制挂图的部分要求如下：
① 挂图采用 2000 国家大地坐标系，高斯-克吕格投影，投影变形相对合理；
② 挂图采用全开纸张，主图比例尺为 1：9.5 万。图上县级（含）以上居民地采用街区式图形符号表示（内置政府驻地），其余居民地采用圈形符号表示；
③ 图幅左下角插一幅该市中心城区放大图，内图廓尺寸为 310mm×200mm。其中，表示的居民地及设施要素包括街区、政府机关、企事业单位、住宅小区、旅游点；
④ 主图和插图应相互协调；
⑤ 挂图要素的现势性达到 2013 年。

## 问 题

1. 说明主图的地图投影宜采用 3°分带还是 6°分带的理由，计算确定宜选择的中央经线。
2. 计算确定中心城区放大图的比例尺。
3. 说明收集到的各种资料在编绘主图或插图中的用途。
4. 简述对挂图中居民地及设施要素编绘质量进行检查的工作内容。

## 参考答案

1. 说明主图的地图投影宜采用 3°分带还是 6°分带的理由，计算确定宜选择的中央经线。

因该市地处东经 120°50′~124°00′，北纬 28°45~30°30′。东西经差为 3°10′>3°，主图的地图投影宜用 6°分带，采用 2000 国家大地坐标系，高斯-克吕格投影。

图幅的中央经线应是靠近图幅中间位置的整数位的经线，位于图纸的中间，其余经纬线网格以它为对称轴分列两侧，所以应选择经线中央位置为宜。中央经线应为：

$$\varphi = \frac{\varphi_1 + \varphi_2}{2} = \frac{120°50′ + 124°00′}{2} = 122°25′。$$

由于该市地处东经 120°50′~124°00′，处于 6°分带的 21 带，中央经线为：

$$6°×21-3° = 123°$$

为了不需要对制图资料数据进行换带，直接使用编图资料数据，确定 123°为主图的中央经线比较合适。

2. 计算确定中心城区放大图的比例尺。

用实地大小和内图廓尺寸分别相比，将数值较大的数取整，得到地图比例尺分母。

中心城区东西宽 12 km，南北长 8 km。

中心城区放大图东西宽方向比例尺分母为：

$$12\times10^6\div310=3.871\times10^4;$$

中心城区放大图南北长方向比例尺分母为：

$$8\times10^6\div200=4.0\times10^4;$$

因为

$$3.871\times10^4<4.0\times10^4,$$

所以，中心城区放大图比例尺宜为 1∶40 000。

3. 说明收集到的各种资料在编绘主图或插图中的用途。

① 2013 年全市范围分辨率为 0.5m 的航空正射影像数据，作为全市地理挂图编图的补充资料，用于居民地、高铁、公路、市政道路及工业区数据更新；

② 2010 年更新的 1∶5 万数字线划图，作为全市地理挂图编图的基本资料，用于主图的底图数据编制；

③ 2011 年更新的中心城区 96 km² 1∶1 万数字线划图，作为该市中心城区放大图编图的基本资料，用于插图的底图数据编制；

④ 2013 年采集的全市范围地名及兴趣点数据，包括政府机关、企事业单位、住宅小区、旅游点等，作为全市地理挂图编图时全市范围地名及兴趣点数据进行更新的资料数据；

⑤ 2009 年至 2013 年 12 月期间行政区划及地名等变更文件，作为编图时对行政区划及地名名称进行更新的资料数据。

4. 简述对挂图中居民地及设施要素编绘质量进行检查的工作内容。

挂图中居民地及设施要素编绘质量进行检查的工作内容如下：

该市地理挂图居民地应正确表示居民地及设施的位置、行政意义和名称，反映居民地及设施的类型、分布特征以及其他要素的关系。

挂图的居民地及设施检查内容分别如下：

① 检查是否利用最新资料数据对居民地及设施进行全面更新，包括居民地平面图形、名称等。

② 检查县级（含以上）居民地：是否采用街区式图形符号表示，图形综合是否正确，名称注记有无错漏。街区内置的政府驻地及名称注记表示有无错漏。

③ 检查其余居民地：是否采用圈形符号表示，和其他要素的关系（如相切、相割、相离）是否准确，名称注记是否有错漏。

④ 检查按选取指标需要表示的企事业单位、住宅小区、旅游点：位置是否准确，名称注记有无错漏。

⑤ 检查各级居民地名称注记：应配置适当，指示明确，并避免注记压盖居民地出入口、道路交叉口及其他重要地物。

⑥ 检查主图和中心城区放大图的居民地及设施表示是否一致，主图表示的居民地及设施，中心城区放大图一定要表示，表示方法也要基本一致。

# 第七题（20分）：

某测绘单位承接了某市市政管理数据库建设任务，包括收集整合已有的大比例尺基础数据、市政管理专题数据等，建立市政管理数据库，并开发市政管理信息系统，为市政管理工作服务。

1. 已收集的数据：

① 中心城区（500 km²）2010 年 1：2 000 地形图，包括房屋、交通、水系、植被、地貌、管线等要素，2000 国家大地坐标系（CGCS 2000），高斯-克吕格投影。

② 中心城区 2013 年地名地址点数据，包括坐标（$x$，$y$）、门牌号、名称等属性信息，1980 西安坐标系。

③ 中心城区 2010 年市政专题空间数据，包括路灯、雨水井盖、污水井盖、自来水井盖、煤气井盖、电杆、变压器等不同类型的点状要素，CGCS 2000。

④ 中心城区 2013 年表格形式的垃圾转运站、公共厕所，及其附近的门牌地址等市政专题数据。

⑤ 全市域（8 000 km²）2013 年导航电子地图数据中的道路网和兴趣点信息，WGS-84 坐标系。

2. 需完成的工作：

① 从已收集的数据中选取房屋、交通、水系、地名地址、兴趣点等要素进行整合处理，形成中心城区范围的基础要素图层，坐标系与 1：2 000 地形图一致。

② 对表格形式的市政专题数据进行处理，形成空间数据图层，并与已有的市政专题空间数据一同建库。

③ 对市政管理专题要素图层进行更新，涉及路灯、雨水井盖、污水井盖、自来水井盖、煤气井盖、电杆、变压器、垃圾转运站、公共厕所等，要求现势性达到 2014 年 6 月。

④ 将市政管理专题要素与最近的兴趣点进行关联，并将该兴趣点的名称转存入该市政要素的属性字段。

⑤ 开发市政管理信息系统，实现市政管理基础要素图层、市政管理专题要素图层的管理，进行分层叠加、查询、统计、分析等操作。

## 问题

1. 简述对表格形式的市政专题数据进行处理建库的过程。
2. 简述市政管理专题要素更新的技术流程。
3. 简述市政管理专题要素与最近的兴趣点进行关联和属性转存的方法及过程。
4. 简述采用 GIS 空间分析方法统计某兴趣点周边 500m 范围内各种类型的市政要素数量的过程。

## （四）2014年注册测绘师案例分析试卷与参考答案

**参考答案**

1. 简述对表格形式的市政专题数据进行处理建库的过程。

表格形式的市政专题数据进行处理建库的过程：

（1）收集处理已有表格数据，① 中心城区2013年地名地址点数据，包括坐标 ($x$, $y$)、门牌号、名称等属性信息，1980西安坐标系；② 中心城区2013年表格形式的垃圾转运站、公共厕所，及其附近的门牌地址等市政专题数据。设定元数据和数据字典，为具体建库做准备。

（2）检查地名地址点数据中坐标数据，将其转换到CGCS 2000坐标系统。

（3）表格形式的垃圾转运站、公共厕所，根据类型分为2个表格，分别转换成Excel表格或Access格式。

（4）根据垃圾转运站、公共厕所附近的门牌地址，与地名地址点中坐标数据相关联，确定表格中 $x$, $y$ 字段的内容。

（5）根据要素坐标字段中坐标信息垃圾转运站、公共厕所数据导入空间数据库。

（6）对建成数据库、图层表进行检查和验收。

2. 简述市政管理专题要素更新的技术流程。

市政管理专题要素更新的技术流程：

（1）对收集各项数据进行坐标转换处理，全部数据统一到2000国家大地坐标系上。

（2）采用2010年1∶2 000地形图作为基础底图数据，用2010年市政专题空间数据作为专题要素基础数据。

（3）利用垃圾转运站、公共厕所的表格形式数据入库，对垃圾转运站、公共厕所数据进行更新。

（4）其他新增专题要素以及2013年以后新增的垃圾转运站、公共厕所，需要外业调绘、补测采集数据进行更新。

3. 简述市政管理专题要素与最近的兴趣点进行关联和属性转存的方法及过程。

市政管理专题要素与最近的兴趣点进行关联和属性转存的方法及过程：

（1）将2013年导航电子地图数据中的道路网和兴趣点信息进行坐标转换至2000国家大地坐标系；

（2）将兴趣点信息提取，形成一个数据层；

（3）将各专题要素层和兴趣点层进行检查、编辑，确定有唯一值字段；

（4）在专题要素层建立市政要素属性字段；

（5）将专题要素与最近的兴趣点进行空间链接，每个要素点都有最近的兴趣点与之匹配；

（6）根据匹配将兴趣点名称字段赋予新建的市政要素属性字段中，使得市政要素属性字段值等于兴趣点名称。

4. 简述采用 GIS 空间分析方法统计某兴趣点周边 500m 范围内各种类型的市政要素数量的过程。

采用 GIS 空间分析方法统计某兴趣点周边 500m 范围内各种类型的市政要素数量的过程：

(1) 选择待分析的某兴趣点；
(2) 以该点为圆心，500m 为半径，建立一个缓冲圆范围，进行缓冲区分析；
(3) 用缓冲区（圆）与市政要素图层进行叠置分析；
(4) 统计缓冲区范围内的各要素层中市政要素数据量。

# （五）2015 年注册测绘师案例分析试卷与参考答案

## 第一题（20 分）：

某测绘公司承接了某城市新区内 1∶500 数字线划图（DLG）的修测任务，有关情况如下：

1. 新区概况

新区面积约 8km²，对原有的一些主要建筑物、道路和公园绿地进行了保留和整治，同时新建了大量的高层写字楼、住宅小区及道路交通设施等。

2. 已有资料情况

3 个月前完成的全市范围内 0.2m 分辨率彩色数码航摄，满足相应比例尺测图要求，2013 年测制的 1∶500 地形图数据，覆盖全市范围的高精度卫星定位服务系统（CORS）及拟大地水准面精化模型等。

3. 公司拥有的测绘仪器和设备

主要有经纬仪、测距仪、全站仪、双频 GPS 接收机、手持 GPS 接收机、数字摄影测量工作站，地理信息系统，Photoshop 图像处理软件等。

4. 修测要求

内容及精度满足 1∶500 地形图测图相关规范的要求，现势性达到作业的当时，同时充分利用已有数据资料和仪器设备，合理设计作业方法和流程，尽可能减少工作量。

### 问题

1. 简述该项目修测 1∶500 DLG 数据应采用的作业方法及理由。
2. 简述修测 1∶500 DLG 数据的主要工作步骤。
3. 说明在内业如何发现 1∶500 DLG 数据中不需更新的要素。
4. 指出本项目最适合采用的仪器设备及其用途。

### 参考答案

1. 简述该项目修测 1∶500 DLG 数据应采用的作业方法及理由。

该项目修测 1∶500 DLG 数据应采用全站仪配合双频 GPS 接收机进行全野外数据采集的作业方法。

因为测区范围内新建了大量的高层写字楼、住宅小区及道路交通设施，且3个月前完成的全市范围内0.2m分辨率彩色数码航摄满足不了1∶500 DLG的修测精度。

2. 简述修测1∶500 DLG数据的主要工作步骤。

修测1∶500 DLG数据的主要工作步骤：资料收集、技术设计书编写、利用0.2m分辨率的彩色数码航摄成果发现需要修测的范围和要素、野外变化要素测量、内业数据处理（要素更新）、质量检核、成果整理与上交。其中，内业数据处理包括：修测范围确定、数据采集与属性录入、图形数据和属性数据编辑与接边。

3. 说明在内业如何发现1∶500 DLG数据中不需更新的要素。

在内业中发现1∶500 DLG数据中不需要更新的要素方法：利用完成的全市范围内0.2m分辨率的彩色数码航摄成果，叠加套合2013年测制的1∶500地形图进行对比。如影像和地形图保持一致的，即为不需更新要素，否则为需更新要素，用特殊颜色的笔标明以便更新。

4. 指出本项目最适合采用的仪器设备及其用途。

该项目最适合采用的仪器设备及其用途分别是：

（1）全站仪：用于更新变化要素测量；

（2）双频GPS：用于控制测量和变化要素测量；

（3）地理信息系统软件：用于内业地形图更新数据编辑处理；

（4）数字摄影测量工作站：利用彩色数码航摄数据制作DOM数据，用于发现变化要素；

（5）Photoshop图像处理软件：用于彩色数码航摄数据拼接和色彩调整。

# 第二题（20分）：

某市国土资源管理部门委托某测绘单位承担某城镇的土地权属变更调查工作。

1. 收集资料情况

（1）2007年全野外实测的1∶500比例尺数字化城镇地籍图，以及宗地图、界址点坐标成果等地籍调查成果；

（2）截止到调查前的全部土地审批、转让、勘测定界、地籍调查表以及权属界线协议等资料；

（3）任务区内等级控制成果，能较好满足碎步测量需要。

2. 仪器设备

经检定合格的全站仪、GPS、手持测距仪、30m钢卷尺等。

3. 主要工作内容

利用收集的资料，对所有宗地变化情况进行检查，对丢失损失的界标进行恢复，对变更宗地的界址点进行放样和测量，同时测量地形要素以及进行宗地面积量算等工作（解析法量算面积允许误差计算公式为：$m_p = \pm(0.04\sqrt{p} + 0.003p)$，$p$为宗地面积，单位$m^2$）。

测区内原有一宗地，大致为矩形，长约 300m，宽约 250m，通过解析法量算的面积为 75 200m²，调查发现该宗地被分割为两宗地，将临街部分（长约 300m，宽约 70m）用于商业开发，建成一幢 20 层的商住两用楼。利用全站仪采用极坐标法对分宗后的界址点进行了测量定位，分宗后利用解析法计算两宗地面积分别为 54 046m²，21 018m²。

## 问 题

1. 说明具有图解坐标的界址点损坏后的恢复方法。
2. 结合测区实际，简述利用极坐标法放样新界址点的作业流程。
3. 判断该宗地分割前后面积差值是否超限，并计算分割后的两宗地最后确权面积，精确到 1m²。

## 参考答案

1. 说明具有图解坐标的界址点损坏后的恢复方法。

图解坐标界址点损坏后的恢复方法：只有图解坐标的，不得通过界址放样恢复界址点位置，应根据任务区内等级控制成果（图根控制点或基础控制点）、1∶500 比例尺数字化城镇地籍图、宗地图、界址点坐标成果等资料，利用全站仪采用放样、勘丈等方法进行复位、重新设立界标。

2. 结合测区实际，简述利用极坐标法放样新界址点的作业流程。

利用极坐标法放样新界址点的作业流程：

（1）将仪器架设在已知的控制点上，进行定向；
（2）计算界址点放样元素（距离和方位或点的坐标）；
（3）在实地用仪器放样界址点距离和方向；
（4）用钢尺等勘丈工具进行检核或者检查，直到放样位置正确为止。

3. 判断该宗地分割前后面积差值是否超限，并计算分割后的两宗地最后确权面积，精确到 1m²。

根据解析法量算面积允许误差计算公式

$$m_p = \pm(0.04\sqrt{p} + 0.003p)$$

将 $P = 75\ 200$，代入计算得允许误差

$$m_p = 236m^2$$

实际误差为

$$75\ 200m^2 - (两小块宗地的面积和) = 136m^2$$

因为

$$136m^2 < 236m^2,$$

所以该宗地分割前后面积差值不超限。

采用解析法进行地籍测绘时，各宗地面积之和与总宗地面积误差小于 1/200 时，需将误差按面积分配到各宗地，进而计算得出平差后的各宗地面积。因此：

$P_1$ =（第一块宗地面积）+136×（第一块宗地面积）/75 200 = 54 144 m²；

$P_2$ =（第二块宗地面积）+136×（第二块宗地面积）/75 200 = 21 056 m²；

其中：第一块宗地面积为 54 046 m²，第二块宗地面积为 21 018 m²。

# 第三题（20 分）：

某测绘单位开展了沿海某岛屿的陆岛 GPS 联测及区域似大地水准面精化工作，分级布设了若干 GPS $B$、$C$ 级控制点，以及高程异常控制点（又称 GPS 水准点）和二、三等水准点，辅以全站仪等常规方法建立了 $D$ 级测图控制网，并对海岛及附近海域施测了 1∶2 000 地形图，测量采用 2000 国家大地坐标系，3°高斯-克吕格投影，1985 国家高程基准。

1. 按照国家二等水准测量规范，在大陆沿海岸线布设了 300 km 长的二等水准附合路线，在编算概略高程表时，对各测段观测的高差进行了水准标尺长度改正，水准标尺温度改正，重力异常改正和固体潮改正，计算发现附合路线的高差闭合差超限。

2. 测图控制网中有一条电磁波测距边 $MN$ 的斜距观测值 $D$ = 2 469.386 m，$M$、$N$ 两点的平均高程 $h_m$ = 30 m，高差 $\Delta h$ = 5 m。在经过归化投影后，通过 $M$、$N$ 两点的高斯平面直角坐标计算得到的边长 $D'$ = 2 469.381 m，两点的平均横坐标 $y_m$ = 20 km。

3. 水下地形采用单波束测深。在水深测量开始之前，利用新建海岛验潮站一个月的观测资料，计算得到了当地临时平均海面和临时深度基准面，埋设了水准点 $P$，测得 $P$ 点基于临时平均海面的高程 $h_p$ = 5.381 m。测量结束后，利用海岛验潮站连续 12 个月的观测资料及沿岸长期验潮站资料，重新计算了当地平均海面和深度基准面，并对测深成果进行了改正。新的平均海面比临时平均海面低 3 cm，比 1985 国家高程基准面高出 20 cm，GPS 联测得到了 $P$ 点的三维大地坐标，其大地高 $H_p$ = 5.892 m。

## 问 题

1. 本项目不同等级、不同用途的 GPS 点应分别选择埋设什么类型的标石？

2. 二等水准附合路线高差闭合差超限，最有可能是对观测高差没有进行什么改正引起的？这项改正与水准测量路线的哪些要素相关？

3. $MN$ 测距边从斜距 $D$ 到高斯平面边长 $D'$ 经过了哪些归化投影计算？它们分别有怎样的缩放规律？

4. 计算 $p$ 点基于 1985 国家高程基准的高程 $h'_p$ 和高程异常 $\xi_p$。

## 参考答案

1. 本项目不同等级、不同用途的 GPS 点应分别选择埋设什么类型的标石？

（1）项目中 B 级点应埋设基岩 GPS、水准共用标石；

（2）C 级点可埋设基岩 GPS、水准共用标石以及土层 GPS（土层经过一个雨季）、水准共用标石；

（3）高程异常控制点采用天线墩、水准共用标石。

2. 二等水准附合路线高差闭合差超限，最有可能是对观测高差没有进行什么改正引起的？这项改正与水准测量路线的哪些要素相关？

二等水准附合路线高差闭合差超限，最有可能是对观测高差没有进行正常水准面不平行改正引起的。由于水准面的不平行性，使得两固定点间的高差沿不同的测量路线所测得的结果不一致而产生多值性，为了使点的高程有唯一确定的数值，得到精确的水准点间高差，必须进行的改正即正常水准面不平行改正。

该项改正与水准路线的所在的纬度、测段始末点的近似平均高程、正常水准面不平行改正数的系数 $A$，以及重力值有关。

3. MN 测距边从斜距 $D$ 到高斯平面边长 $D'$ 经过了哪些归化投影计算？它们分别有怎样的缩放规律？

MN 测距边从斜距 $D$ 到高斯平面边长 $D'$，分别经过了方向和边长观测值归化改正和投影改正。归化改正是将地面的方向和边长化至参考椭球面的改正。将方向观测值归算到参考椭球面的改正有三差改正，将边长观测值归算到参考椭球面的改正称为边长归化改正，它与测区的平均高程面到参考椭球面的大地高有关。

大地高一般为正值，该值越大，边长观测值的归化改正值越大，且与大地高反符号，一般为负值。投影改正与测区到中央子午线的远近有关，测区离中央子午线越远，方向和边长的投影改正值越大。

4. 计算 $p$ 点基于 1985 国家高程基准的高程 $h'_p$ 和高程异常 $\xi_p$。

$p$ 点基于 1985 国家高程基准的高程 $h'_p$ 和高程异常 $\xi_p$ 的计算如图 8 所示。

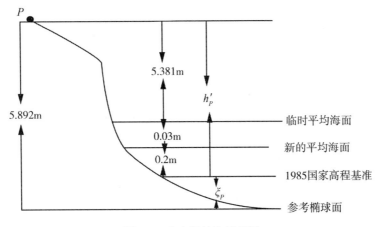

图 8　P 点空间结构示意图

$$h'_p = 5.381+0.03+0.2 = 5.611 \text{m}$$
$$\xi_p = H - h' = 5.892-5.611 = 0.281 \text{m}$$

# 第四题（20分）：

某测量单位承担某厂房内大型设备的安装测量任务，要求安装后设备的中轴线与厂房的中轴线重合，安装的点位精度达到±5mm。

① 考虑到施工程序、方法、场地情况以及使用的方便性，布设了 14 个施工控制网点，都为带强制对中装置的观测墩。其中 A、B 两点位于厂房的中轴线上，且和厂房外的测图控制点通视；

② 使用 0.5 s 精度全站仪进行施工控制测量。各测站上同时获得观测点的斜距、水平角、天顶距等观测值，并记录测量时的温度和气压，经过三维网平差获得施工控制网点的三维坐标（$X$、$Y$、$Z$）；

③ 按照"忽略不计原则"（控制点误差对放样点位不发生显著影响）确定施工控制网点的点位允许误差，并将它与三维网平差的点位精度比较，判定施工控制网成果能否满足施工放样的要求；

④ 使用 1s 精度的全站仪按坐标法进行施工放样。事先将放样点的设计坐标输入全站仪中，测量时将现场的温度和气压输入，让全站仪自动进行气象改正。

## 问题

1. 建立施工控制网时，坐标轴的方向如何确定？
2. 简述提高施工控制网高程测量精度的措施。
3. 按照"忽略不计原则"，施工控制点的点位允许误差应为多少？
4. 简述将施工控制网坐标转化到测图控制网的作业流程。

## 参考答案

1. 建立施工控制网时，坐标轴的方向如何确定？

建立施工控制网时，坐标轴方向与厂房轴线平行。其中坐标横轴宜选在 A、B 两点的连接线上，坐标纵轴垂直于横轴，其交点选在对施工影响小的地方。

2. 简述提高施工控制网高程测量精度的措施。

提高施工控制网高程精度的措施有：严格对中整平，采用强制对中观测墩，选择有利的观测时间，同时采用对向观测，提高视线高度，利用短边传算高程等措施方法。

3. 按照"忽略不计原则"，施工控制点的点位允许误差应为多少？

根据题意，设控制点误差为 $m_1$，放样误差为 $m_2$，安装误差为 $m_3$。

按照"忽略不计原则",可知
$$m_2 = 3m_1$$
由于
$$m_3^2 = m_1^2 + m_2^2 = m_1^2 + (3m_1)^2 = 10m_1^2$$
有
$$m_1^2 = m_3^2/10$$
可得出控制点误差
$$m_1 = \sqrt{25/10} = 1.58 \text{mm}$$
施工控制点的点位允许误差应为中误差的 2 倍,所以允许误差为
$$1.58 \times 2 = 3.16 \text{mm}$$

4. 简述将施工控制网坐标转化到测图控制网的作业流程。

施工控制网坐标转化到测图控制网的作业流程:收集建筑场地的测量控制网资料、施工坐标和测量坐标系统的换算数据,建筑物的平面位置采用施工坐标系统的坐标表示,坐标轴的方向与主建筑物的轴线方向相平行,坐标原点应虚设在总平面图的西南角上,使得所有建筑物的坐标均为正值。如图 9 所示,假设其中:$YOX$ 为 $SOM$ 测量坐标系;$AO'B$ 为施工坐标系。则 $P$ 点在两个系统内的坐标,$Y$、$X$ 和 $A$、$B$ 的关系式为:

$$\begin{cases} Y = a + A\cos\alpha + B\sin\alpha \\ X = b - B\cos\alpha + A\sin\alpha A\sin\alpha \end{cases}$$

$$\begin{cases} A = (Y-a)\cos\alpha + (X-b)\sin\alpha \\ B = -(X-b)\cos\alpha + (Y-a)\sin\alpha \end{cases}$$

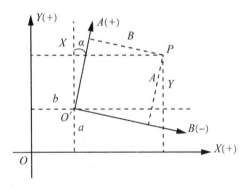

图 9 坐标值换算示意图

计算坐标转换参数,实现坐标换算,从而使得坐标系统统一。

# 第五题（20 分）：

某测绘单位承担某测区 1∶5 000 数字线划图（DLG）、数字高程模型（DEM）、

数字正射影像（DOM）航摄成图中的像片控制点布测任务。

1. 测区概况：

测区以丘陵为主，分布有河流、湖泊和水库，交通发达，公路、乡村路纵横交错，测区内耕地比较多，水田以梯地为主，山坡多旱地，山丘上植被茂盛。

2. 航摄资料情况：

2014 年航空摄影的 23cm×23cm 影像，沿东西方向航摄。航向重叠度一般为 67% 左右，最小 53%，旁向重叠度一般在 36% 左右，摄区共有 20 条航带。

3. 像片控制点布测方案：

（1）平面高程均采用区域网布点，示意图如图 10 所示。

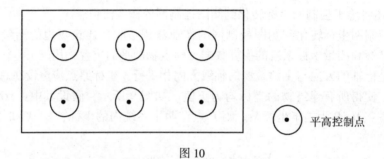

图 10

平高控制点航向基线跨度不大于 9 条基线，旁向相邻航线最大跨度不大于 3 条基线。

（2）像片控制点尽可能选择像片上的明显目标点，便于正确地相互转点和立体观测时辨认点位。

（3）像片控制点利用测区已有的卫星导航定位服务系统（CORS）联测平面位置，并用似大地水准面精化模型进行高程改正。

## 问　题

1. 举出本测区中作为像片控制点的优选地物，并说明林地中控制点的选取方法。
2. 结合本测区摄影资料的规格和重叠度，说明像片控制点在像片上的位置要求。
3. 根据本测区像片控制点的施测方法，说明在野外选择控制点的点位应考虑的因素。

## 参考答案

1. 举出本测区中作为像片控制点的优选地物，并说明林地中控制点的选取方法。

本测区像片控制点的优选地物为：道路交叉点、河流交汇点、线状地物交角、水田拐角、小于 0.3mm 的点状地物中心。

林区的点位应尽量选在林间空间的明显点上，如选不出来时，可选在相邻航线、左右立体像对都清晰的树顶上。

2. 结合本测区摄影资料的规格和重叠度，说明像片控制点在像片上的位置要求。

像片控制点在像片上的位置要求：

（1）像片控制点目标应清晰易判别；

（2）布设的控制点宜能公用，一般布设在航向及旁向六片或五片重叠范围内；

（3）像片控制点距像片边缘不小于 1~1.5cm，数字影像距边缘不小于 0.5cm；

（4）控制点距像片的各类标志大于 1mm；

（5）每个像对四个基本定向点离通过像主点且垂直于方位线的直线不超过 1cm，最大不超过 1.5cm；

（6）控制点应选在旁向重叠中线附近；位于自由图边、待成图边以及其他方法成图的图边控制点；一律布设在图廓线外。

3. 根据本测区像片控制点的施测方法，说明在野外选择控制点的点位应考虑的因素。

应考虑的因素：

（1）刺点的位置应避免在高层建筑的楼角，因为高层建筑与地面的高差较大，影响 GPS 高程精度。平高点应尽量刺在矮墙、低房和平地上。高程点应刺在空旷的平地上，以便于观测和提高点位高程精度。

（2）刺点的点位应避开高大的楼群、高压电线、高频发射塔和高大树木和对 GPS 信号接收有影响的障碍物。

（3）点的位置应有利于交通，便于人和仪器的行走与接送。

## 第六题（20 分）：

某测绘单位承接了南方某地级市 1∶5 万比例尺普通图挂图的编制任务。该市位于平原向丘陵过渡地带，区域内河网水系密集，道路纵横交错，居住人口密集。市区和城镇主要分布在河流两岸和交通要道两旁，村庄农舍散列于田野和山坡。2011 年以来，该市城镇化建设较快，市区和一些城镇周边挖山填壑扩大了城区范围，新修了一些水库和水利设施，整治了湖泊、河渠，同时调整了部分乡镇和行政村的行政区划等。

1. 收集到的资料

（1）2005 年编制出版的 1∶5 万比例尺全市挂图。县级（含）以上居民地以真型符号表示，其余居民地以圈形符号表示，地形地貌以彩色晕渲表示，1980 西安坐标系，等角圆锥投影。

（2）2010 年更新生产的 1∶5 万 DLG，等高距为 10m，1980 西安坐标系，高斯投影。

(3) 2013年所摄的0.5m分辨率航摄资料。

(4) 2014年更新生产的1:1万DLG，等高距为2.5m，2000国家大地坐标系，高斯投影。

(5) 2014年省行政区划简册，包含市、县（区）、镇（乡、街道）、行政村名称。

(6) 2014年测绘生产的市区1:500地形图数据。

2. 主要编绘要求

(1) 现势性达到2014年，平面精度与1:5万地形图基本相当，表示的要素内容与1:5万地形图比较，应做适当的删减、类别合并及图形综合等。

(2) 表示市界、县界、县镇界及行政区划信息。

(3) 县乡道（含）以上公路全部表示，其他乡村道路适当取舍。

(4) 行政村（含）以上居民地全部表示，自然村适当选取。图上面积9mm²以上的城镇和集团式农村居民地以多边形表示，其他居民地以圈形符号表示，分散独立房不表示。

(5) 图上长度3cm以上的河流和干渠全部表示，其他可取舍；图上宽度0.5mm以上的河流用多边形表示，其他用单线表示；水库全部表示，坑塘选取图上面积10mm²以上的表示。

(6) 以等高线和分层设色表示地貌，等高距为50m。

### 问 题

1. 指出本项目编图主要使用哪几种资料，并说明其用途。
2. 结合本项目指出等高线编绘可选的两种作业方式，并说明其优缺点。
3. 简述本项目如何编绘居民地要素。
4. 简述本项目如何进行道路选取。

### 参考答案

1. 指出本项目编图主要使用哪几种资料，并说明其用途。

本项目编图主要使用以下资料及其用途：

(1) 2010年更新生产的1:5万DLG作为编图的基本资料。

(2) 2014年更新生产的1:1万DLG作为用于更新2011年以来因城镇化建设较快引起的市区和城镇周边以及一些水利设施的建设变化信息。

(3) 2005年编制出版的1:5万比例尺全市挂图，作为编图的地图要素的表示方法和地图制图综合参考资料。

(4) 2014年省行政区划简册，作为编图的参考资料，用于更新因城市化建设引起的部分乡镇和行政村的行政区划和名称的调整。

(5) 2014年测绘生产的市区1:500地形图数据，作为更新市区要素变化资料数据。

(6) 2013年所摄的0.5m分辨率航摄资料可作为发现地图要素变化信息用。

2. 结合本项目指出等高线编绘可选的两种作业方式，并说明其优缺点。

本项目等高线编绘可选的两种方法和优缺点：

(1) 利用2010年更新生产的1:5万DLG进行编绘。优点是编绘的工作量小，制图综合难度小；缺点是现势性不够好，且为1980西安坐标系，还需进行坐标转换。

(2) 利用2014年更新生产的1:1万DLG。优点是现势性强，且为2000国家大地坐标系；缺点是等高线缩编和制图综合工作量大。

3. 简述本项目如何编绘居民地要素。

本项目居民地编绘方法和步骤如下：

(1) 利用收集的各项资料对居民地要素进行全面的更新。

(2) 选取行政村以上居民地，自然村适当选取；

(3) 面积$9mm^2$以上的城镇和集团式农村居民地以平面图形表示，其他居民地以圈形符号表示，并注意圈形符号位置的正确合理性，删去全部独立房。

(4) 对居民地平面图形进行化简，应正确反映居民地外围轮廓形状和内部结构特征。

(5) 凡选取的居民地均应注记名称，并用字体字大正确表示其行政等级。

4. 简述本项目如何进行道路选取。

本项目道路选取如下：

(1) 利用收集各项资料对道路要素进行全面的更新；

(2) 选取高速、国省、县、乡道（含）以上所有全部公路；

(3) 选取能够使道路构成网的其他乡村道路；

(4) 选取与居民地唯一相连的其他乡村道路。

# 第七题（20分）：

某测绘单位承担了某市工商企业管理地理信息系统建设任务，包括整合处理已有的基础地理数据，加工制作空间化的工商企业数据，根据业务需要建立数据库并开发工商企业管理功能。

1. 已有基础地理数据

(1) 2014年1:2 000地形图数据，包括交通、居民地、水系、植被、地貌、管线、境界、地名等要素，还有分幅数据、城市坐标系。

(2) 2013年县（区）级行政区划数据，城市独立坐标系。

(3) 2013年0.5m分辨率卫星遥感正射影像数据，城市独立坐标系。

2. 收集到的资料

(1) 2015年该市行政区划简册及2013—2015年行政区划调整相关资料。

(2) 2015 年 GPS 采集的地名地址点数据，属性包括名称、门牌地址、经纬度（$B$、$L$）坐标系、WGS-84 坐标系。

(3) 工商企业登记数据，文本格式，包括企业名称、工商登记证号、企业类型、门牌地址等信息。

(4) 企业税务数据，文本格式，包括企业名称、税务登记号、门牌地址、应缴税额等信息。

3. 数据建库与系统开发要求：

(1) 对基础地理数据进行整合处理，建成的数据库全市范围连续无缝，按数据类型和要素层进行组织，统一采用城市独立坐标系，并在内业对地名及行政区划进行更新。

(2) 利用本项目中的数据，制作生成全市工商企业空间分布数据，并将收集到的文本格式工商企业登记及税务信息存储到属性中。

(3) 按照工商管理工作要求，开发 B/S 体系结构的工商企业管理系统，对全市基础地理数据、地名地址数据、空间化的工商企业数据、行政区划数据、卫星遥感正射影像进行建库，并按照 OGC 的 WFS 和 WMS 服务标准进行处理发布，实现叠加显示、地名地址定位、企业查询统计等功能。

(4) 应用信息系统按照行政区统计各类型的企业数据和缴纳税额，为工商管理提供数据支持。

## 问题

1. 本项目对基础地理数据整合处理的工作主要包括哪些？
2. 指出制作生成工商企业空间分布数据的作业步骤。
3. 简述采用 GIS 空间分析方法统计各区县企业数量和纳税额的步骤和方法。
4. 说明系统中哪些数据适宜处理为 WMS、WFS 服务。

## 参考答案

1. 本项目对基础地理数据整合处理的工作主要包括哪些？

本项目中基础地理数据整合处理主要工作如下：

(1) 数据格式转换：将原数据格式转换为数据处理软件所支持格式，以便进行数据处理，包括图形要素处理、要素属性处理和代码转换。

(2) 坐标系统转换：将所有数据的 WGS-84 坐标系，经纬度（$B$、$L$）坐标系统一转换到城市独立坐标系，统一采用城市独立坐标系。

(3) 图形要素处理：按照项目对基础地理数据规范要求，对原始数据中采集方式不符合要求、拓扑关系处理不严格（如境界线未连续采集、植被点采集、水系线面不吻合、道路悬挂点等）图面要素进行处理。

（4）利用 2015 年 GPS 采集的地名地址点数据对基础数据地名进行更新。

（5）2015 年该市行政区划简册及 2013—2015 年行政区划调整相关资料对基础数据行政区划进行更新。

（6）要素属性处理和代码转换：对要素代码进行检查，并按照《基础地理信息要素分类与代码》进行代码转换，对属性不全或属性有误要素，收集资料进行补充修改，如道路分级、居民地分级、等高距一致性处理等。

（7）数据分层调整：按照项目要求的基础地理数据规范对资料数据进行要素分层的调整。

（8）数据接边和检查：检查数据接边（图幅之间或者作业区之间）情况，包括图形和属性的接边，对不符合要求的进行修改。数据检查包括对空间参考系、位置精度、属性精度、接边精度、完整性、逻辑一致性等的检查。

（9）元数据加工：按照项目要求的基础地理数据规范填写元数据。

2. 指出制作生成工商企业空间分布数据的作业步骤。

制作生成工商企业空间分布数据的步骤：

（1）检查 2015 年 GPS 采集的地名地址点中坐标数据，将其转换至城市独立坐标系。

（2）文本格式的工商企业登记数据转换成 Excel 表格或 Access 格式。

（3）根据企业门牌地址等信息，与地名地址点中坐标数据相关联，确定表格中 $x$，$y$ 字段的内容。

（4）根据要素坐标字段中坐标信息，将工商企业登记数据导入空间数据库，生成工商企业空间分布数据。

（5）对建成数据库、图层表进行检查和验收。

3. 简述采用 GIS 空间分析方法统计各区县企业数量和纳税额的步骤和方法。

采用叠加分析方法，步骤如下：

（1）提取各区县行政区划数据层；

（2）将行政区划数据层与工商企业空间分布数据层进行叠加分析；

（3）统计出各区县全市工商企业数量和纳税额。

4. 说明系统中哪些数据适宜处理为 WMS、WFS 服务。

（1）适宜处理为 WMS（webmap services 网络地图服务）的数据：全市 1∶2000 地形图数据；0.5m 分辨率卫星遥感正射影像数据；行政区划数据。

（2）适宜处理为 WFS（网络要素服务 Web Feature Services）：地名地址数据，空间化的工商企业分布数据。

## （六）2016年注册测绘师案例分析试卷与参考答案

## 第一题（20分）：

某测绘单位承接了某湖区生态环境信息数据库建设任务。该湖区近几年开展了生态环境整治，对荒山进行种草植树，将沿湖一些地势低洼的耕地改造为地面或湿地，新修了部分道路、建筑物和管护设施等。

1. 已有资料

（1）2010年测绘的1∶10 000地形图数据，包括水系、交通、境界、管线、居民地、土质植被、地貌、地名等要素，矢量数据，1980西安坐标系；

（2）2015年12月获取的0.5m分辨率彩色卫星影像数据；

（3）已建成覆盖全区范围的卫星导航定位服务系统（又称CORS），实时提供2000国家大地坐标系下的亚米级卫星定位服务；

（4）2016年初全区企业单位名录及排污信息报表数据。

2. 拥有的主要仪器和软件

（1）GNSS测量型接收机；

（2）全站仪及测图软件；

（3）数字摄影测量工作站；

（4）遥感图像处理系统；

（5）地理信息系统软件等。

3. 工作内容及要求

利用已有资料和仪器设备，采集和处理有关数据，现势性要求至少达到2015年底，采用2000国家大地坐标系，平面精度达到1∶10 000地形图要求。其中，部分数据层如下：

（1）水体数据层：多边形数据，包括湖泊、水库、河渠、湿地等要素及其属性；

（2）植被数据层：多边形数据，包括林地、草地等；

（3）排污企业空间数据层：包括单位的位置定位点，以及名称、地址、排污类型等相关属性；

（4）交通数据层：包括公路、铁路、城市道路、水运等要素及其属性；

（5）居民地数据层：包括全部城镇、主要农村居民地以及相应的地名等；

（6）行政区划数据层：县以上境界及政区信息；

（7）正射影像数据：0.5m分辨率真彩色，按1∶10 000地形图分幅。

## (六) 2016年注册测绘师案例分析试卷与参考答案

### 问题

1. 简述制作排污企业空间数据层的主要工作内容。
2. 简述制作水系数据层的主要工作步骤。
3. 简述生产该区0.5m分辨率正射影像数据的过程。

### 参考答案

1. 制作排污企业空间数据层的主要工作内容。

（1）资料利用与处理：包括资料：2010年测绘的1∶10 000地形图数据、2015年12月获取的0.5m分辨率彩色卫星影像数据、已建成覆盖全区范围的卫星导航定位服务系统、2016年初全区企业单位名录及排污信息报表数据，并对1∶10 000地形图数据进行坐标系转换处理，转换成2000国家大地坐标系。

（2）数据层制作：在地理信息系统软件中用1∶10 000地形图数据，参照2016年初全区企业单位名录及排污信息报表数据，确定单位和排污类型；根据单位名称在1∶10 000地形图数据中查找，确定单位的位置定位点和地址。如果地形图上查找不到，对照卫星影像数据用GNSS测量型接收机在CORS系统下外业测量单位位置坐标，从而获取单位的位置定位点，调绘名称、地址、排污类型等相关属性，再根据上述数据制作排污企业空间数据层。

（3）质量检查和成果提交：对数据层进行整理和质量检查，验收合格后提交成果数据。

2. 制作水系数据层的主要工作步骤。

（1）资料利用分析：2010年测绘的1∶10 000地形图数据、2015年12月获取的0.5m分辨率彩色卫星影像数据、已建成覆盖全区范围的卫星导航定位服务系统、2016年初全区企业单位名录及排污信息报表数据。

（2）数据层制作：以1∶10 000地形图数据为基础数据，确定湖泊、水库、河渠、湿地等要素及其属性；用遥感图像处理系统对卫星影像数据进行处理，采集将沿湖一些地势低洼的耕地改造为湿地的图形，对卫星影像不能采集的生态环境整治后的湿地等进行外业测量，从而获取新增水体数据的要素及其属性，再根据上述数据制作水体数据层。

（3）质量检查和成果提交：对数据层进行质量检查，确认无误后提交成果数据。

3. 生产该区0.5m分辨率正射影像数据的过程。

（1）资料利用分析：2010年测绘的1∶10 000地形图数据、2015年12月获取的0.5m分辨率彩色卫星影像数据、已建成覆盖全区范围的卫星导航定位服务系统、2016年初全区企业单位名录及排污信息报表数据。

（2）地图修测：利用已有资料和仪器设备，采集和处理有关数据，利用数字摄影测量工作站和遥感图像处理系统由内业立体采集获取对荒山进行种草植树，将沿湖一些地势低洼的耕地改造为地面或湿地，新修了部分道路、建筑物和管护设施图形数据，外业对内业立体采集的地物要素属性进行调绘，并利用 GNSS 测量型接收机和全站仪及测图软件补测内业立体采集不到和变化的地物，更新得到该区 2015 年底的 1∶10 000 地形图数据。

（3）DEM 制作：利用更新后的 1∶10 000 地形图数据，生成 DEM，并对 DEM 进行编辑处理，从而得到该区的 DEM 数据。

（4）影像纠正：根据 0.5m 分辨率彩色卫星影像数据和对应的 DEM 数据，采用数字纠正的方法，生成正射影像数据。

（5）影像镶嵌和裁切：对生成的正射影像数据进行匀光匀色和影像接边，得到无缝镶嵌的影像数据，再进行分幅裁切。

（6）质量检查和成果提交：对生产的该区 0.5m 分辨率正射影像数据进行质量检查，验收合格后提交成果数据。

# 第二题（20 分）：

某甲级测绘单位承担一室内大型设备组装的放样任务，设备长 21m，宽 10m，高 3m，组装设备厂房四面墙皆为钢筋水泥浇注，长 30m，宽 20m，高 10m，要求组装后的设备主轴线与厂房主轴线重合；设备组装的点位误差优于±1.5mm。

1. 测量设备：

（1）测量机器人一台，测角精度 0.5″，测距精度 0.6mm+1ppm；

（2）原装高精度圆棱镜 20 只；

（3）能安置棱镜的"L"形墙标 20 个，带"+"字刻划的测量标志 2 个；

（4）含球形棱镜的专用测量工件一套；

（5）30m 钢卷尺一把；

2. 作业流程：

（1）厂房主轴线确定。在厂房长对称轴端点内侧 1m 位置的 A、B 点上，埋设带"+"字刻划的测量标志，A、B 的连线即为厂房主轴线；

（2）控制点埋设。在每面墙上埋设 4~5 个"L"形标志，所有的标志在水平面上大致均匀分布，在高度上错落有致，"L"形标志上安置棱镜作为控制点；

（3）控制点测量。利用测量机器人自动测量 3 个控制点三维坐标，观测 8 测回；

（4）坐标变换。根据组装要求，选择合适的方向作为施工坐标系 $X$ 轴，将控制点坐标转换到施工坐标系中；

（5）自由设站。在适合位置安装测量机器人，选取适当的控制点，按自由设站法测定仪器坐标，并检查自由设站的精度；

（6）坐标放样；

（7）重复（5）~（6）步骤；

3. 放样质量检测。重点检查安装设备上点与点、点与线、点与面之间的相对关系，对大型圆孔检测圆心的位置及圆心到轴线的距离。

## 问题

1. 如何建立施工坐标系？简述坐标变换的目的和作业流程。
2. 自由设站对控制点的数量和点位分布有什么要求？如何检查自由设站成果的可用性。
3. 叙述检测圆心平面坐标的作业方法与流程。

## 参考答案

1. 如何建立施工坐标系？简述坐标变换的目的和作业流程。

（1）施工坐标系，其坐标轴应与主要建筑物主轴线平行或垂直，以便用直角坐标法进行建筑物的放样。应以 $A$、$B$ 的连线即为厂房主轴线为 $X$ 轴，以垂直于 $A$、$B$ 连线的轴线为 $Y$ 轴，以 $A$ 点或 $B$ 点作为坐标系原点。

（2）坐标系转换的目的：为了便于坐标计算和施工放样，控制网的坐标系应与施工坐标系一致。

（3）坐标系转换流程：

① 收集资料，确定至少 2 个重合点；
② 联测厂内的 $A$、$B$ 两点；
③ 由坐标转换公式，计算重合点坐标（测图坐标系）；
④ 计算转换参数 $(x,y,a)$，换算之前先计算出转角；
⑤ 检核换算的正确性，分别用控制网坐标和施工坐标系来计算 $A$、$B$ 点之间的距离，若距离相等，说明换算正确；
⑥ 最后计算需要施工放样的各轴线点坐标。

2. 自由设站对控制点的数量和点位分布有什么要求？如何检查自由设站成果的可用性。

采用自由设站法测量时，观测的已知控制点不应少于两个。各水平角、距离各观测一测回，其半测回较差不应大于 $30''$，测距读数较差不应大于 20mm。实际工作通常选取 3 个控制点以上，根据方向观测值和边长观测值建立方向误差方程式与边长误差方程式，然后按最小二乘原理计算待定点的坐标。选取控制点是应使得其与设站点所成交会角大于 30°并小于 150°，并避开 3 个点构成危险圆的情况。通过实际工程数据，采用自由设站法进行施工放样，需要考虑其工作效率，精度是否可靠，是否能满足工程需要，同时应遵循由高级到低级，先控制后碎部的原则。

3. 叙述检测圆心平面坐标的作业方法与流程。

（1）检测圆心平面坐标的作业基本方法：

① 放样数据的检查；
② 利用给定的不同设备仪器放样；
③ 利用不同的控制点放样；
④ 利用不同的方法放样；
⑤ 放样点（圆心坐标）位相互关系检核。

（2）作业流程：在大型圆孔圆心的位置上架设原装高精度圆棱镜，并由测量机器人测定其坐标数值，计算相互间距离，然后采用钢卷尺量距，若计算所得距离与钢卷尺所量距离一样，则放样质量合格。

# 第三题（20分）：

某测绘单位承担一个海岛的跨海高程传递测量，采用测距三角高程测量与同步验潮联测的方法进行，主要工作内容包括跨海观测点的选定、埋设、观测和数据处理等。海岛局陆地的跨距为9000m，陆地沿岸地区地势起伏较大。有关情况如下：

1. 跨海观测点选定

为选定合适的跨海观测点位置，在陆地沿岸和海岛进行了实地勘察，现场地质条件稳定，通视良好，其中，在陆地沿岸初选了 A、B 和 C（见图 11），同时在跨海两边的观测点附近选定临时验潮站址及辅助水准点站址。

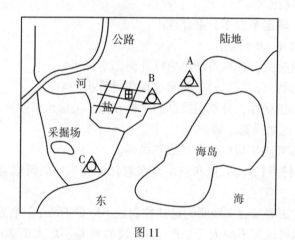

图 11

2. 跨海观测点埋设

跨海观测点选定后，依据任务要求绘制了跨海观测断面示意图（见图 12）。在选定的地点进行跨海观测点的埋设，建造跨海观测墩及辅助水准点。

3. 测量基准

采用 2000 国家大地坐标系和 1985 国家高程基准，深度基准面采用当地理论最低潮面。

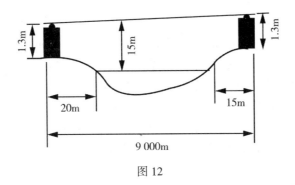

图 12

4. 跨海观测

跨海观测墩建成后经过一个雨季，进行跨海观测。跨海观测点之间垂直角使用 0.5 秒精度的全站仪同时对向观测，距离使用双频大地型 GNSS 接收机测量。

跨海两边临时验潮站进行同步验潮观测，对陆地沿岸临时验潮站与水准点进行水准连测，测得辅助水准高程点 6.406m，验潮站水尺零点与辅助水准点高差为 11.806m。该地区的平均海面与似大地水准面重合，理论深度基准面在平均海面下 1.93m。

5. 数据处理

利用上述观测数据进行跨海距离化算、跨海观测高差计算、平差处理和同步验潮观测数据处理后，获得跨海观测点的高程成果。

## 问　题

1. A、B、C 哪个地点适合建立跨海观测墩？说明理由。
2. 说明跨海视线距离海水高潮面的高度是否满足要求。
3. 当验潮水尺读数为 6.27m 时，水位改正数为多少？

## 参考答案

1. A、B、C 哪个地点适合建立跨海观测墩？说明理由。

A 点最适合做跨海观测点。

跨海观测墩既要符合水准观测要求，也要符合 GPS 观测要求，点位选定应满足以下要求：

(1) 点位的基础应坚实稳定，并有利于安全作业，交通应便于作业；

(2) 应避开易于发生土崩、滑坡、沉陷、隆起等地面局部变形的地方；

综上，B 点位于盐田附近，C 点位于采掘场附近，均不利于稳定性，故 A 点最适合做跨海观测点。

2. 说明跨海视线距离海水高潮面的高度是否满足要求。

进行跨海水准观测时，两岸仪器视线距水面的高度应大致相等（测距三角高程法除外），当跨距长度大于500m时，视线高度应不低于$4\sqrt{S}$m（$S$为跨海视线长度千米数，水位受潮汐影响时，按最高潮位计算），根据图11所示，$S$为9km，所以视线高度为12m，小于图11所示视线高15m，符合要求。

3. 当验潮水尺读数为6.27m时，水位改正数为多少？

测得辅助水准点$H=6.406$m，验潮点水尺零点与辅助水准点高差$\Delta H=11.806$m，人工观测水位时，水尺设置零点要求位于最低潮面，可知验潮点水尺零点高程$H=-5.4$m。

因为该地区的平均海面与似大地水准面重合，① $H$高程基准面$-1.93$m＝深度基准面；② 验潮水尺读数（6.27m）＝瞬时海面水位高程（相对于高程基准面）+水尺零点高程（$-5.4$m）；计算得瞬时海面水位高程$H=0.87$m，而水位改正数即将瞬时海面所测高程归算至深度基准面的深度数值。

综上所述，由①②得出瞬时海面高程至深度基准面的水位改正数为$-H=-(0.87+1.93)=-2.80$m。

## 第四题（20分）：

某测绘单位承担了某市航测生产1∶5 000数字地形图（DLG）的任务。

1. 测区概括：

测区面积约3 600km²（60km×60km），海拔最低300m/最高600m；测区内多山，地形起伏较大；市区房屋密集，高层建筑物较多；测区全年大部分时间天气晴好、能见度高。

2. 资料条件：

（1）覆盖全测区的1∶5 000地形图；
（2）测区有可利用的CORS系统；
（3）测区似大地水准面精化成果，精度优于10m；
（4）测区内均分布有9个高精度的平高控制点。

3. 主要设备：

框幅式数字航摄仪，有焦距分别为50mm和120mm的两个镜头备选，像元大小为9μm；定位定姿系统（POS）；数字摄影测量工作站；集群式摄像处理系统等。

4. 作业要求：

（1）航空摄影要求航向重叠度65%左右，旁向重叠度30%左右，影像地面分辨率0.3m。
（2）充分利用已有条件，不再布设像控点。
（3）DLG生产采用"先内后外"的方式。地物、地貌要素均由内业立体采集获取；外业对内业立体采集的地物要素属性进行调绘，并补测内业立体采集不到和变化的地物；最后内业编辑成图。作业期间地貌变化不予考虑。

（4）内业立体测图与外业调绘、补测尽可能并行作业，以缩短生产周期。

## 问题

1. 选择合适焦距的航摄仪镜头并说明理由；计算最小航向重叠度、最小旁向重叠度。
2. 本项目空中三角测量作业时需要哪些数据？简述其作业流程。
3. 简述合理的 DLG 作业方案。

## 参考答案

1. 选择合适焦距的航摄仪镜头并说明理由；计算最小航向重叠度、最小旁向重叠度。

由于测区内多山，地形起伏较大；市区房屋密集，高层建筑物较多；为有效减小投影差，可选用长焦距的镜头，故选择焦距为 120mm 的镜头。

因为像元大小为 $9\mu m$，作业要求影像地面分辨率为 0.3m，则

平均海拔 =（最低海拔+最高海拔）/2 =（300+600）/2 = 450（m）；

最小摄影测量比例尺 = $1/(0.3/(9×10^{-6}))$ = 1/33 000；

相对航高 = $f/m$ = 0.12/（1/33 000）= 4 000；

则最小航向重叠度 = 航向重叠度+（平均海拔−最高海拔）/相对航高×（1−航向重叠度）= 0.65+（450−600）/4 000 ×0.35≈63.7%；

最小旁向重叠度 = 旁向重叠度+（平均海拔−最高海拔）/相对航高×（1−旁向重叠度）= 0.3+（450−600）/4 000 ×0.7≈27.4%。

2. 本项目空中三角测量作业时需要哪些数据？简述其作业流程。

（1）本项目空中三角测量作业时需要的数据：

① 地面分辨率 0.3m 影像数据；

② 用定位定姿系统（POS）求出航摄影像、框幅式数字航摄仪的内定向参数；

③ 用测区内均分布的 9 个高精度的平高控制点作为平面和高程控制。

（2）作业流程包括：

① 采用数字摄影测量工作站，通过内定向、相对定向、绝对定向，最终获取框标点量测坐标、像点量测坐标、空三加密点大地坐标以及像片的外方位元素；

② 按设计及规范要求选择好区域网单元及参与平差的定向点，利用的 CORS 系统和似大地水准面精化成果测量参与平差的定向点坐标，区域网空三加密，区域网接边；

③ 质量检查验收、成果整理与提交。

3. 简述合理的 DLG 作业方案。

DLG 生产采用"先内后外"的方式，作业方案为：

（1）数据资料准备：空三成果、航摄影像和模型像对数据等。

（2）利用集群式摄像处理系统对航摄影像数据（0.3m 分辨率）进行处理，采用数字摄影测量工作站根据空中三角测量成果恢复立体模型并进行立体测图。

（3）由内业立体采集获取测区的地物、地貌要素；内业对有把握并能够判断准确的地物、地貌元素，按图式符号直接采集；对无把握判断准确的（包括隐蔽地区、阴影部分和较小的独立地物以及无法确定性质的实体元素）尽量采集，并作出标记由外业实地进行精确定位和补调。

（4）利用覆盖全测区的 1:5 000 地形图对自然村、重要企事业单位、道路、河流名称进行地图注记，添加境界要素。

（5）外业对内业立体采集的地物要素属性进行调绘，例如，自然村、重要企事业单位、道路（等级、材质）、河流名称、电力线、码头、水系、地类，并补测内业立体采集不到和变化的地物。

（6）最后内业编辑成图。同时，内业立体测图与外业调绘、补测尽可能并行作业，以缩短生产周期。

（7）质量检查：对 DLG 数据进行接边，并检查 DLG 数据成果质量。

（8）成果整理和提交：DLG 数据成果质量验收合格后提交成果数据。

# 第五题（20 分）：

某市地势较平坦，水网密集。高程在 28~30m 之间，雨季农村地区洪水频发。现委托某测绘单位开展防洪处理和分析工作。包括制作处理防洪专题数据、开展洪水风险模拟分析，为防灾减灾提供信息支撑。

1. 已有数据：

（1）2015 年 1:10 000 分幅地形图数据，包括居民地、道路、河流、湖泊、植被等，1980 西安坐标系。

（2）2015 年 0.5m 分辨率 DOM，2000 国家大地坐标系（CGCS 2000）。

（3）2015 年 1:10 000DEM，5m 格网，CGCS2000 坐标系。

（4）2015 年县（区）级行政区划数据，包括行政代码、行政区名、辖区面积等属性，1980 西安坐标系。

（5）2015 年 GPS 采集的重要公共场所点状数据，如学校、医院、车站等，属性包括名称、类型、门牌地址等，WGS-84 坐标系。

（6）2015 年 GPS 采集的应急救援物资存放点数据，属性包括类型、地址、管理人、联系电话等，WGS-84 坐标系。

（7）2015 年的居民点数据，包括名称、所属行政区名称、人口数、户数等属性，WGS-84 坐标系。

2. 数据处理及统计分析要求：

(1) 对已有数据进行处理，然后进行空间统计分析，全部采用 CGCS 2000 坐标系。

(2) 采用 GIS 空间分析方法，进行洪水淹没模拟分析。假设洪水达到某水位高度时，分析可能出现的受灾范围、面积、居民点个数、人口数和户数等；寻找离受灾居民点最近的应急救援物资存放点以及最佳调运路线等。

(3) 编写分析统计报告，制作防洪预案。

### 问题

1. 在空间分析时，上述已有数据中哪些需要进行坐标系转换？

2. 采用空间分析方法查找离每一个受灾居民点最近的应急救援物资存放点，请简述作业步骤。

3. 简述在模拟分析洪水位到达 20m 时，按县（区）统计可能淹没的村庄数量及户数的过程。

### 参考答案

1. 在空间分析时，上述已有数据中哪些需要进行坐标系转换？

在空间分析时，对已有数据进行处理，全部采用 CGCS 2000 坐标系。

已有数据是：

(1) 2015 年 1∶10 000 分幅地形图数据；

(2) 2015 年县（区）级行政区划数据；

(3) 2015 年 GPS 采集的重要公共场所点状数据；

(4) 2015 年 GPS 采集的应急救援物资存放点数据；

(5) 2015 年的居民点数据；

这些数据都需要进行坐标系转换。

2. 采用空间分析方法查找离每一个受灾居民点最近的应急救援物资存放点，请简述作业步骤。

采用叠置分析和网络分析的空间分析方法查找离每一个受灾居民点最近的应急救援物资存放点，步骤如下：

(1) 数据调用：调用 2015 年的居民点数据，GPS 采集的应急救援物资存放点数据，县（区）级行政区划数据，1∶10 000 分幅地形图数据和 0.5m 分辨率 DOM 等数据。

(2) 网络分析：根据居民点的名称和所属行政区名称确定该居民点在地形图上的对应位置，以该居民点为起点，依次计算该居民点到应急救援物资存放点的交通距离，距离最小者即为离该受灾居民点最近的应急救援物资存放点。

3. 简述在模拟分析洪水位到达 20m 时，按县（区）统计可能淹没的村庄数量及户数的过程。

模拟分析过程如下：

（1）数据调用：调用 2015 年 1∶10 000 地形图数据，0.5m 分辨率 DOM，1∶10 000DEM，县（区）级行政区划数据，2015 年的居民点数据等。

（2）三维地形空间分析：以 1∶10 000DEM 为基础，根据洪水位到达 20m，计算出高程小于 20m 的 DEM 范围，即可能淹没范围。

（3）叠置分析：以地形图数据叠加 DOM 作为底图数据，将淹没范围数据、居民点数据、县行政区划数据和地形图数据做叠置分析，按县（区）统计得到可能淹没的村庄数量及户数。

## 第六题（20 分）：

2015 年某市完成了城镇地籍总调查工作，总调查工作以"权属合法、界址清楚、面积准确"为原则，充分利用了现有成果，以高分辨率航空正射影像为基础，查清了每宗地的权属、界址、面积和用途。测绘了全市地籍图，建立了地籍数据库。

1. 利用的资料：

（1）该市 CORS 系统及拟大地水准面精化模型；
（2）2014 年底 0.2m 分辨率航空正射影像数据；
（3）2015 年初 0.5m 分辨率卫星正射影像数据；
（4）行政界线、地籍区和地籍子区界线数据；
（5）地籍权属来源资料（纸质）；
（6）有效使用权宗地（地块）及权属界线数据；
（7）城市规划数据；
（8）房产测量数据。

2. 某处地籍发生了变化，由地块一和地块二合并形成了一个新地块，如图 13 所示。有相应的合法手续，调查时采用全站仪按照一类界址点要求测量了界址点坐标（表5）。

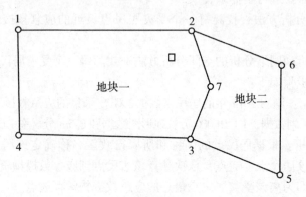

图 13

| 表 5 | | | 界址点新旧坐标比较表 | | | (单位：m) | |
|---|---|---|---|---|---|---|---|
| 界址点号 | 原 X | 原 Y | 新测 X | 新测 Y | DX | DY | DS |
| 1 | 47 567.371 | 95 366.546 | 47 567.382 | 95 366.559 | 0.011 | 0.013 | 0.017 |
| 2 | 47 568.434 | 95 976.095 | 47 568.421 | 95 976.111 | 0.013 | 0.016 | 0.021 |
| 3 | 47 184.699 | 95 988.861 | 47 184.729 | 95 988.859 | 0.030 | 0.002 | 0.030 |
| 4 | 47 182.573 | 95 370.801 | 47 182.569 | 95 370.825 | −0.004 | 0.024 | 0.024 |
| 5 | 47 137.928 | 96 238.850 | 47 137.901 | 96 238.858 | −0.027 | 0.008 | 0.028 |
| 6 | 47 444.065 | 96 239.914 | 47 444.081 | 95 239.351 | 0.016 | −0.563 | 0.563 |
| 7 | 47 359.027 | 96 020.774 | 47 359.031 | 96 020.764 | 0.004 | −0.010 | 0.011 |

3. 成果验收时，专家查阅了监理检查记录，检查记录中对某地块的工作情况概述如下："指界时，调查员、本宗地指界人及社区工作人员同时到现场进行指界，由调查员在地籍调查表、土地权属界线协议书或土地权属争议书上签字盖章确认，由于界址点标石没有按时搬运到现场，调查员对指界人指定的界址点现场设置标石，为方便起见，根据指界结果做好标记，进行事后补设。"

## 问 题

1. 本次地籍总调查外业调查工作底图应采用哪些资料？
2. 列表表示合宗后地块界址点点号及坐标值。
3. 根据检查记录，你认为作业人员操作是否有误？如有说明原因。

## 参考答案

1. 本次地籍总调查外业调查工作底图应采用哪些资料？
本次地籍总调查外业调查工作底图应采用的资料有：
① 2014 年底 0.2m 分辨率航空正射影像数据；
② 2015 年初 0.5m 分辨率卫星正射影像数据；
③ 行政界线、地籍区和地籍子区界线数据；
④ 地籍权属来源资料（纸质）；
⑤ 有效使用权宗地（地块）及权属界线数据。

2. 列表表示合宗后地块界址点点号及坐标值。
如表 5 所示，一类界址点对临近图根点点位误差不大于 5cm，6 号界址点超限，需重新测定，采用新界址点坐标，其他界址点精度均符合要求，采用原坐标，其中原 7 号界址点废止。界址点以宗地为单位，统一自西向东，自南向北，由"1"开始顺时针编号；未废弃的界址点使用原编号，废弃的界址点编号不重复使用，遵循新增界址点编号在最大界址点后续编的原则。

合宗后地块界址点点号及坐标值见表6。

表6　　　　　　　　　合宗后地块界址点点号及坐标值

| 界址点号 | X | Y |
| --- | --- | --- |
| 1 | 4 7567.371 | 95 366.546 |
| 2 | 47 568.434 | 95 976.095 |
| 3 | 47 184.699 | 95 988.861 |
| 4 | 47 182.573 | 95 370.801 |
| 5 | 47 137.928 | 96 238.850 |
| 8 | 47 444.081 | 95 239.351 |

3. 根据检查记录，你认为作业人员操作是否有误？如有说明原因。

根据检查记录，作业人员操作有误，指界时，调查员、本宗地指界人及相邻宗地指界人员同时到现场进行指界，指界完成后，应当由指界人在《地籍调查表》或土地权属界线上签字盖章。因各种原因不能完成指界签字的，按照初始权属调查指界的有关要求处理。调查员不应现场指界埋石，事后补设。

## 第七题（20分）：

某测绘单位承接区域交通挂图的编制任务，该区域位于中纬度地区，区域范围东西向经差约22°，南北向纬差约16°。区域地表复杂，类型多样，山脉、河流、沼泽、沙漠、绿洲等都有分布。

该区域矿产资源丰富，旅游景点众多。2015年以来，新修二级及以上公路通车里程约600 km，新建铁路通车里程达300 km，矿产资源开发力度较大，边境口岸贸易活跃，经济发展迅速。

1. 收集到的资料

（1）2014年底更新完成的1∶100万本区域全要素地形图（DLG）数据，该数据中居民地，交通和旅游等要素内容详细，分级合理；

（2）2015年底更新完成的1∶25万本区域全要素地形图（DLG）数据；

（3）2016年交通部门编制出版的1∶320万《区域交通图》（对开幅面）；

（4）2016年旅游部门编制出版的1∶320万《区域旅游图》（对开幅面）；

（5）2015年10月成像的15m分辨率卫星影像；

（6）2016年区域行政区划简册，包含市、县（区）和乡镇等；

（7）2016年初出版的区域市县挂图系列（全开幅面）。

2. 编制要求

（1）挂图幅面为双全开，比例尺1∶160万；

（2）挂图内容以交通为主，兼顾行政区划，地名和旅游等其他地理要素；道路分高速铁路、铁路、高速公路、国道、省道、县乡道及以下等6类表示；居民地按行政等级分省级行政中心、地级市行政中心、县级行政中心、乡镇及以下4级表示；旅游要素分类分级表示；水系、沙漠、山脉和山峰等地理要素择要表示；

（3）挂图采用双标准纬线等角圆锥地图投影；

（4）挂图的现势性截至2015年12月。

### 问 题

1. 指出哪种素材最适合选为基本资料，简述其理由。
2. 简述此挂图居民地、道路和旅游等三种要素的编绘作业步骤。
3. 简述此挂图生产中道路的制图综合处理要点。

### 参考答案

1. 指出哪种素材最适合选为基本资料，简述其理由。

2014年底更新完成的1∶100万本区域全要素地形图（DLG）数据与新编制挂图的比例尺最为接近，且要素齐全，居民地、交通和旅游等要素内容详细，分级合理，编制成新挂图制图综合难度小，地图数据编辑工作量小，故为新编制挂图的基本资料。

2. 简述此挂图居民地、道路和旅游等三种要素的编绘作业步骤。

（1）用15m分辨率卫星影像对照1∶100万地形图（DLG）寻找发现有变化的居民地、道路和旅游等；

（2）用1∶25万地形图（DLG）依据有变化的地方，更新1∶100万地形图（DLG）居民地、道路和旅游等要素数据；

（3）用2016年初出版的区域市县挂图系列再更新一次1∶100万地形图（DLG）居民地、道路和旅游等要素数据；

（4）利用2016年交通部门编制出版的1∶320万《区域交通图》（对开幅面）作为道路要素的更新参考数据，对道路要素，特别是新修二级及以上公路和新建铁路更新；

（5）利用2016年旅游部门编制出版的1∶320万《区域旅游图》（对开幅面）作为旅游要素的更新参考数据，对旅游要素更新；

（6）利用2016年区域行政区划简册，对变化的行政区划界线和变化的市、县（区）和乡镇居民地等级和名称进行更新；

（7）地图缩编。对比例尺1∶100万的地图进行缩编处理，制图综合，地图符号和注记配置，得到1∶160万挂图上居民地、道路和旅游等要素成果数据。

3. 简述此挂图生产中道路的制图综合处理要点。

此挂图生产中道路的制图综合处理要点如下：

（1）高速铁路、铁路、高速公路、国道、省道全部选取表示，对于这些道路的短小岔道可以删除。县乡道及以下等6类表示道路，新修二级及以上公路和新建铁路也按要求绘出。

（2）县乡道及以下等级道路，选取连贯性好的，能够构成道路网道路，删除连贯性差、短小道路，居民地没有选取的道路删除，道路网发达地区这些道路少选，道路网密度稀疏地区这些道路应适当多选。

（3）道路要素与其他要素发生矛盾时，按相接、相切和相离关系进行处理。道路要素间发生矛盾时，保持高等级别道路要素位置正确，对低等级要素采取移位或者删除的方式处理。

# 参 考 文 献

[1] 宁津生，陈俊勇，李德仁，刘经南，张祖勋，龚健雅，等. 测绘学概论（第三版）[M]. 武汉：武汉大学出版社，2016.

[2] 孔祥元，郭际明，刘宗泉. 大地测量学基础 [M]. 武汉：武汉大学出版社，2009.

[3] 徐绍铨，张华海，杨志强，王泽民. GPS 测量原理及应用 [M]. 武汉：武汉大学出版社，2002.

[4] 刘大杰，施一民，过静珺. 全球定位系统（GPS）的原理与数据处理 [M]. 上海：同济大学出版社，1995.

[5] 张正禄. 工程测量学 [M]. 武汉：武汉大学出版社，2005.

[6] 潘正风，杨正尧，程效军，成枢，王腾军. 数字测图原理与方法 [M]. 武汉：武汉大学出版社，2004.

[7] 黄声亨，尹晖，蒋征. 变形监测数据处理 [M]. 武汉：武汉大学出版社，2010.

[8] 乔瑞亭，孙和利，李欣. 摄影与空中摄影学 [M]. 武汉：武汉大学出版社，2008.

[9] 李德仁，王树根，周月琴. 摄影测量与遥感概论 [M]. 北京：测绘出版社，2008.

[10] 王树根. 摄影测量原理与应用 [M]. 武汉：武汉大学出版社，2009.

[11] 孙家抦. 遥感原理与应用 [M]. 武汉：武汉大学出版社，2003.

[12] 何宗宜，宋鹰，李连营. 地图学 [M]. 武汉：武汉大学出版社，2016.

[13] 何宗宜，宋鹰. 普通地图编制 [M]. 武汉：武汉大学出版社，2015.

[14] 祝国瑞，何宗宜等. 地图学 [M]. 武汉：武汉大学出版社，2004.

[15] 黄仁涛，庞小平，马晨燕. 专题地图编制 [M]. 武汉：武汉大学出版社，2003.

[16] 胡鹏，黄杏元，华一新. 地理信息系统教程 [M]. 武汉：武汉大学出版社，2002.

[17] 张成才，秦昆，卢艳，孙喜梅. GIS 空间分析理论与方法 [M]. 武汉：武汉大学出版社，2004.

[18] 郑春燕，邱国锋，张正栋，胡华科. 地理信息系统原理、应用与工程 [M]. 武汉：武汉大学出版社，2011.

[19] 周学鸣，刘学军. 数字地形分析 [M]. 北京：科学出版社，2006.

[20] 邬伦，刘瑜，张晶，等. 地理信息系统原理、方法和应用 [M]. 北京：科学出

版社，2001.

[21] 陈述彭，鲁学军，周成虎编著. 地理信息系统导论 [M]. 北京：科学出版社，1998.

[22] 詹长根. 地籍测量学 [M]. 武汉：武汉大学出版社，2005.

[23] 侯方国，时东玉，王建设. 房产测绘 [M]. 郑州：黄河水利出版社，2007.

[24] 蓝悦明，康雄华. 不动产测量与管理 [M]. 武汉：武汉大学出版社，2008.

[25] 吕永江. 房产测量规范与房地产测绘技术 [M]. 北京：中国标准出版社，2001.

[26] 刘权. 房地产测量 [M]. 武汉：武汉大学出版社，2008.

[27] 赵建虎. 现代海洋测绘（上、下册）[M]. 武汉：武汉大学出版社，2007.

[28] 姚鹤岭. GIS Web 服务研究 [M]. 郑州：黄河水利出版社，2007.

[29] 国家测绘地理信息局职业技能鉴定指导中心. 测绘案例分析 [M]. 北京：测绘出版社，2015.